城市景观特征分析研究

毕芳菲　王　昭　著

吉林科学技术出版社

图书在版编目（CIP）数据

城市景观特征分析研究 / 毕芳菲，王昭著． —— 长春：
吉林科学技术出版社，2021.8（2023.4重印）

ISBN 978-7-5578-8522-9

Ⅰ．①城… Ⅱ．①毕… ②王… Ⅲ．①城市景观—研
究 Ⅳ．① TU984

中国版本图书馆 CIP 数据核字（2021）第 158597 号

城市景观特征分析研究

CHENGSHI JINGGUAN TEZHENG FENXI YANJIU

著　　者	毕芳菲　王　昭
出 版 人	宛　霞
责任编辑	孔彩虹
封面设计	李　宝
制　　版	张　凤
幅面尺寸	185mm×260mm
开　　本	16
字　　数	280 千字
页　　数	200
印　　张	12.5
版　　次	2021 年 8 月第 1 版
印　　次	2023 年 4 月第 2 次印刷
出　　版	吉林科学技术出版社
发　　行	吉林科学技术出版社
地　　址	长春市福祉大路 5788 号
邮　　编	130118

发行部电话／传真　0431—81629529　　81629530　　81629531
　　　　　　　　　　　　81629532　　81629533　　81629534

储运部电话　0431—86059116

编辑部电话　0431—81629518

印　　刷　北京宝莲鸿图科技有限公司

书　　号　ISBN 978-7-5578-8522-9

定　　价　50.00 元

编者及工作单位

主　编

毕芳菲　西安工程大学

王　昭　西安工程大学

前　言

　　城市景观设计作为城市设计的一部分逐步在被大家所认知。从城市历史发展角度看，一个城市的建设发展需要多学科交叉与融合才能实现其功能的完美。城市景观设计研究的是在城市规划指导下，深化设计的内容，通过城市景观设计后，使城市的文化，资源，生态等内容具有可亲近、可参与，视觉与功能更加完备的性质，并将其更具体化，即可实施性的具体实现，促使人们从中感受到城市文化，历史，设计的内容。作为城市景观设计者，不仅要从具体的技术层面，视觉美学、功能完备等方面来处理城市景观的问题，还要通过每个细小而繁杂的城市公共空间处理来实现，可持续地域文化理念在城市发展大背景下的发展。

　　近年来，在城市化进程迅猛发展的过程中，伴随着新的科技、新的城市文化的出现，也给城市带来了很多前所未有的问题。例如，城市人口的增长、土地需求的紧张、城市机能的高度集中和现代化、工业时代城市的稳定社会结构和传统职能的改变。城市人口增长带来了一系列的问题，如，城市住宅的高密度和多样化、城市原有交通道路的超负荷、空气污染、环境恶化、生态环境面临危机等，所有这一切将直接影响到我们未来的生存空间和生活方式，这一切也给城市公共基础设施、城市环境、城市景观设计等带来了很多需要解决的问题。

　　城市景观设计是城市规划的重要组成部分，城市景观设计要综合考虑城市的整体景观。一个城市的规划，不仅要考虑创造良好的工作、生活环境，而且应该重视城市景观特色的设计和规划，使它形成有独特个性、景色优美的城市景观。在选择城市用地时，除了根据城市性质、规模进行景观设计用地的调查分析外，还要从城市景观要求出发，对城市用地的地形、地势、城市水系、名胜古迹、绿化树木、有保留价值的建筑以及周围可以利用的自然景观资源进行调查，便于在城市的总体规划设计中考虑。

　　城市景观设计与布局要根据城市的性质、规模、现状、条件、城市总体规划来决定城市景观设计的基本构架，根据城市空间的有机结合，对河湖水面、高地山丘等自然景观进行有效利用，对广场、绿地设计提出设想，对景观视线进行考虑，以此来进行区域或具体某个公园、广场等的景观设计。

　　本书在编写过程中，曾参阅了相关的文献资料，在此谨向作者表示衷心的感谢。由于水平有限，书中内容难免存在不妥、疏漏之处，敬请广大读者批评指正，以便进一步修订和完善。

目　录

第一章 城市景观特征相关概述

第一节 城市景观的含义

一、城市景观的构成

人类创造了城市，在城市中进行着各种活动，包括社会生活和各种建设活动，因而有了城市景观。除了人类生存之前的自然景观，人类文明所影响和创造的一切事物，都可以称之为"景观"。而城市景观是人类文明得更为典型的产物。刘易斯·芒福德在《城市发展史》中指出："古代社会的社会性和宗教推动力，正是在这两种推动力的协同作用之下，人类才最终形成了城市。"城市的发展程度、城市的美的程度昭示着人类文明的程度。

城市景观是伴随着城市的生成发展而自然形成的，也是伴随着城市的不断发展变化而不断更新和变化的。城市景观发展变化的历史就是城市发展变化的历史，而城市本身就是人文景观的集合体。城市人文景观既表现了城市历史中特有的、不断积淀的文化意义和景观特征，也融合了今天普遍的、不断创新的社会发展特征。不同的城市和不同的城市发展历史，决定了城市景观的特殊性和独有性，决定了一座城市景观的单调与复杂、朴实与华丽，城市景观就是城市历史与现实的综合写照，其中部分景观通常具有特定的政治和文化意义。

城市是一个开放的复杂系统。它包含有大量的物质构成因素和若干子系统，是人类活动的物质载体。城市景观与空间形态是人们的主观意愿的物化表现，凝聚着人类的智慧、情感、想象力和理想追求。城市景观是在城市中由各种环境元素所构成、能够成为人们审美对象的形式信息总和，具有客观的功能内容和外显形式，可为人们所感知与理解，进而达到情感愉悦的审美目的。

从城市发展和历史的角度分析，城市景观是城市发展过程中遗留下来的富有文化内涵的城市要素，如，城市的格局、古代城址、少数建筑精华（宫殿、寺庙、园林、极少量的民居等），成为城市不同时空阶段的特征和标志；从现代社会生活分析，城市人文景观是大众的产物，表现出多种多样的形式和形态，由于城市中不同的社会集团和社会阶层有着不同的文化背景和文化需求，城市人文景观也因社会集团和社会阶层利益的不同而不同，形成层次不一、绚丽多彩的城市景观，从这个层面上看，城市景观是社会群体的文化、政治、经济等诸多因素和社会发展水平的综合反映，是城市生活特定的表现形式。

城市景观是城市社会发展的产物，不同社会形态中的城市显示出城市社会品质对城市景观的影响。如，农业社会中的城市、集权制条件下的城市、市民社会的城市、工业社会及后工业社会的城市，在城市景观上有着巨大而明显的差异。工业化过程的国家，城市的技术性、现代性在增强，城市景观与人的情感、本性相分离，更多地表现为"工业符号"和"财富符号"，如，体量巨大的车间、仓库，甚至是人居住的摩天大楼。后工业化社会的城市，在文化景观上则表现为既是科学技术发展的展示（如社会建设中的新材料、新技术等），又是生态化和回归自然的追求。

城市景观并不是杂乱无章的"拼盘"。而是具有深层的内在的传承关系的事物。例如城市中的格局和建筑景观，当其形成之后成为城市景观的重要组成部分，并必然影响以后的城市发展过程中建筑景观的选择形式和存在形式，也必然影响到以后城市发展的方向、用地布局和路网结构，尤其是历史悠久、文化遗存丰富的城市，其景观在城市建设过程中不仅具有某种控制和制约的作用，而且使城市自身形成灿烂的色彩和深邃的内涵。

总体布局美是城市景观美的最终追求。构成景观的各个部分、各个群落。无论是自然方面，还是人文方面，都要统一协调。首先是功能区划要合理。无论是行政中心区、金融商贸区，还是文化娱乐区、居民生活区，都有自己的景观特点，都要重视环境规划艺术，都要服从城市总体风格。城市总体艺术布局所形成的城市面貌，是人工环境与自然环境有机结合的连续展现。它并不是单体建筑或局部景观的单独显现和简单的罗列，而是一种高度的有机综合，是需要有规划人员掌握"美的规律"、运用艺术构图的技巧来反映社会生活内容和时代精神的创作构思的。

人文历史美也是城市景观美的重要组成部分。历史文化名城中的文物建筑乃至断柱残壁，都可以体现城市的历史积淀和丰厚内涵。西安的古城墙、漳州的石牌坊等，都是历史文化名城的标志，必须将其作为城市景观的重要构件，悉心爱护，让它与其他景观要素协调起来，构成城市自身特色。

从城市发展的过程分析，城市中新的建筑形式取代旧的建筑形式、新的建筑景观取代旧的建筑景观、新的生活场景取代旧的生活场景是不可避免的，是城市系统的正常的代谢过程，然而城市景观的传承却以一种更为广泛的形式和更为深邃的联系方式向将来传递，是城市的格局、古遗址、少数保存下来的建筑的精华，成为全城市市民所共同认可的价值和文化意义，最终成为城市全体市民的共同的文化心理符号，并具有更为强大的生命力，成为全体市民共同的财富。

城市景观是城市中各种事物及社会生活事件与周围空间的共生关系和演替过程。城市景观既是城市空间中由地形、植物、建筑、构筑物、绿化、小品等所组成的各种物理形态的表现，也是由人们的行为和心理组成的具有文化特征的精神形式的表现，是通过人的五官及思维所获得的感知空间。城市景观与当地的各种自然、社会文化要素的特征密切相关，不同的城市景观，内含不同的自然、社会、文化和人文因素。城市景观是客观的，然而同时述诸人的主观感受，与人的视觉思维相作用。城市景观不只是单纯的城市空间的扩展和眺望，也不是对建筑物及建筑环境的简单评价，而是在城市总体发展过程中，各种构成要素之间以及与周围环境之间的一种整体的、相互嵌套和交织的，并且不断更新的城市环境和人们的视觉感知空间。在这个演替过程中，城市作为物质的巨大载体，它的景观和形象为人们提供一种生存的空间环境，并在精神上长期影响着生活在这个环境中的每一个人。

中国的城市景观讲究两种作用力（文化驱力和自然回归力）的协调，因此，产生了讲求"道法自然""天人合一"的思想和社会观念，这种观念不仅用在城市规划上，在中国古代各个历史阶段的社会生活中都有所体现。中国历来的传统就是要在城市的景观营建上创造和再现一种有关天文的或者说是宇宙的景观模式。

《清明上河图》是南宋画师张择端反映北宋末年的都市景观画卷，生动地揭示了北宋汴梁（今河南开封市）承平时期的城市中繁荣热闹的景象。它以各个阶层的人物的各种活动为中心，深刻地把这一历史时期的城市社会动态和人民生活状况展示出来。在画中有士、农、商、医、卜、僧、道、青吏、妇女、儿童等人物及驴、马、牛、骆驼等牲畜。有赶集、买卖、闲逛、饮酒、聚谈、推舟、拉车、乘轿、骑马等情节。画中大街小巷店铺林立，酒店、茶馆、点心铺等百肆杂陈，充分反映了汴京工商业经济的繁荣面貌。图中河港池沼，船只来往，还有官府宅第，茅棚村舍密集。在艺术处理上，无论对人物的造型、街巷、车辆、楼屋的描述以及桥梁、货船的布置，笔墨章法都非常巧妙。这样丰富的古代城市景观描绘十分少见。

将自然环境及京城内外的盛况用全景式的方式表现出来。虽然该画卷的内容与历史文献记载有出入，然而它的价值在于画面表现的城市已经从坊墙束缚的封闭式城市演变为允许临街设市进行买卖的开放式城市，反映了唐、宋间中国城市社会制度的变革，更体现了当时社会背景下的城市景观面貌，是当时城市景观的鲜活的反映。

城市景观的形成和变迁受到各种因素的影响，找出并分析这些因素有助于预测城市景观的未来变化。城市景观的形成很大程度上受到人类活动影响的制约，因此，城市景观的变化主要取决于人类活动。人类活动不断改变城市景观的格局和过程。

城市景观构成因素大致可以分为三大类：自然因素、人工因素和社会因素。城市景观设计是根据人们主观意愿正确地组织有形物质因素、合理地协调无形因素的创造性过程，构成因素的多样性决定了城市环境景观的特色。

（一）自然因素

城市赖以生存的地理环境和自然景观是创造城市景观的重要因素，城市景观设计就是要充分认识和了解各种因素的特征和潜在的美学价值，并在城市中充分地展现出来。构成城市景观的自然因素包括地形、水体、植物及气候等。

城市景观形成演变的起点是自然景观。每一个城市的发展都是基于它的自然环境，并且不论城市发展到何种程度将一直受到自然环境的影响。任何城市都是建造在地面之上，自然地形——平川、丘陵、山峰、谷地，不仅仅是城市的地表特征，而且还为城市提供了各具特色的景观因素，城市景观设计应该把它们有机地组合到城市中去，充分展示自然地形、地貌的神奇与魅力。

山体引起人们强烈兴趣的主要原因是它在视觉方面存在着巨大的体量和超乎寻常的高度，延绵起伏的山峦宛如锦屏，作为城市的背景，丰富了城市的空间层次，而形象优美的山峰具有很高的定位和审美价值，可以作为城市定位和构图的重要因素，给人以明确的方向感。桂林街道大多以山峰为对景，独秀峰、伏波山、盈彩山以其清秀的姿态、精巧的轮廓，呈现出柔和的风格和雅致的神韵，进而创造了良好的街道景观和城市特色。

城市中的水体可以分为自然水体和人工水体两大类，大至江河湖海，小至水池喷泉，是城市景观组织中最富有生气的自然因素。水的光、影、声、色是城市中充满变幻和富有想象力的景观素材。在城市中，以水面创造的景观效果要比一般的土地、草地更为生动，变幻无常和体态多姿的特点增加了水体的生动性和神秘感。它或辽阔或蜿蜒，或宁静或热闹，大小变化，气象万千。

自然水体气势宏伟，景观广阔，是构成城市景观特征的重要因素。水体岸线是城市最富有魅力的场所，是欣赏水景的最佳地带，也是城市公共活动最剧烈、城市景观最具表现力的地带，充满了变化与对比，使城市空间具有更大的开放性。水体作为一种联系空间的介质，其意义超过了任何一种连接因素，水的柔顺与建筑物的刚硬、水的流动与建筑物的稳固形成了强烈的对比，使景观更为生动，流动的水体成为城市动态美的重要元素。如无锡古运河沿岸，以运河为主题，分段打造，营造出了独特的运河景观。

植物的景观功能主要反映在空间、时间和地方性三个方面。由于植物占据一定的空间体积，具有三维造型能力，因此，植物具有围合、划分空间、丰富景观层次的功能，通过对不同种类植物的组合种植，与其他物质因素配合，形成虚实对比、大小对比、质感对比，可以产生不同的空间尺度和空间效果。植物的生长要求有相应的地理及气候条件，在不同的地理地带都有独特的乡土品种植物，如北京的白皮松、重庆的黄葛树、福州的小叶榕等，地方性优秀树种适应地方性气候和土壤条件，对强化地方性景观具有积极意义。植物是有生命的，景观设计应该考虑它的时间因素，四季变化会直接影响到植物景象的形态、色彩、尺度的变化，而植物干茎的变化又是一种时间的记录仪，古树名木具有漫长的生长期，它们的景观价值就不仅仅表现在视觉上的优美形象和苍劲古拙，还在于它作为时间的见证，能使人们产生对过去的追忆和回味。

自然因素除了上述的地形、水体和植物之外，还存在着许多不确定的自然变化因素，比如阳光、云、风等，对这些变化因素的意义不能低估，它们对城市景观将产生重要影响。尽管这些自然变化因素稍纵即逝，不像有形的自然因素那样可以进行精心组织，但是，不能忽视它们的影响力，有意识地组织和利用有利于创造出丰富、变化、生动的城市景观效果。

（二）人工因素

人工因素是人们根据主观意愿进行加工、建造的景观因素，主要包括了：建筑物、构筑物和其他人工环境因素，其最大的特点是人为建造，带有强烈的主观色彩，因此。在城市中人工因素可以导致两种相反的结果：人工因素成为城市景观中积极因素，使城市景观趋于完美与和谐；或者成为城市景观环境中的消极因素，产生丑陋、杂乱无章的大杂烩式的景观。

建筑物是城市中最基本的构成因素，也是一种活跃、最富有时间特点的变化因素，随着社会和科学技术的进步，建筑物的功能变化更为丰富与复杂，建筑材料和工程技术得到了突破性的发展。人们的审美标准也随着生活方式的改变而不断变化，因而，不同的使用功能、不同的建造技术、不同的审美要求鼓励和推动了建筑的创新与发展，建筑成为记载人类进步的石头史诗。

城市环境是一个高密度、多因素的综合环境，是一个不断积累的过程，任何一幢新的建筑物都涉及与已存景观环境的关系，具有创造和组织新的城市景观和改变原有环境景观的功能，规划与建筑设计应努力创造一个整体的多功能的环境，把每座建筑当作一个连续统一体中的一个要素，能同其他要素对话，以完善自身的形象。构筑物是工程结构物的总称，主要指桥梁、电视塔、水塔及其他一些环境设施，它们通常因为具有特别的造型，或处于特别的地点，成为城市景观中不可忽视的重要因素。建筑与景观之间有着深刻而紧密的联系，景观设计首先需要景观与建筑的统一，需要相互配合才能实现。作为景观的设计者，尤其要重视建筑环境和功能要求，使建筑形式和景观艺术互为补充、相得益彰。建筑因景观精彩，景观为建筑生辉，既尽融会之妙又不失各自的独立性。

（三）社会因素

城市景观形态构成的社会因素是一种无形的影响因素。社会因素从两个方面施加影响力：一方面，人们在日常生活中的体会、经验对环境生成、演化的主观方式直接影响，促使城市环境与城市生活保持一致；另一方面，对环境的生成、演化通过法律、经济、技术因素施以间接的影响，使之符合社会的需要。

城市生活涉及每个城市居民，城市居民既是城市环境的规划者、建设者，又是使用者和评判者，其影响面极广，"公众参与"的决策与管理方法表明要动员一切社会积极因素，参与城市的建设与发展。

城市景观形态是由多种因素根据某些特定的规律和人们的主观意愿组合而成，并不是简单地设计某一"风景"或研究某一"构图"，是社会、文化、经济、技术发展的综合表现。

综上所述，城市景观的构成因素包括了自然因素、人工因素和社会因素，其中，社会因素是一种强烈的影响因素，而自然因素、人工因素是城市景观构成的物质因素，其中，地域的自然特征和历史文化遗产是创造富有特色的城市景观的最重要的资源，而人工因素的不懈创新是赋予城市景观时代特征的根本。城市是一个有形的物质环境，从形态构成的角度出发，任何物质构成因素都具有特定的形态与特征，城市景观设计就是要充分发挥物质构成因素的特点和优势，合理组织城市景观，进而创造和谐而富有特色的城市面貌。

城市景观的地点性决定了景观实践不同于一般艺术品的创作，它是对环境的感应，是环境的艺术。景观的形成建立在场所的基础上，同时又通过有意味的形式的介入形成新的场所的特征。因此，景观实践是与环境互动的连续动态的创作过程。对城市来讲，不存在类似于普通艺术品那样的最终成果，不存在"终极景观"。

城市为人们的各种社会活动提供了所需要的场所、空间设施、资源、信息传载、物资流通等物质条件与生活便利。它不仅驱动其自身及周边地区的发展进步，而且作为环境，城市以其特有的文化、社会和经济背景，还满足了人们多样化的生活需求和多元化发展的需要。因此城市的发展、完善在社会机体的运作中起到举足轻重的作用，城市景观建设必须与人类生活工作的需要、与时代的发展同步进行，只有这样才能使当代生活体现时代精神，时代精神贯穿于现代生活。

二、城市景观的特征

（一）城市景观的三个层面

1. 环境、生态、资源层面

这包括土地利用、地形、水体、动植物、气候、光照等人文与自然资源在内的调查、分析、评估、规划和保护，即基础地域景观。

2. 人类行为以及与之相对应的文化历史与艺术层面

包括潜在于景观环境中的历史文化、风情、风俗习惯等与人们精神生活世界息息相关的东西，这直接决定着一个地区、城市、街道的风貌，影响着人们的精神文明，即人文景观。

3. 景观感受层面

基于视觉的所有自然与人工形体及其感受的设计，这是狭义景观。

这三个层面，共同的追求是以艺术与实用为最终目的，也正是城市景观的研究目标所在。

（二）复杂的城市景观

城市景观的含义是随着时代发展而不断变化与完善的。最初的城市景观只是建筑与建筑之间的关系，而后，城市景观是城市中不同元素之间的关系所引起的一种视觉效果。这些都是从传统建筑学角度出发的理解。由于心理学发展，对城市景观的理解加入人的体验而成为"城市景观是被感知到的视觉形态物以及相互之间的关系"。然而这些定义都没能把握住城市景观的实质。由于城市环境中视觉事物和事件的多样性特点，决定了城市景观具有构成上的复杂性、内涵上的多义性、界域上的连续性、空间上的流动性和时间上的变化性等特点。由此而产生的城市景观更是具有以上复杂多变的特点。

随着城市复杂性的研究，人们开始对城市景观有全面的认识。城市景观是人和社会环境互动形成的，因而城市景观首先应具有地理性、地方性，不同的地形、气候是具有特色的城市景观塑造的基础；同时城市景观是与人的社会生活密切相关的，体现了社会群体的价值观念、习俗与心理结构，是社会生活各层面在环境中的文化象征物。拉普普特就曾经指出："城市景观是一种社会文化现象，是长期选择优化的结果，而文化、风气、世界观、民族性等观念形态共同构成了（城市景观的）'社会文化构件'。"因而城市景观还具有社会文化性。城市景观是在城市历史发展过程中逐步形成的，各种历史事件、不同历史时期为政者的政策，各个阶层民众的需求与认同等都或多或少地在城市景观中留下了自己的痕迹。而这种"历史的塑造"过程从未停止过，随着时代的变迁而不断的持续发展，进而使城市景观呈现出复杂性。

（三）城市景观的历史性

城市景观的历史就是人类文明的历史、城市的历史、城市规划的历史。自从人类文明产生以来，从人类聚居点的第一次出现，城市景观就开始诞生了，因此，它就是人类文明的结晶，更是人类文明发展的折射。从城市景观的发展历程上，我们可以看到这座城市的发展历史，以及城市中人们社会生活的历史反映。

城市景观是一种历史现象，每个社会都有其相应的文化，并随社会物质生产的发展而发展。在城市发展的不同阶段，其延续性和变革性的强弱会交替出现，呈波浪式发展。这是事物发展的规律。

一个地区的城市景观体系在其发展过程中，有相对稳定的状态，也有运动变化的状态。在稳定的时候就表现为文化模式，而运动变化的时候就表现为文化变迁。模式与变迁交互发生作用，就产生不同时代的建筑与城市景观表现风格。越是大城市，其城市景观分期就越为繁复。因为那里不仅有各个时代的历史建筑遗存，而且还有作为不同文化背景的人的集合。复杂的城市景观的时间结构不仅提供了景观的多样性，而且在各种景观的渗透与交流中也易于产生新的更新时代文化景观的生长点，通常大城市是新的景观的扩散源，代表最新时代景观的原因之一。

在城市景观的共生体中，不同时代的景观所起的作用是各不相同、互有分别的。越久远的景观，其对日常生活的影响越小，而其服务于特殊需要，如，满足人的精神上的对过去的本能好奇的需要、研究的需要等的能力则相对较强。同时，由于其稀有性，其受重视和保护的价值就相对较大。真正深入生活和塑造人们生活的是当代城市景观。当代城市景观为当代人所创造并且服务于当代人的基本生活，它在心理上深入满足了人们"自我实现"的价值感和成就感，也使人们与自己生活的特定时代互相认同。

城市景观的塑造过程一直贯穿于世界上任何一座城市的每一次规划设计当中。因为对城市的每一次更新、改造和重新设计的过程，就是对城市的面貌和个性特点归纳总结提炼的过程，更是对城市景观进行了一次整理，重现光彩和继承发扬城市优秀历史和展现城市更好发展未来的过程。

（四）城市景观的地域性

不同的地域，有不同的城市景观分期及其组合。不同的城市发展历史和社会背景形成的是具有不同表现和内涵的城市景观，这就像是城市的结构布局，因为受到自然地理条件的限制，还有城市发展性质的制约。以及城市社会文化背景的传统约束，因而呈现和别的城市不一样的城市结构布局，街道形式、走向、居民区的位置等，都是因地而异的。

一个地区特有的文化与习俗，是地方性不可缺少的组成部分。在每一个人们聚居的地方，都有许多这样那样的习俗，这些习俗向人们标示着当地社会文化传统，对这些文化传统进行深入的研究能够使我们对公众的真正需求有一个真实的认识，这一点在城市景观设计上就应该有着充分的体现。在世界的每一个角落，都有各具特色的地区文化，它们根植于当地人们的生活中，正是它们孕育了本土的建筑文化和特有的"场所精神"。如，我国广西壮族自治区百色市有"句町古国"之称，又有句町铜鼓这一地域文化图腾，城市景观中常常将其作为设计符号。

"场所"是有文化内涵的空间环境，并具有一定的地域特点，"场所精神"也就是场所的特性和意义。在中国传统建筑中，由"墙"包被的集中空间无所不在，院墙、宫墙、城墙乃至长城，环环相套，墙围合成的院落是生存环境的基本单元。如，南京甘熙故居，俗称"九十九间半"，就是典型的由墙围合而成的院落生存环境。不同的环境条件和民俗民风形成不同的生活方式，不同的生活方式造就不同的文化传统，庭院带给人们不同的观感是因为它一旦与特定的人的活动发生联系，便具有一定"特性"，成了"场所"。场所具有吸收不同内容的能力，它能为人的活动提供一个固定空间。场所不仅仅适合一种特别的用途，其结构也并非固定永恒的，它在一段时期内对特定的群体保持其方向感和认同感，即具有"场所精神"。

城市景观不仅具有地域性，而且具有鲜明的时代性。每一个时代都有自己的特色景观，以前历史时代的建筑景观遗存下来，与当代建筑景观共存，使得城市景观不仅在地域、空间上镶嵌分异，而且在纵深的时间向度上也存在分异。

城市景观与城市社会、经济、文化、历史等因素的发展紧密联系在一起的，是一种具体的人文景观，包括：古代建筑、文化遗址、古代城市景观以及民族民俗景观等。人文景观是历史发展的产物，具有历史性、人为性、民族性、地域性和实用性等特点，是城市特质和标志的体现，透过城市景观也可以折射出城市社会、文化生活的各个方面。人文景观是人们在长期的历史人文生活中所形成的艺术文化成果，是人类对自身发展过程科学、历史、艺术的概括，并通过景观形态、色彩以及其他的整体构成表现出来。

三、城市景观的功能

城市景观的功能并不仅仅是视觉上的，或游览、旅游等方面的，无论是其美学功能还是休闲游览、旅游经济等功能，都是城市景观最为直接的凸显的表现形式，其潜在的、隐含的、更为广泛的功能在于对全体市民心理文化素质的孕育。对今天的城市市民而言，可以选择自己现在、将来的生活方式和社会群体价值观的表现形式，甚至城市建设发展的模式，然而他们无法选择过去，无法选择城市的模式，无法选择根深蒂固的自己浑然不觉的文化心态和人文特征。

景观遍布于我们的生活环境。由于人们生活的日益多样化和信息情报迅速快捷。同时也随着建筑环境类型的差异，景观的空间形态、空间特征以及功能要求也在随时发生变化。二由于科技的进步，人们观念的变革，交流的广泛，信息的迅速发展，人们要求的多样化，景观在功能和形式上呈现不断消亡和产生、更新与变异、主流与支流的交替变化中。不论景观如何发展变化，其基本的构成要素相对恒定。任何一个景观环境都应满足一定的功能要求，有一定的目的性，这样的景观才有其存在的价值。

通常来说，景观的功能构成包括四个方面，即使用功能、精神功能、美化功能、安全卫生功能。

（一）使用功能

使用功能存在于设施自身，直接向人提供便利、安全、保护、情报等服务，它是环境设施外在的，首先为人感知的因素，因此也是第一功能。

城市中心区是一个城市的心脏，对城市系统来说是一个文化中心、娱乐中心、商业中心、公共活动中心、服务中心……城市中心功能高度浓缩，大容量的建筑、频繁的交通、密集的信息、高密度的人流、高度集中的物质等，在这里分享着城市中心的土地，如日本东京的银座。

（二）精神功能

在研究城市中心区景观的使用功能时，我们不得不涉及视觉上和情感上的、自然与人文的、静态与动态的、有主题与无主题的精神功能。

人的行为是可以通过环境的媒体加以激励、强化的。环境对人的激励即调动人的内驱力，发挥人的创造潜能，产生积极主动的行为。它能增强自信心，受到社会的承认，显示自己的价值。同时环境也能给人以启迪，通过环境的改善，利用好的城市景观设计来促进人们的参与感，可以致使人们情绪的转换，起到积极向上的作用。如南京大屠杀纪念馆前广场，大尺度的雕塑景观与周边的建筑和街道形成鲜明对比，震撼人心，将参观者瞬间带入一种特定的情绪中。

作为景观设计师有责任和义务通过景观的设计，给人带来最大限度地精神享受，这就是景观效应的精神功能。

景观效应，是指审美客体环境与审美主体（人）发生的相互感应和相互转化的关系。效应的震撼力的大小取决于两个方面，第一是人对环境的作用，第二是环境对人的作用。

（三）美化功能

景观的美化功能在景观设计中占有重要的位置。审美客体与审美主体所发生的相互感应和相互转换的关系，通过意境的表达，给人以美的享受，情与景相融可抒发人们的情怀，陶冶人们的情操。景观设计有鲜明的美化功能，这种美化功能不仅呈现在景观的整体布局上，更表现在构成景观审美价值的每个细节中。植物以其柔和的线条、五彩斑斓的颜色、婀娜多姿的身影，随季节改变而不断变幻，绽放出瑰丽多彩的无限生机，与景观挺括、机械、刚直的造型，形成变化与对比，给人以丰富多彩的艺术享受。在全球自然资源不断减少、生态环境日渐恶化的今天。植物和自然生命在人们的审美意识中占据了更加重要的地位。因此，在景观中人为因素与自然因素的和谐比例已成为评价景观设计成功与否的一个重要标志。这种比例，一方面表现为视野中的绿色占有率；另一方面表现为人在景观中活动时，视觉中人造景观与自然景观交替出现的频率。因此，景观绿化一方面应与各种构筑物有机结合，另一方面应以较大面积的绿地、林带、结合地形地貌把绿地作为缓冲，可以成功地消除它们之间的不协调感，促使景观成为一种优美的造型艺术。

城市景观设计是在城市特定环境中从功能、美学、心理学的角度研究各种物质构成因素的存在方式。由于城市环境与人的生活密切相关，因此，两者之间存在着相互影响的关系：人的主观意愿引导着城市景观形态的建设，并对已存环境施加影响力；城市景观形态向人们传递着无限的信息，支持人们的活动，丰富人们的生活内容。这一关系表明城市景观形态始终处于不间断的变化之中。

城市景观设计就其本质上讲，是一种对文化的表达，它是一种高度融合人类物质与精神两方面的复杂的人文行为。城市景观设计的终极目的是要使文化的、生物的和物理的要素实现均衡与和谐。城市景观设计应努力去关注自然与文化中那些潜在的特征，如生命力、精神、真实性、实用性、发展过程、与人的生命活动之间的联系等，把这一切融会到城市景观设计的总体构架之中，进而形成一种全新的城市景观设计模式和尺度，景观设计不是人类凌驾于自然之上的工具。城市景观设计的本质是协调城市文化、生物、物理要素在进化过程中的相互关系。

综上所述，城市景观设计的评价是多学科、多角度的，是一种多重价值判断，其目的是实现价值优化，使景观具有最高的美景度。价值优化是景观管理和发展的基础，景观规划设计应以创建宜人景观为中心，其宜人性可理解为适于人类生存、体现生态文明的人居环境，包括景观通达性、建筑经济性、生态稳定性、环境清洁度、景观优美度等内容，特别要重视景观要素的空间关系，这种空间关系所产生的心理影响同它所含有的物质和自然资源质量同样重要。对于一个景观的综合评定必然会提高景观资源的合理利用和促成景观的最优化设计。

城市景观的研究，既是城市视觉环境的研究，也是城市社会价值观念的研究；既是城市历史文化的研究，也是当今城市社会生活场景的研究；既是城市外在的物质环境的研究，也是城市内在精神的研究。其中，城市景观的历时性和异质性分析是上述研究中最为基本的、新的内容。通过城市景观的历时性分析，使我们能够把握一座城市景观发展变化的基本脉络；通过对其异质性分析，可以把握城市不同时期主流文化景观与异质文化景观的多尺度耦合特征。通过城市景观的多重功能、多重价值、多重尺度的交织与嵌套、关联与耦合，探讨绚丽而复杂的城市景观构成与层次、传承与更新，为建立城市景观理论框架和方法论奠定基础。

第二节 城市景观特征的含义

一、城市景观设计原则

城市作为一个连续的发展过程，城市景观设计始终面临着一个重大课题：城市发展如何处理与自然生态环境的协调关系，如何处理与已存城市环境的协调关系，即如何恰当地把城市拥有的独特的自然景观因素和具有历史文化意义的人文景观因素组织到不断变化、发展的城市景观体系中去。

城市景观是城市物质环境的视觉形态，以此，人们可以获得最直观的城市环境印象。对一个城市而言，仅仅有一个、两个令人满意或令人兴奋的城市景点是远远不够的。城市景观与空间形态的组织设计应根据城市景观的价值、知名度、公共性水平，以恰当的方式建设不同等级、不同层次但相互联结的城市景观体系，为城市生活提供丰富多彩的背景环境，如美国纽约的中央公园。

富有个性和特色的城市，景观不是靠几幢"标志性建筑物"或"个人的聪明才智"创造出来的，城市个性与特色在于它自身的特点：独特的地理和地域环境，特有的历史、人文景观和生活方式的演变，是一种自然而然的发挥与表现，如意大利维罗纳城区景观。城市景观体系的建设必须研究城市有价值的景观资源，合理组织城市景观的结构体系。

城市景观体系的研究是从视觉分析的角度去理解城市空间的结构关系，是城市环境的视觉形态，它理所当然地应该反映城市的演变以及城市生活，尤其是城市日常生活的密切关系；城市景观组织以最佳展示为目的，必须使人们在参与城市活动时产生愉悦的心理体验，进而使自己的行为与城市空间环境通过景观这一视觉因素建立起双向的心物对应关系。

（一）多样化统一的原则

多样化统一的原则要求城市景观的组织必须与城市活动的多样化相一致，并确保城市景观结构体系的完整性。城市中的任何一个要素，任何一个空间环境都不可能独立存在，人类活动的连续性表明，城市作为由若干个子系统单元组成的大系统，必须是一个整体，城市景观体系必须保持与之一致的特征：多样化统一。多样化表现为城市子系统不同功能、不同空间环境的个性与特征，统一是指城市景观必须是一个和谐的整体，要求构成城市大系统的单元建立起有序、协调的关系，真实地反映城市大系统的组织结构，真实地表现城市生活的丰富多彩。

城市发展是一个连续的过程，城市景观作为城市的视觉形态必然反映出这一动态发展的特征，在其中，局部利益与城市总体利益的冲突是不可避免的。当我们把城市作为一个整体、一个系统来理解，城市景观就必须确保应有的一致性，城市一旦失去了对局部更新和小范围开发的控制与引导，便意味着城市景观体系整体性和协调性的丧失。因此，对于城市的更新与发展，必须从城市景观整体性出发，进行控制与引导，保持城市视觉形象的连续性和合理性，从而真正体现城市应有的价值景观。

（二）结构最优原则

结构最优原则强调的是完善城市景观基本单元，以合理的方式进行组织，使城市景观体系建立起稳定而明晰的内在结构关系。

城市景观体系的设计应该依照景观单元的价值，划分成若干层次和等级进行组织，建立起层次分明、衔接有序的整体结构，确立城市景观单元在体系中的主导地位，作为整个体系的定位标识，使城市具有明确的方位感。

城市景观体系所包含的时空间序列不同于单体建筑或建筑群体的空间序列。是一个多向展开的网络系统，即人们可以从城市的任意一点开始感知城市景观的过程，或在某一节点向多方向进行，从而组成不同的城市景观序列，这种多方向展开的特点要求城市景观体系必须是一个开放性的体系，能够形成多方向序列的组合，并且具有可逆性，符合人们"行为序列"的要求。

城市景观结构最优原则要求城市景观体系是一个具有多方向展开、可逆转的开放性网络，这一网络必须有明确的定位标识和方位感，适合于不同运动速度和多维度活动的需要，具有简洁明了的结构，进而能够使人们以少而准确的视觉信息建立起城市的整体印象。

（三）有机生长的原则

有机生长的原则是从城市动态发展的角度提出的景观体系建设的原则，城市景观体系应该以城市结构的扩展为依据，随着城市的发展有序而合理地生长。有机生长的原则要求城市更新应在城市景观体系及重要标志物的控制下谨慎进行，表现出城市发展连续性的特征，保留城市在各个发展阶段有价值的景观作为城市发展的标识和真实记录。对于有价值的人文景观，城市更新应表现出应有的尊重，更新项目的尺度、体量、色彩、材料都应与之相适应，保持应有的一致性，始终把有价值的人文景观作为主角。有机生长的原则，其核心是，城市景观体系是一个整体，作为城市物质环境的视觉形态，必须真实地记载城市的发展过程并随着城市发展而发展。当然，在城市这个大系统中，城市景观体系建设必须与城市区域规划、总体规划以及各单项规划保持一致性和协调性，真实地表现城市环境与自然、历史与日常生活的和谐关系。

（四）突出特色，强调立意的原则

景观是在自然景观的基础上，通过创造或改造，运用艺术加工和工程实施而形成的艺术作品，每一地方都有其自然和文化的历史过程，形成了地方特色及地方含义。在景观设计中，对地方精神的表达绝不仅仅是一种形式，而是一种身心的体验，一种历史的必然。

景观是科学技术和艺术创作的综合性工程，要创造具有高品位的和个性突出的景观环境，必须要有卓越的创意和新颖的形式。首先是在对景观项目的构想上要新颖独特，体现出独具个性的文化内涵。卓越巧妙的创意构想，能有效地揭示景观的内容实质，体现景观开发的主题思想，也是景观的内容实质。体现景观开发的主题思想，也是景观能吸引人，给人们以审美享受，让人进入一种陶冶性情的精神境界的关键所在。独具匠心的卓越创意，充满了设计师的智慧与创造性思维的闪光，也使景观项目有较高艺术品位与审美价值。

立意主要体现在新观念、新思维、新视角的开发以及新的审美价值的追求，体现出一种与时代同步甚至超越时代的求新求异的创造性思维。包括：景观作品的内容与形式的统一，景观设计的艺术构思与总体布局的统一，景观创作手法和形式美的原则在景观设计中的运用等。

二、城市景观设计特点

城市景观设计主要运用艺术设计方法研究环境景观的艺术创作与设计。将自然景观与人文景观，尤其是城市环境景观、建筑环境景观的设计作为景观设计研究的主要对象。景观设计有四个特点，即综合性、区域性、动态性及方法的多样性。

（一）景观设计的惊合性

城市是一个复杂巨系统，城市景观元素之间彼此不是孤立的。在城市的一定空间内，应该在一个主题下把它们有机地组织起来，作为研究对象的景观是一个多种要素相互作用的综合体，这个综合体主要包括自然景观系统和人文景观系统，形成环境景观的整体，包括：视觉形象要素如建筑、绿体、水体、街道、雕塑、小品和广场等，这就决定了环境景观设计研究的综合性特点。景观设计不仅要研究其各个要素，更重要的把它作为统一的整体，综合地研究其组成要素及它们的组合关系。由于环境景观有其自身的复杂性，我们在对某一要素进行研究时，根据环境景观的不同对象特点，可采用不同的研究方法和设计方法。

（二）景观设计的地域性

每个城市都有其特定的自然地理环境，有各自的历史文化背景，以及在长期的实践中形成的特有的建筑形式与风格，加上当地居民的素质及所从事的各项活动构成了一个城市特有的景观。因为自然景观和人文景观空间分布不均一的特点，决定了景观设计研究的地域性特点。所谓地域性特点就是地域分异规律在环境中的具体表现。不同地区存在不同的自然景观和人文景观，一种要素在一个地区呈现出的变化规律在另一个地区不可能是一样的。景观的地域性特点研究是获得自然景观和人文景观特色形成的重要手段和方法。地域性包括民族性是城市景观设计中应注重的一个主要方面。我国是一个历史悠久的多民族国家，城市景观要反映各民族的传统和浓郁的地方民族特色，以保持城市之间景观特色的差异性。

（三）景观设计的动态性

城市是与时代同步发展的，它经历着一代又一代人的建设与改造，不同时代有不同的风貌。城市景观及其设计应具有鲜明的时代性。现代科学越发展，越应珍惜历史文化的遗存，表现为各要素的交织与并演，是一门时空的艺术，它随观察者在空间中的移动而呈现出一幅幅连续的画面。城市景观中的自然景观和人文景观特点是不断变化的，这就决定了景观设计须以动态的观点和方法去研究。所谓动态性方法就是将环境景观现象作为历史发展的结果和未来发展的起点，研究不同历史时期景观的发生、发展及其演变规律。城市景观设计过程中，既要注重文化的继承性和文脉的延续性，又要反映时代进步的节奏、人们的生活方式和审美情趣，即既有时代的精神又有历史的风韵。

（四）景观设计方法的多样性

城市景观设计，要合乎人们的审美情趣和形式美的规律，城市景观艺术具有自然美、社会美与艺术美的多重美学特征，比一般艺术品更具感染力。城市景观的复杂性决定了景观设计方法的多样性。景观设计研究主要采用实地考察的方法，包括：实测、摄影、绘画等。景观设计特点应体现为"顺应自然、尊重历史、发展特色、整体设计、长期完善"。多样性涉及设计或景观中的变化，从相似景观的宽阔区域到较短距离内复杂得多的变化。人类活动所积累的遗迹，定居时间较长的景观通常比近期的景观有较多的多样性，有混合文化的区域通常有较多的多样性。一个景色想要我们保留长期的兴趣，多样性就是必需的，为了提供刺激并丰富我们生活的质量，视觉多样性是一种基本需要。景观设计方法的多样性还表现为设计手法和设计风格的多样性，对同一设计对象，由于设计者的理念、视角、表现手法等不同，其设计结果也是各不相同的。

（五）注重人文关怀

人是城市的灵魂。城市景观设计的目的是为了人生活得更美好。现代人的教育与文化水平、科学技术能力、艺术的需求和欣赏能力，愈来愈高，这就要求城市景观和景观设计应有更丰富和更深刻的思想文化内涵和品位。现代人的多层次性，要求环境艺术有雅俗共赏的多样性，既有古典与现代、高雅与通俗、理性与浪漫，还要有满足现代人追求时髦的审美意识。中国人追求人与自然的融合，师法自然，进而达到"天人合一"的境界，这些都是景观设计中应注重的，提倡自然环境与人工环境的结合，充分利用城市的地形、地貌、地物、水体和绿化等各种自然生态条件，创造一个满足人类回归自然、渴求自然的城市空间，如，坐落在上海世博园区内的"亩中山水"景园，用现代的设计手法演绎中国传统园林文化之精髓，让人回味无穷。

在城市景观的设计中，无论是区域景观、广场改造、街区拓建，还是园林建设等都要首先考虑城市整体环境构架，研究他们的现在与过去、当今与未来、地方与比邻的差异与不同、变化和衔接。立足科学，最大限度、最为合理地利用土地、人文和自然资源，并尊重自然、生态、文化、历史等科学的原则，使人与环境彼此建立一种和谐均衡的整体关系。

第二章　城市景观特征要素分析

城市景观的基本构成要素分为自然景观要素、人工景观要素和人文景观要素三大类。在城市景观复杂的组成体系中，必须合理安排与协调人的活动和各种景观要素的相互关系，使其和谐统一、良性循环，才能形成一个综合的、可持续的、有独特气质的城市景观。

第一节　自然景观要素

自然景观要素是城市景观设计的物质基础，地形地貌、动植物、水体、气候条件等都属于自然景观要素。尽管在城市环境中，自然景观要素会不可避免地被不同程度的人工改造，然而不可否认的是，自然景观要素是构筑城市生态环境的必不可少的物质保障

一、地形

（一）地形的释义

从地理学的角度来看，地形是指地球表面高低不同的三维起伏形态，即地表的外观，地貌是其具体的自然空间形态，如盆地、高原、河谷等。地貌特征是所有户外活动的根本，地形对环境景观有着种种实用价值，并且通过合理的利用地形地貌可以起到趋利避害的作用，适当的地形改造能形成更多的实用价值、观赏价值、生态价值。

地物是指地表上人工建造或自然形成的固定性物体特定的地貌和地物的综合作用，就会形成复杂多样的地形可以看出，地形就是作为一种表现外部环境的地表因素。因此，不同地形，对环境的影响也有差异，对于其设计导则便不尽相同

（二）地形的功能特征

地形要素是城市景观设计中一个重要环节，是户外环境营造的必要手段之一。地形是指地表在三维向度上的形态特征，除最基本的承载功能外，还起到塑造空间、组织视线、调节局部气候和丰富游人体验等作用。同时，地形还是组织地表排水的重要手段部分设计者在设计中通常缺失地形设计，致使方案无论在功能上，还是在风格特征上都无法令人满意。

地形可以塑造场地的形式特征，并对绿地的风格特征影响很大地形有自然地形和规则

地形，以规则形态或有机形态雕塑般地构筑地表形态，构成地表肌理，能给人以强烈的视觉冲击，形成极具个性的场所特征和空间氛围，是景观设计的常用手段。

地形的表现方式通常采用等高线。其他常用到的辅助表现方式有控制点标高、坡向、坡度标注等。

（三）地形的分类

地形的分类方式比较多，这里主要介绍两种分类方式

1. 按表现形式分类

按表现形式，城市景观中的地形可分为人工式的地形和自然式的地形。

（1）人工式的地形

人工式地形多运用硬质材料采用规则化的线条，营造一种层层叠叠的形态，给人一种简单规则化的美感，比如，下沉广场、台阶、挡墙、坡道等。

（2）自然式的地形

这类地形通常是指用草坪、土石等自然材料塑造的地形，运用柔和的线条来模拟自然界中的天然地形，可以给人带来一种亲近自然的感觉，这类地形在公园绿地中运用的比较广泛。

2. 按竖向形态特征分类

（1）平地地形

平地是一种较为宽阔的地形，最为常见，被应用的也最多平地地形是指与人的水平视线相平行的基面，这种基面的平行并不存在完全的水平，而是有着难以察觉的微弱的坡度，在人眼视觉上处于相对平行的状态。

平地从规模角度而言，有多种类型，大到一马平川的大草原，小到基址中可供三五人站立的平面平地相比较其他类别地形的最大特征是具有开阔性、稳定性和简明性平地的开阔性显而易见，对视线毫无遮挡，具有发散性，形成空旷暴露的感受。

平地是视觉效果最简单明了的一种地形，没有较大起伏转折，但容易给人单调枯燥的感受。因此，在平地上做设计，除非为了强调场地的空旷性，否则应引入植被、墙体等垂直要素，遮挡视线，创造合适的私密性小空间，以丰富空间的构造，增添趣味性。

平地能够协调水平方向的景物，形成统一感，使其成为景观环境中的一部分。例如水平形状建筑及景物与平地相协调。反之，平地上的垂直性建筑或景观，有着突出于其他景物的高度，容易成为视觉的焦点，或往往充当标示物。

平地除了具有开阔性、稳定性和简明性以及协调性外，还有作为衬托物体的背景性，平地是无过多风格特征的,其场地的风格特点来源于平地之上的景观构筑物和植被的特征。这样，平地作为一种相对于场地其他构筑物的背景而存在，平静而耐人寻味，任何处于平地上的垂直景观都会以主体地位展露，并且代表着场所的精神性质。

（2）凸起地形

相对于平地而言，自然式的凸起地形通常富有动感和变化，如山丘等；人工式的凸起地形能够形成抬升空间，通常在一定区域内形成视觉中心凸起地形可以简单定义为高出水平地面的土地相比较平地，凸起地形有众多优势，此类地形具有强烈地支配感和动向感，在环境中有着象征权利与力量的地位，带来更多的尊重与崇拜感。可以发现，一些重要的建筑物以及上文中提到的纪念性建筑多耸立于山的顶峰，加强了其崇高感和权威性。

凸起地形是一种外向形式，当建筑处于凸起地形的最高点时，视线是最好的，可以于此眺望任意方向的景色，并且不会受到地平线的限制。

想要加强凸起地形的高耸感方法有二：首先在山顶建造纵向延伸的建筑更有益于视线向高处的延伸；其次，纵向的线条和路线会强化凸起地形的形象特征、相反，横向的线条会把视线拉向水平方向，进而削弱凸起地形的高耸感。

凸起地形中包含了山脊的形式，所谓山脊是条状的凸起地形，是凸起地形的变式和深化。山脊有着独特的动向感和指导性，对视线的指导更加明确，可将视觉引入景观中特定的点。山脊与凸起地形同样具有视觉的外向性和良好的排水性，是建筑、道路、停车场较佳的选址。

凸起地形还能够调节微气候。不同朝向的坡地适宜种植的植物也有所不同，在设计时应合理选择。在凸起地形的各个方向的斜坡上会产生有差异的小气候，东南坡冬季受阳光照射较多且夏季凉风强烈，而西北坡冬季几乎照射不到阳光，同时受冬季西北冷风的侵袭。

总之，凸起地形有着创造多种景观体验、引人注目和多姿多彩的作用，这些作用不可忽视，通过合理的设计可以取得良好的功能作用和视觉体验。

（3）凹陷地形

凹陷地形可以看作由多个凸起空间相连接形成的低洼地形，或是平坦地形中的下沉空间，其特点是具有一定尺度的竖向围合界面，在一定范围内能产生围合封闭效应，减少外界的干扰。一个凹陷地形可以连接两块平地，也可与两个凸起地形相连。在地形图上、凹陷地形表示为中心数值低于外围数值的等高线凹陷地形所形成的空间可以容纳许多人的各种活动，作为景观中的基础空间，空间的开敞程度以及心理感受取决于凹陷地形的基底低于最高点的数值，以及凹陷地形周边的坡度系数和底面空间的面积范围。

凹陷地形有着内向性和向心性的特质，有别于凸起地形的外向性和发散性，凹陷地形能将人的视线及注意力集中在它底部的中心，是集会、观看表演的最佳地形。许多的户外剧场、动物园观看动物的场地以及古代罗马斗兽场和现代运动场都是由一个凹陷地形的坡面围成的较为封闭的空间。

凹陷地形对小气候带来的影响也是不容忽视的，它周边相对较高的斜坡阻挡了风沙的侵袭，而阳光却能直射到场地内，创造温暖的环境。虽然凹陷地形有着种种宜人的特征，但也避免不了落入潮湿的弊病中，而且地势越低的地方，湿度就越大，首先这是因为降水排水的问题所造成的水分积累，其次是由于水分蒸发较慢因而，洼地本身就是一个良好的蓄水池，也可以成为湖泊或是水池。

另一种特殊的凹陷地形——山谷，其形式特征与洼地基本相同，唯一不同的是山谷呈带状分布且具有方向性和动态性，可以作为道路，也可作为水流运动的渠道。然而山谷之处属于水文生态较为敏感的地区，多有小溪河流通过，也极易造成洪涝现象山谷地区设计时应注意尽量保留为农业用地，生态脆弱的地区谨慎开发和利用，而在山谷外围的斜坡上是较佳的建设用地。

实际上，这些类别的地形总是相互联系、互相补足、不可分割的，一块区域的大地形可以由多种形态的小地形组成，而一个小地形又有多种微地形构成，因此，设计过程中对地形地貌的研究不能单一的进行，要采用分析与综合的方法进行设计与研究。

（四）地形图的表现方法

地形图的表现方法主要体现在以下几个方面：

原则上，等高线总是没有尽头的闭合线。绘制等高线时，除悬崖断壁外，不能有交叉，为区别原有等高线和设计等高线，在等高线绘制时，可将原有等高线表示为虚线，将设计等高线表示为实线。

注意"挖方"和"填方"的表示方法。平面图中，从原有等高线走向数值较高的等高线时，则表示"填方"；反之，当等高线从原等高线位置向低坡偏移时，表示"挖方"。

注意"凸"和"凹"状坡的表示方法。平面内，等高线在坡顶位置间距密集而朝向坡底部分稀疏表示凹状坡，反之，等高线在坡底间隔密集而在坡顶稀疏则表示凸状坡。

注意"山谷"和"山脊"的表示方法。等高线方向指向数值较高的等高线表示谷地，指向数值低的方向表示山脊。

（五）地形在城市景观中的作用

1. 骨架作用

地形是整个景观场地的载体，它为其他的景观元素和设施提供了一个依附的平台，其他元素的层次变化在很大程度上是建立在地形层次的基础之上，地形甚至能影响到整个场地的景观格局。

2. 限定与划分空间的作用

景观空间的围合，通常需要地形、植物、建筑等几种景观元素共同完成，而其中地形是最基础的，也是用得最多的。地形围合起来的空间具有其他景观元素所达不到的效果，而且在复合型的、连续的大空间塑造方面也极有优势，利用地形高低起伏的特点可以分割、组织空间，合理的地形变化可以实现各种各样的空间功能，如垂直空间、半开敞空间、开放空间、私密空间等，促使空间之间既彼此分割又相互联系，空间层次更加丰富。

一般来说，凹形下沉的地形能够形成空间的竖向界面，进而形成对空间的限定，而且坡度越高越陡，下沉尺度越大，则空间限制力越强。反之，凸起抬升的地形通常能够起到突出主景的作用，这并不一定依赖于抬升高度、绝对尺度的大小，更多的是通过视觉的变化引起景物观赏者的注意，从而达到心理暗示的作用。

3. 造景的作用

地形自身即能创造出优美动人的景观供人欣赏。在地形处理中可以利用具有不同美学表现的地形地貌，设计成各种类型的人造地形景观。

高低起伏的地形常常是场地中植物、建筑、水体等其他景观要素的背景依托，或相互成为背景关系。作为背景的各种地形要素，能够截留视线，划分空间，突出主景，使整个景观空间更加完整生动。

4. 引导游览的作用

地形可以影响车辆和行人的运动方向和速度。通常来说，平坦的地形上，人的步行速度较快且少有停顿；而在有台阶或坡道的地形上，步行速度会相对放缓。因此，利用不同地形的组合，可以控制或改变游人的行进节奏，从而达到引导游览、观赏的效果。

5. 场地排水的作用

在城市景观中，降到地面的雨水、没有渗透进地面的雨水以及未蒸发的雨水都会成为地表径流。在一般情况下，地形的坡度越大，径流的速度越快，会造成水土流失；过于平坦的地形，径流速度缓慢，又容易造成积水。因此，在设计时，地形的坡度需要在一定合理的范围内才能更有效地控制流速与方向，以排走地表径流。

6. 控制、引导观赏视线的作用

地形构成了景观空间的水平低界面以及部分的竖向界面，因此是空间尺度大小的决定因素之一，它能限定视觉空间大小，并有助于视线导向，同时也能够在需要时起到遮蔽视线的作用。景观地形的真正价值在于人与自然的交流，好的地形设计，能为游人提供最佳的观景位置或者是创造良好的观景条件。

7. 防洪的作用

对于滨水景观，地形还有着一个更为重要的作用——防洪。如果巧妙地将防洪墙与地形相结合，将其慢慢过渡隐藏在景观中，不仅能解决城市的防洪，而且还能避免数米高的大堤阻断游客的视觉通廊。

8. 有利于其他景观元素的设计完善

地形设计有利于场地的小气候营造，能影响场地中的日照、温度、风向、降水等诸多气候因素，合理的地形设计还能增加绿化面积，有利于植物设计的层次性及丰富性；不同坡度的地形可以影响植物种植的分布，适合不同习性的植物生存，从而提高了植物的多样性；另外，地形设计还能影响交通路网的布置，影响水体设计的走向、状态和整体布局。水景的丰富性通常也离不开地形的烘托。

二、植物

植物在城市景观中也是一个重要的造景元素，在设计中常用的有乔木、灌木、草本植物、藤本植物、水生植物等植物对城市景观的总体布局极为重要，所构成的空间是包括时间在内的四维空间，主要体现在植物的季相变化对三维景观空间的影响。

（一）植物在城市景观中的作用

1. 改善环境

植物在城市景观设计中可以改善提高环境质量。例如在城市环境中，常使用体态高大的乔木来遮挡寒风如果行道树和景观树为阔叶树，就会形成浓荫，可以在酷暑中遮挡骄阳——建筑场地与城市道路相邻时，沿道路边的地界线处用大中小乔木、灌木结合，既可以丰富道路景观，又可以降低噪声植物还具有吸尘的作用，利用这些特征，可以有效地改善景观的小环境。

2. 美化环境

发挥植物本身的景观特性，并对环境起到美化、统一、柔化、识别和注目等作用。美化环境的作用主要体现在以下几个方面。

（1）造景作用

植物自身具有良好的观赏展示效果，除了优美的形态与色彩，植物还能够体现和表达景观场所中的文化内涵及主观情感。

（2）完善作用

植物通常作为配景出现在城市建筑的周围，其形态与体量与建筑形成互补，能够起到延长建筑轮廓线、软化建筑体量的作用，形成建筑与周围环境的自然过渡，从而达到协调、完善的景观效果。

（3）统一作用

在景观视觉效果较为凌乱的情况下，一些相对分散且缺乏联系的景物可以利用成片或线状植物配置带进行连接通过适当的、整体性的植物配置，可以将环境中杂乱无章。

（4）强调作用

借助于植物截然不同的大小、形态、色彩、质感来突出或强调某些特殊的景物，可以将观赏者的注意力集中到适当的位置，使其更易被识别或辨明。

（5）软化作用

植物可以用在景观空间中软化或削弱形态过于呆板僵硬的人工化景物，被植物软化的空间，比没有植物的空间更富有人情味和吸引力。

（6）过渡作用

植物既可以减缓场地地面高差给人带来的视觉差异，又可强化地面的起伏形状，使之更有趣味另外，深绿色可以让景物有后退的感觉，因此，通过种植深浅不同的植物来拉伸和缩短相对的空间距离，进而制造适宜的景深视觉效果。

3. 限制行为

植物本身的可塑性很强，可独立或与其他景观要素一起构成不同的空间类型利用绿篱的设置，可以限制人们行为的发生，如穿越草坪走近路，靠近需要安静的建筑物窗前玩耍等。

4. 烘托气氛

植物的种类极其丰富、姿态美丽各异、四季色彩多变；特别是场地中的小花园，更丰富了场地景观。适当的树种选择，可以形成肃穆、庄严、活泼等不同的环境氛围。

5. 变换空间

植物对于景观空间的划分可以应用在空间的各个层面上在场地中，可以用植物来围合与分隔空间。乔木可以形成浓荫，供人们在树下小憩；生长繁茂的灌木，促使人们的视线不能通视，在观看景物时有一种峰回路转的效果。

在平面上，植物可作为地面材质和铺装配合，共同暗示空间的划分；在此基础上，植物也可进行垂直空间的划分，如不同高度的绿篱可以形成空间的竖向围合界面，从而达到明确空间范围、增强领域感的作用；而高大乔木的树冠可以从垂直方向把景观视野分为树冠下和树冠上两个部分，形成不同的景观视觉效果。

此外，植物营造的软质空间可以起到控制交通流线的作用，利用植物去隔离人的视线，形成天然的屏障，在某些开阔的场所可以起到明确的交通导向作用。此外，植物还能配合水体、地形、建筑等其他景观要素，营造不同功能的游憩空间，以及形成景观空间序列和视线序列，从而构成丰富的城市景观。

6. 遮蔽视线

城市环境中常有一些有碍景观的设施存在。利用枝叶繁茂的小乔木或者是灌木，围合在其周围，就能起到遮蔽的效果植物遮蔽视线的作用建立在对人的视线分析的基础之上，适当地设置植物屏障，能阻碍和干扰人的视线，将不良景观遮蔽于视线之外；用一定数量、体量的植物围绕在主景周围，遮蔽掉周围无关的景物，形成一个景框，能很好地起到框景作用。一般来说，用高于人视线的植物来遮蔽其他景物，形象生动、构图自由，效果较为理想。此外，还需考虑季节变化，使用常绿植物能达到永久性的屏障作用。

（二）常见植物的类型及特征

1. 常见植物的类型

（1）乔木

乔木多为高度 5m 以上的、有一颗直立主枝干的木本植物。乔木最高可达到 12m 甚至更高，通常在 9～12m 之间乔木的大小决定了它作为主景而出现，构成景观中的基本轮廓和框架，形成立体的高度，通常在设计时优先布置乔木的位置，其次是灌木、地被等。乔木在空间中可以充当室外"天花板"的功能，其高大的树冠为顶部限定了空间，而随着树冠的高度不同，产生了不同心理感受的空间，高度越低，亲切感越浓厚；高度越高，空间越显开阔。

（2）灌木

灌木是没有明确的主干，由根部生长多条枝干的木本植物：如，映山红、玫瑰、黄杨、杜鹃等，可观其花、叶，赏其果。灌木通常高度在 3m 以下，高度在 1.5 ~ 3m 的灌木可以充当空间中的"围墙"，起到阻挡视线和改变风向的作用；高度小于 1.5m 的灌木不会遮挡人的视线，但能够限定空间的范围；大于 30cm 小于 1.5m 的灌木与"矮墙"的功能类似，可以从视觉上连接分散的其他要素。

（3）藤本植物

藤本植物，是指茎部细长，不能直立，只能依附在其他物体（如树、墙等）或匍匐于地面上生长的植物，如葡萄、紫藤、豌豆、牵牛花、忍冬等。利用藤本植物可以增加建筑墙面和建筑构架的垂直绿化，以及屋顶绿化，从而为城市增添观赏情趣；此外，匍匐在地面的藤本植物能够防止水土流失，并可显示空间的边界。

（4）草本花卉

花草是运用相当广泛的植物类型，其品种较多，色彩艳丽，且适合在多地区生长，适用于布置花坛、花境、花架、盆栽观赏或做地被使用。在具体设计实践中，应在配置时重点突出量的优势。根据环境的要求可将草本植物和花卉植物种植为自然形式或是规则式。

2. 常用植物的整体形态特征

植物的形态特征主要由树种的遗传性决定，然而也受外界环境因子的影响，也可通过修剪等手法来改变其外形。

（三）植物要素在城市景观设计中的种植要求与要领

1. 植物要素的种植要求

（1）符合植物的生态要求

选择当地的常见植物在城市景观中运用，不但强化了景观的地域特色，同时也给植物提供了一个良好的生存环境，因为本地植物对光照、土壤、水文、气候等环境因子都已适应，更易于养护管理。

所有的动植物和微生物对其生长的环境来说都是特定的，设计师不能仅凭审美喜好、经济因素等进行植物设计，还应当考虑到病虫害的防御、所需土壤的性质等因素，保持有效数量的乡土植物种群，尊重各种生态过程及自然的干扰，以此来形成生物群落，才能保持生态平衡。

根据当地城市的环境气候条件选择适合生长的植物种类，在漫长的植物栽培和应用观赏中形成具有地方特色的植物景观，并与当地的文化融为一体，甚至有些植物可能逐渐演化为一个国家或地区的象征，如，荷兰郁金香、日本樱花、加拿大枫树都是极具地方特色的植物景观。我国地域辽阔，气候迥异，园林植物栽培历史悠久，形成了丰富的地方性植物景观，例如北京的国槐、侧柏，深圳的叶子花，攀枝花的木棉，都具有浓郁的地方特色。这些特色植物种类能反映城市风貌，突出城市景观特色。

（2）符合景观的功能性质要求

植物的运用要符合整个景观环境的功能要求，搭配时要考虑其协调性。此外，还需要考虑植物的属性与景观场所的功能匹配性，例如，在儿童经常玩耍的地方不能设计有刺的植物，尖形属性的植物，如雪松、鸢尾等，更不能设计具有毒性的植物；在人行道的两侧尽量不要种植表面有根系的植物，因为它们长长的根系能拱起路面，引起行人的不便；果实较多的植物非常容易使路面打滑，影响行走；长枝条的植物，如杨柳、迎春等，容易伤到行人的眼睛和脸部。因此，要根据植物对土壤、空间等元素的要求，人对城市景观的要求和植物本身的属性相结合来设计城市中的植物景观，这样才能达到植物良好的生存状态，使城市的植物景观效果能够得到可持续发展。

（3）展现植物的观赏特性

每种植物都有其不可替代的观赏价值，因此要对其艺术地搭配和种植。考虑植物的季节特性，力求使丰富的植物形态和色彩随着季节变化交替出现。当然，这要建立在主次分明的基础上，以免产生视觉上的混乱。

2. 植物要素的种植要领

（1）确定主景植物与基调植物

在设计中如没有特别的要求，种植设计的深度一般不要求确定每一棵植物的品种，但需要确定主景植物与基调植物。图纸表达一定要能区分出乔、灌、草和水生植物，能够区分出常绿和落叶。在对植物进行选择时，要思考如下问题：如何理解种植设计？在设计中植物起什么作用？还需要有针对的研究一下植物的种植要点，可以参考相关植物设计书籍中关于种植设计的讲解。

（2）种植设计要有明确的目的性

种植设计需从大处着眼，有明确的目的性。无论是整体还是局部，都要明确希望通过植物的栽植实现什么样的目的，达到什么样的效果，创造什么样的空间，需有一个总体的构想，即一个大概的植被规划，是一个开阔的场景，还是一个幽闭的环境；是繁花似锦，还是绿树浓荫；是传统情调，还是现代气息。明确哪些地方需要林地，哪些地方需要草坪，哪些地方需要线性的栽植，是否需要强调植物的色彩布局，是否需要设置专类园等。这些都是在初始阶段需要明确的核心问题。

（3）理解并把握乔木的栽植类型

乔木的栽植类型主要有孤植、对植、行植、丛植、林植、群植六种类型。在设计过程中，应根据具体的设计需要选择恰当的栽植类型，以形成空间结构清晰，栽植类型多样的效果。

（4）充分利用植物塑造空间

我们设计的大部分户外环境，通常都以乔木和灌木作为空间构成的主要要素，是空间垂直界面的主体，植物还可以创造出有顶界面的覆盖空间。在应用植物塑造空间时，头脑中对利用植物将要塑造的空间需先有一个设想或规划，做到心中有数，如空间的尺度、开合、视线关系等，不可漫无目的的种树。植物空间要求多样丰富、种植需有疏密变化，做到"疏可走马、密不透风"。

（5）林冠线和林缘线的控制

林冠线和林缘线，种植时需控制好这两条线。林缘线一般形成植物空间的边界，即空间的界面，对于空间的尺度、景深、封闭程度和视线控制等起到了重要作用。

（6）与其他要素相配合

特别是与场地、地形、建筑和道路相协调、相配合，形成统一有机的空间系统。如，在山水骨架基础上，运用植物进一步划分和组织空间，使空间更加丰富。

（7）植物的选用

注意花卉、花灌木、异色叶树、秋色叶树和水生植物等的应用。可以活跃气氛，增加色彩、香味。大面积的花带、花海能形成热烈、奔放的空间氛围，令人印象深刻。水生植物可以净化水体、增加绿量、丰富水面层次。

（四）植物的空间塑造

植物在构成室外空间时，具有塑造空间的功能。植物的树干、树冠、枝叶等控制了人们的视线，通过各种变化互相组合，形成了不同的空间形式。植物空间的类型主要有以下几种。

1. 开闭空间

在生态景观设计中需要注意植物的自身变化会直接影响到空间的封闭程度，设计师在选择植物营造空间时，应根据植物的不同形态特征、生理特性等因素，恰当地配置营造空间。借助于植物材料作为空间开闭的限制因素，根据闭合度的不同主要有以下几种类型。

（1）封闭空间

封闭空间是指水平面由灌木和小乔木围合，形成一个全封闭或半封闭的空间，在这个空间内我们的视线受到物体的遮挡，而且环境通常也比较安静、也容易让人产生安全感，因此在休息室我们经常采用这种设计。

（2）开敞空间

开敞空间在开放式绿地、城市公园、广场、水岸边等一些景观设计类型中多见，如草坪、开阔水面等。这类空间中，人的视线一般都高于四周的景观，可使人的心情舒畅，产生开阔、轻松、自由、满足之感。对这类空间的营造，可采用低矮的灌木、草木花卉、地被植物、草坪等。

（3）半开敞空间

半开敞空间是指从一个开敞空间到封闭空间的过渡空间，即在一定区域范围内，四周并不完全开敞，而是有部分视角被植物遮挡起来，其余方向则视线通透，开敞的区域有大有小，可以根据功能与设计的需要不同来设计。半开敞空间多见于入口处和局部景观不佳的区域，从而容易给人一种归属感。

2. 动态空间

所谓的动态空间就是空间的状态是随着植物的生长变换而随之变换的，我们都知道植物在一年四季中都是不同的，把植物的动态变化融入空间设计中，赋予空间生命力，也带给人不同寻常的感受。

3. 方向空间

植物一般都具有向阳性的生长特点，因此当设计师利用植物来装饰空间的时候要特别注意对植物的生长方向进行制约，以此达到想要的空间设计效果。

（1）垂直空间

垂直空间主要是指利用高而密的植物构成四周直立、朝天开敞的垂直空间，具有较强的引导性。在进行垂直空间的设计时我们常常使用那些细长而且枝繁叶茂的树木来拉伸整个空间，运用这种空间设计的时候整个景观的视野是向上延伸的，因此当我们抬头向上望时会给人造成一种压迫感，因此在这种空间内我们的视线会被固定，注意力也会比较集中。

善于利用细长的树木来划分不同的空间结构是设计师必须掌握的一项技能。树干就相当于一堵围墙，运用树木或稀或密的排列，形成开阔或者是密闭的空间。因此这对施工前期树木种植的合理性要求较高。

（2）水平空间

水平空间是指空间中只有水平要素限定，人的视线和行动不被限定，然而有一定隐蔽感、覆盖感的空间：在水平空间内空间的范围是非常大的，相对来说它的视野也较为开阔，但是在这种敞开式的空间中要求有一定的隐私性、包裹性，我们可以利用外部的植物来达到这种效果。那些枝繁叶茂的植物能够把上部空间很好的封锁住，但是水平的视野没有受到限制，这一点和森林极为相似——在树木生长繁茂的季节有昏暗幽静的感觉。

我们除了利用生长繁茂的植物来营造覆盖空间，还可以使用类似于爬山虎这类的攀缘类植物达到这种效果。这是因为这类植物具有很好的方向性，它的生长方向非常容易控制，因此在空间设计时得到了广泛的运用。

三、水体

（一）水体的类型

城市中的水资源是非常宝贵的，其可持续利用体现在河流自然的水循环过程、地下水的净化和利用、雨水的回收再利用等方面。

从宏观层面看，城市景观中的水体主要包括自然水体和人工水体两种类型。

1. 自然水体

自然水体是指江河湖泊等大的水域，是人类生存、生活地必须要素之一，在城市景观中具有较高的象征意义和生态价值。目前，越来越多的城市非常重视保护和恢复河流的自然形态，把河流的驳岸生态性作为城市自然水体净化的一个重要方面：生态河岸对河流水文过程、生物过程还具有很多功能，例如：滞洪补枯、调节水位；增强水体自净作用；为水生生物提供栖息、繁衍的场所等。

2. 人工水体

人工水体是指在景观设计中，根据一定的功能需要，设置在特定位置的，或供人娱乐，或供人观赏的，并且具有不同形式美的人造水体景观。

（二）水体在城市景观中的作用

水体在城市景观中的作用可概括为以下几点。

1. 基底背景作用

广阔的水面可开阔人们的视域，有衬托水畔和水中景观的基底作用当水面面积不大时，水面仍可因其产生的倒影起到扩大和丰富空间的视觉和心理效果。

2. 生态平衡功能

在大尺度的自然水体——湖岸、河流边界和湿地会形成多个动植物种群的栖息地，生态系统维持着生物链的平衡、多样和完整，为人类与自然的和谐共存奠定基础；尽管城市景观中一些小尺度的水景不具备宏观景观生态学所定义的生态意义，然而它们仍然对人居环境具有积极的作用。

水体景观能调节区域小气候，对场地环境具有一定的影响作用大面积水域能够增加空气的湿度，调节园林内的温度，水与空气中的分子撞击能够产生大量的负氧离子，具有一定的清洁作用，有利于人们的身心健康水体在一定程度上改善区域环境的小气候，有利于营造更加适宜的景观环境。夏季通常比外界温度低，而冬季则比外界温度高一另外，水体在增加空气湿润度，减弱噪声等方面也有明显效果。

3. 赋予感官享受

水可通过产生的景象和声音激发思维，使人产生联想。水的影像、声音、味道和触感都能给人的心理和生理带来愉悦感对于大多数人来说，景观中的水都是其审美的视觉焦点，可以从中获得视觉、听觉和触觉的享受，甚至升华为对景观意境的追求与共鸣。

4. 提升景观的互动和参与性

水体不仅仅给人以感官享受，在一些特定的水体形式中，人们能与水景产生互动，可以增强人对城市景观的体验。水体具有特殊的魅力，亲近水面会给人带来各种乐趣。为了满足人的亲水天性，提升空间的魅力，可利用水体开展各种水上娱乐活动，如，游泳、划船、溜冰、船模等，这些娱乐活动极大地丰富了人们对空间的体验，拓展了整个环境的功能组成，并增加了空间的可参与性和吸引力。当今出现了更多新颖的水上活动，如，冲浪、漂流、水上乐园等。

5. 划分与割断空间

在景观设计中，尤其是一些场地尺度较为局促、紧张的景观场所中，为避免单调，不使游客产生过于平淡的感觉，常用水体将其分隔成不同主题风格的观赏空间，以此来拉长观赏视线。

（三）水体景观的设计要领与原则

1. 水体景观的设计要领

水体景观的设计要领主要体现在以下几个方面：一是我们在设计水体景观的时候要特别注重水体的流动系统，要防止水变成死水，不然就会造成环境破坏以及影响欣赏。二是因为水的流动性，因此在设计的时候一定要做好防漏水处理，防患于未然。三是有一些景观的管线暴露在外，对景观的美观影响是极大的，所以在前期设计当中要考虑到位，以免出现类似的情况。四是在选用水体景观的底部设计材料的时候，要根据想要呈现的效果选择合适的用料及设计。五最重要的就是安全，漏电的情况是绝对不允许发生的，其次水深也是一个影响安全的重要因素。

2. 水体景观的设计原则

水体景观在城市景观中的应用是一个亮点，同时也是一个难点，通常来说要注意以下几点。

（1）合理定位水景的功能与形式

在对整个场地进行勘察的时候要明确水景的具体功能，应该结合当地的自然资源、历史文脉、经济因素等条件因地制宜地建造功能适宜的水体景观。同时，城市景观是一个整体，水体是整个景观的一部分，所以水景要与整个景观融为一体，水体应与场地内的建筑、环境与空间相协调，尽可能合理利用景观所在地的现有条件造出整体风格统一、富有地域性文化内涵的水体景观，而不是孤立地去设计水景：此外，初期投资费用以及后续管理费用也应结合水景的功能定位，给予合理安排。

（2）人工水景设计要考虑净化问题

人工式水景可能会有污染，因此，可根据具体的水景形式，通过安装循环装置或种植有净化作用的水生植物来解决，并且应对水体进行连续或定期的水质检测、消毒等措施，以便发现问题及时处理。

（3）高科技元素可以丰富水体的应用与表现形式

水景设计是一项多学科交叉的工程，它是一门集声、光、电于一体的综合技术。灯光可使水体拥有绚烂的色彩，一些电子设备可以使水展现纵向造型，音乐和音效的加入更强化了观者的心理愉悦程度。此外，对于一些有特殊需要的水体景观，例如在降低能耗的前提下，如何保持水在低温环境中不结冰，都需要创新性科技元素的应用。

（4）做好安全和防护措施

水能够导电，水深也是一个安全隐患，在水景设计时要根据功能合理地设计水体深度，妥善安放管线和设施，深水区要设置警示牌和护栏等切实有效的安全防护措施：另外，要做好防水层的设计，在一些寒冷的地方还要做好设施的防冻措施。

（四）水体景观的设计形态与形式

1. 水体景观设计的形态

在景观设计过程中，水体常有以下四种基本设计形态。

（1）静水

水体并没有绝对静止的，只是相对于动态水而言，流动速度相对较缓的湖泊、水塘、水池等中的水，通常被划分为静态水体静水的特点是宁静、祥和、明朗，能够起到净化环境、划分空间、丰富环境色彩、烘托环境气氛以及暗示和象征的作用例如平静的水面，可映照出周围的景色，所谓"烟波不动影沉沉，碧色全无翠色深。疑是水仙梳洗处，一螺青黛镜中心"一池清水，就是一面镜子：蓝天白云、绿树青山、屋宇亭台等倒映水中，好似海市蜃楼而有风吹水动之时，则又有"滟滟随波千万里"之意境水和月的组合，自古以来就是诗人吟诵的对象："烟笼寒水月笼沙"也好，"疏影横斜水清浅，暗香浮动月黄昏"也罢，都表现出水月交融如梦如幻的朦胧美。

（2）流水

流动的水具有活力和动感，给人一种蓬勃欢快的心情在大自然中，我们通常把流动的水称之为流水，然而我们观察到的流水并不是完全一样的，这主要是因为在大自然中有多种因素影响着水流的形成状态，在城市景观设计中，设计师经常把流水引入设计中，借助溪流等形式来营造生动活泼的气氛，还可配以植物、山石，营造出闲适、优雅的意境，其蜿蜒的形态和流动的声响使景观环境富有个性与动感。

流水也有缓急之分，水由高处流往低处的时候通常会比较湍急，而在平原之地时又会比较平缓，我们可以利用流水的不同状态来为景观设计增设亮点。在进行设计的时候利用水流将整体划分为不同的区域，这样的设计会让人既感到放松又富有活力。

（3）落水

落水是指从高处突然落下形成的水体。落水在设计时要求有一定地势落差，坠落的过程总是给人强烈的震撼。把它运用于景观设计时应当注意别把它的规模设计的太小，因为那样就不能给人的感官带来震慑，特别是听觉。

受落水口、落水面的不同影响而呈现出丰富的下落形式，经人工设计的落水。包括线落、布落、挂落、条落、层落、片落、云雨雾落、多级跌落、壁落等。不同的落水形式带来不同的心理感觉和视觉享受，时而潺潺细语、幽然而落，时而奔腾磅礴、呼啸而下，变化十分丰富。

（4）喷水

在我们的日常生活中喷泉是随处可见的，它是典型的喷水景观像喷泉这样的喷水景观可以融合多种元素做出风格迥异的景观，比如，我们常常用音乐和喷水结合，这就是音乐喷泉，随着音乐的节奏，水柱或高或低，或急或缓；还有与彩灯结合的，在各种光柱的衬托下喷水好像活了一样，十分的生动有趣。喷水可以用天然水也可以用人工水，但是要注意处理好各个构成部分的系统，以免以后出现麻烦。

2. 生态水体景观的设计形式

生态水体景观设计形式主要有以下几种。

（1）溪流

溪流是自然山涧的一种水流形式，它也是我们构造景观的重要部分。溪流具有多种形态——有长的有短的，有宽的有窄的，有直的有弯的。利用不同形态的溪流再搭配植被、假山、平原等就可以营造出或优美，或粗犷，或辽阔的景观。也可以铺设石子路来增加整个景观的意境，同时也方便我们近距离的观赏。在平缓的溪流上划船，近距离的观赏美景，更具一番风味。

总之，水的形态运用应根据具体的意境而定，如果是以山为主的城市假山园，水作为附体，则多以溪流、沟涧等能与山石相结合的形式处理水造景，以增加山的意趣。或者在山麓作带状的渊潭，以水的幽深衬托山的峻高。在以水为主的城市园林中，多集中用水形成大的湖泊，同时辅以溪流，组合出各具姿态的水景园。

（2）池塘

池塘是指成片汇聚的水面。池塘的水平面较为方整，通常设有岛屿和桥梁，岸线较平直而少叠石之类的修饰，水中通常会种植一些观赏植物，如，荷花、睡莲、藻等，或放养一些观赏鱼类。

（3）湖泊

湖泊是生态城市景观设计中的大片水域，具有广阔曲折的岸线和充沛的水量。生态城市景观中设计的湖，通常比自然界的湖泊要小很多，因其相对空间较大，常作为构图中心。湖中设岛屿，用桥梁、汀步连接，也是划分空间的一种手法，水面宜有聚有分，聚分得体聚则水面辽阔，分则增加层次变化，并可组织不同的景区。例如，颐和园中的昆明湖、承德避暑山庄的塞湖等。

（4）瀑布

瀑布的水源或为天然泉水，或从外引水，或人工水源（如自来水）瀑布的景观感染力最强，可产生飞溅的水花和泼溅的声响；生态景观中的瀑布意在仿自然意境，处理瀑布界面时，水口宽的成帘布状，水口狭窄的成线状、点状，有的还可以分水为两股或多股。

（五）水体景观的水岸处理

在水体景观设计中，我们常常利用水岸线来解决水边缘的美观问题，与此同时它还有存储水资源以及防止洪水等作用，怎么设计水岸线，通常需要考虑整体景观想要呈现的效果。

不同的水岸形状具有不同的特点——笔直的水岸线洒脱利落，弯曲的水岸线魅力不凡，深凹的水岸有利于成为船舶停靠岸，凸出的水岸十分容易形成岛屿。

伴随着社会环境的不断改善，以及人们生活水平的不断提升，水岸发挥的作用也越来越多样化，既要满足观赏的需要，又要符合美化环境的要求。

1. 山石驳岸

因为太湖石等石料具有防洪的作用，更重要的是它的观赏性也很强，因此在河岸的景观设计中经常利用这种石料。为了取得更为出色的效果，最近几年在景观中融合了种植树木的设计，重新赋予了整个景观以生命力。

2. 垂直驳岸

在水体边缘和陆地的交界处，可利用石头、混凝土等材料来稳固水岸，以免遭受各种自然因素和人为因素的破坏。

3. 天然土岸

通常把泥土筑成的堤岸称之为泥土堤岸，然而为了确保安全不宜将它筑的过高。由于是泥土筑成的，所以在堤岸上种植花草树木是十分便利的，在满足观赏功能的同时，还可以防止雨水的冲洗造成的崩塌。

4. 混凝土驳岸

在水流变化不定的水岸，利用混凝土来建筑堤岸是非常合适的，它具有便宜耐用的特点。为了提高其美感，研制出了新型材料，这对驳岸的设计无疑是有益无害的。

5. 风景林岸

林岸即生长着树木的水岸，这些树木通常是灌木以及乔木等灌木和乔木具有生长快速而且极易存活的特点，因此将它们融入风景林岸中可以营造出一幅绿意画卷。

6. 檐式驳岸

为了营造出陆地与水岸的连接效果，在水岸融入了将房檐与水结合的设计。这种设计给人带来的视觉冲击是极强的。

7. 草坡岸

在水岸线上建筑平缓的斜坡，并在上面种植绿草，也可零星种植些花，这种清新自然的设计一直深受大众的喜爱

8. 石砌斜坡

在进行水岸处理的时候将水岸构造成一个斜面，再利用石板一层一层铺设，这就是我们所说的石砌斜坡。因为这种材料具有极强的牢固性，所以在水位变化急剧处运用广泛。

9. 阶梯状台地驳岸

在较高的水位处设计阶梯状的水岸，有利于时刻适应水位高低落差的变化，在洪涝灾害发生时可起到重要的防范作用。

第二节　人工景观要素

构成城市景观的人工要素主要包括建筑、铺装、景观小品、服务设施等"人为建造"

的基本景观单元，与自然景观要素一样，它们都是属于物质层面的，人们可以通过眼、耳、鼻、舌等感觉器官感知到它们的"客观实在性"；并且，它们都具有一定的具体表现形态，都是依赖于人的参与、改变或创造而形成的。

一、建筑

当下土地资源日渐珍贵，从节约建设用地的角度来看，在城市中能集中布局的尽量不要采用分散式布局，以提高容积率和建筑密度。然而分散布局在顺应地形、空间节奏、形态对比以及景观视野等方面具有显著优势。

按照空间特性可分为内向型或外向型布局。内向空间强调围合性、隐蔽性，有较明确的边界限定，如，"庭""院""天井"等都倾向从建筑开始向内部围绕闭合。而外向空间通常是以场地的核心位置或制高点处建筑物或构筑物开始朝外围空间扩张、发散：如我国皇家园林中，通常在山脊堤岸等控制点建造亭台楼阁以观周遭景色，就具有外向开敞的特点。

按照组织秩序特质可分为几何化与非几何化布局。几何化布局体现了建筑在关注基本使用、体验以及建造逻辑等理性条件下的自我约束特征。非几何化布局反映出形态的多元性与自由性。

归结起来常见的有以下有效布局方式。

（一）轴线对称布局

轴线对称布局强调两侧体量的镜像等形；轴线可长可短；可安排一条，也可主次多条并行：这种体系为很多古典以及纪念性建筑提供了等级秩序基础；直至现代，轴线系统也因其鲜明的体块分布及均衡稳定的图式等优势成为很多建筑师重要的设计策略。

（二）线性长向布局

线性布局相对"点""面"的几何特性而言更强调方向感，它以长向布局导致节奏的重复与加强，可以沿某一方向直线或折线等展开，具有明显的运动感张永和及其非常建筑工作室设计的北京大学青岛国际会议中心，就采用了线形布局。基地是临海陡坡，建筑垂直于等高线横向延伸；一字并联的建筑呈现从山至海、从上到下的明确方向指示；人们在一系列由不同标高的室内功能区域到室外平台的转换游历过程中，强化了对线形空间的体验。

（三）核心内向布局

核心布局可被描述为一种各部分都按一定主题组织起来的内向系统，它具有中心与外围之分。风车型、十字形、内院型、圆型以及组团围合等都具有明显的内聚向心力我国福建客家楼就是典型的核心布局系统。建筑采用单纯的绝对对称形制——圆形围合成内院，若干住户连续安排在圆圈外围，中心设置公共建筑，这样的布局显然利于聚族而居和抵御外侵。

（四）放射外向布局

放射布局是一种从中心向外辐射传递力量的外向系统，各方向在相互牵制中保持动态平衡威廉·彼得森（Willicim Pedersen）与科恩·彼得森·福克斯（Kohn Pedersen Fox）共同设计的美国佛蒙特州斯特拉顿山卡威尔度假别墅（Carwill House U，Stratton Mountain，Vermont），顺应山林坡地做不规则布局，圆柱形楼梯成为各放射单元的联系、交接与过渡区域，各体量围绕它在三个基本方向上形成螺旋逆转这种不规则的放射布局，促使人们在行进的各个透视角度上，都具有异于单一线形体系的丰富视觉层次。

二、铺装

铺装是指室外景观环境中单一的或者形态、色彩等各异的几种材料组合在一起，存在于地面最顶层的硬质铺地铺装区域的主要作用是为车辆或行人提供一个安全的、硬质的、干燥的、美观的承载界面，并与建筑、植物、水体等元素共同构成景观，因此，铺装是景观环境的重要组成部分。铺装的设计手法随景观环境的变化而变化，能较好地烘托城市景观氛围。

（一）铺装的功能

城市景观中铺装的功能包括两个方面：一方面是它的物质功能，另一方面是它的精神功能。前者是实现后者的前提，二者密不可分。

1. 铺装的物质功能

物质功能是铺装设计发展至今最为重要和最为基本的功能，失去了物质功能，铺装也就没有存在的意义了。

铺装首先要考虑的是交通功能，在设计中首要考虑安全性与舒适性问题。交通功能对铺装的基本要求是要考虑防滑和坚固的需求，要能应对所有自然因素造成的破坏，还要应对车辆荷载可能导致的铺装下沉或断裂的危险。此外，铺装还要具有超强的稳定性，遇到寒冷、炎热等天气时能够具备抗老化、抗磨损的特性；作为车行交通枢纽的铺装，还应该具备较好的摩擦力和平整度，以确保行车的安全感和舒适感。

（1）限定和划分空间

铺装景观通常还用来划分空间内部不同功能或不同环境区域的边界，使整个景观空间更加容易被识别。通过铺装材料或样式的变化形成空间界线，在人的心理上产生不同暗示，达到空间限定及功能变化的效果。两个不同功能的活动空间往往采用不同的铺装材料，或者即使使用同一种材料，也采用不同的铺装样式用铺装来划分空间区域，可以减少围栏等对人们造成的视觉困扰，同时也避免了大面积单一铺装样式的单调性。

（2）引导视线或空间的方向性

由周围向内收敛、具有向心倾向的铺装会将人的视觉焦点引向铺装图案的圆心位置；当地面铺装的总体构形有方向性，并且内部的铺装细部也突出强调这种方向，就会明显体现出空间的视觉或方向导向性。铺装的这种作用既可以用来引导观赏者的视线，也可以引导他们在景观中的行进方向，明确空间的观赏视线或交通方向。当然，通过铺装的图案、色彩、组合形式等变化，可以形成直接明确的引导，同时也可以形成含蓄暗示性的引导，这取决于景观功能与氛围的实际需要。

（3）统一或强调空间

铺装可以将一些复杂的空间环境串联在一起，相同的铺装会让人们感觉到大环境的统一和有序；与相邻空间不同的铺装能够达到强调、突出所在空间的作用。

（4）调节尺度的功能

景观空间的尺度感没有绝对的标准，主要依靠人们经验的判断和心理的量度，通常铺装纹样的复杂化能够使整个空间的尺度看起来缩小，而简单的铺装纹样一般使整个空间尺度看起来很大。此外，通过铺装线条的变化，可以调节空间感，平行于主体空间方向的铺装线条能够强化其纵深感，使空间产生狭长的视觉效果；垂直于主体空间方向的铺装线条能够削弱其纵深感，强调宽度方向上的景物从铺装材料的大小、纹样、色彩和质感的对比上，不但可以把控整个空间尺度，还能够丰富空间中景观的层次性，使整个景观更具有立体效果合理利用这一功能可以在视觉上调整空间给人带来的心理尺度感，在视觉上使小空间变大，浅、窄的空间变得幽深、宽阔。

（5）控制游览节奏

铺装可通过图案、尺度等变化来划分空间，界定空间与空间的边界，控制人们在各空间中的活动类型、活动节奏和尺度，进而达到控制游览节奏的目的。在设计中，经常采用直线形的线条或有序列的点暗示空间结构，引导游人前进；在需要游人驻足停留的静态场所，则惯于采用稳定性或无方向性的铺装，再配合相对放大的空间尺度；当需要引导游人关注某一重要的景点时，则采用聚向景点方向的走向的铺装。

（6）提醒、警示的功能

在学校、居住区或大型公共建筑等地段，车行道路上都铺有减速带或其他形式的铺装，提醒过往车辆降低车速，保证行人安全。此外，一些商业店铺或者私人住宅门前区域的强调性铺装也能起到提醒注意的作用，表明从公共空间到专有空间属性的变化，暗示经过者绕行。

（7）隔离保护的功能

在城市公共空间中，有许多景观设施是不许人们靠近或践踏的，如果利用铺装作为限制的话，可以起到提醒行人绕行的目的，甚至铺装可以配合其他公共设施起到相应的作用，这样既起到了保护环境的作用，又能够使整个城市空间显得更有秩序感和艺术感。

2.铺装的精神功能

（1）满足心理层面的主观审美需求

在满足功能实用性的前提下，还应重视铺装的美化效果适宜的铺装材料精心组合在一起，本身即可成为一道亮丽的风景，创造赏心悦目的景观，表达或明快活泼，或沉静稳重，或从容自在的空间氛围，既能满足人们的审美需求，使人产生心理愉悦感，又能提升景观环境的品质。

（2）表达人文层面的景观意境与主题

大多数人都会有这样一种倾向，认为景观铺装从根本上来说是功能性的，其物质层面的作用更受重视。实际上，铺装设计作为景观设计的重要一环，其成功与否，不仅需要满足物质层面的功能要求，精神层面的功能也至关重要。二者是相互依存、相互促进的关系，只有被赋予一定精神内涵并具有合理功能性的铺装设计，其景观效果才能更稳定、更长久，更能吸引游人积极探索个中韵味。

（二）铺装的基本表现要素

1. 质感

铺装材料的质感与形状、色彩一样，会向人们传递出信息，是以触觉和视觉来传达的，当人们触摸材料的时候，质感带给人们的感受比视觉的传达更加直接—铺装材料的外观质感大致可以分为粗犷与细腻、粗糙与光洁、坚硬与柔软、温暖与寒冷、华丽与朴素、厚重与轻薄、清澈与混沌、透明与不透明等铺装的质感设计需要考虑的问题包括：不同质感材料的调和、过渡；材料质感与空间尺度的协调；质感与色彩的均衡关系等问题。

2. 肌理

肌理是指铺装的纹样。纹样是铺装具有装饰、美化效果的基本要素，铺装纹样必须符合景观环境的主题或意境表达中国传统铺装中、精美的铺装纹样比比皆是；随着景观设计的发展，地面铺装也形成了大量约定俗成的图案引起人们的某种联想——波浪形的流线，让人们仿佛看到河流、海洋；以动植物为原型的铺地图案，又总会让人觉得栩栩如生；某些图案的组合，还能带给人节奏感与韵律感，好似跳动着的音符。同时，个性化、创造性的铺装图案越来越多，这些铺装图案的使用必须结合特定的环境，从而才能表达出其自身所蕴涵着的深层次意蕴。

3. 色彩

色彩作为城市铺装景观中最重要的元素之一，是影响铺装景观整体效果的重要组成部分铺装色彩运用地是否合理，也是体现空间环境的魅力所在之处铺装的色彩大多数情况下是整个景观环境的背景，作为背景的景观铺装材料的色彩必须是沉着的，它们应稳重而不沉闷，鲜明而不俗气铺装设计通常不采用过于鲜艳的色彩，一方面，长时间处于鲜艳的色彩环境中容易让人产生视觉疲劳；另一方面，彩色铺装材料一般容易老化、褪色，这样将会显得残旧，影响景观质量。色彩的搭配包括两个方面：一是指不同铺装种类之间色彩的搭配，二是铺装的整体格调与周边环境色彩趋向的和谐色彩分冷暖色调，冷色调给人的感觉是清新、明快，暖色调则带给人们热烈、活泼的气息。把握住环境的主格调，是合理利用铺装色彩的前提。

4. 尺度

铺装景观中对尺度的把控非常重要，尺度如果不合适，将对整体空间的氛围产生破坏，严重时甚至会使人们出现混乱感。通常，面积较大的空间要采用尺度较大的铺装材料，以表现整体的统一、大气；而面积较小的空间则要选用尺度较小的铺装材料，以此来刻画空间的精致。也就是说同种材料、同种构型的铺装，其尺度的大小，影响着人对环境尺度的感知，甚至决定了景观使用者对它的审美判断。

5. 构型

构型是铺装具有装饰、美化效果的基本要素，几乎伴随着铺装的产生就开始使用。将铺装材料铺设成各种简单或复杂的形状可以加强地面视觉效果，还对功能性有一定的帮助，例如前文所述，地面铺设成平行的线条，可以强化方向感。此外，通过构型的点、线、面的巧妙组合，可以传达给人们各种各样的空间感受，或宁静、高雅，或粗犷、奔放等。

6. 光影效果

中国古典园林里通常用不同颜色的沙砾、石片等按不同方向排列，或是用不同条纹和沟槽的混凝土砖铺砌，在阳光的照射下能产生丰富的光影效果，促使铺装更具立体感；同时还能减少地面反光、增强抗滑性。

在城市景观的铺装设计中，首先应把它理解为景观环境中的一个有机组成部分、要考虑与其他景观要素的相互作用，根据不同的铺装整体结构方式形成不同的结构秩序，表现出不同性质的环境特征。同时，从总体指导思想到细部处理手法，铺装设计均应遵循人的视觉特点和心理需求，要考虑到空间功能的多样性，让铺装能满足不同空间和不同人群的多样需求，能够为不同个体、社群的生活提供进行多种自由选择空间的可能性。此外，景观空间中的铺装在时间历史范畴中也具有多样性的特征，不同历史时期的事件在此浓缩、积淀、延续和发展。因此，铺装设计必须有机结合新旧元素，进而才能创造具有多层面功能、多样化历史意义的景观空间环境。

三、景观设施

景观设施的质量与城市景观综合质量直接相关，景观设施是组成城市景观的重要因素，是城市名片的重要载体。

（一）景观设施的分类

根据具体的用途，景观设施主要分为以下几类。

1. 服务设施

座椅、桌子、太阳伞、休息廊、售货亭、书报亭、健身器械、游乐设施等。

2. 信息设施

指路标志、方位导游图、广告牌、宣传栏、时钟、电话亭、邮筒等。

3.卫生设施

垃圾桶、烟蒂箱、饮水器、公共厕所等。

（二）景观设施的功能

城市景观设施在为人们提供各项服务方面发挥着不可替代的作用，通常来说，具有以下几方面的功能。

1.使用功能

存在于设施自身，直接向人提供使用、便利、安全防护、信息等服务，它是景观设施外在的、首先为人感知的功能，因此也是第一功能。比如，城市步行空间周围的隔离设施，其主要功能是拦阻车辆进入，免于干扰人的活动；路灯的主要用途是夜间照明，以确保车辆行人的交通安全。

2.空间界面

从形式上看，各类城市景观中的空间界面可以分为显性的和隐性的两大类。"隐性界面"与地面、建筑立面等显性界面不同，它没有明显的"面"的感觉，其界面形态有赖于观察者的心理感受，主要通过各类景观设施的数量、形态、空间布置等方式构成，对环境要求予以补充和强化。例如，一列连续的路灯或行道树构成的隐性界面，对车辆和行人的交通空间进行划分以及对运行方向起到诱导作用，更丰富了城市景观的空间形态与层次。景观设施的这一功能通常通过自身的形态、数量、布置方式以及与特定的场所环境的相互作用显示出来。

3.装饰美化

景观设施以其形态对环境起到衬托和美化的作用，它包括两个层面：一是单纯的艺术处理；二是与环境特点的呼应、对环境氛围的渲染。

4.附属功能

景观设施同时把几项使用功能集于一身。例如，在灯柱上悬挂指路牌、信号灯等，使其兼具指示引导功能；把隔离设施做成休息座椅或照明灯具，从而使单纯的设施功能增加了复杂的意味，对环境起到净化和突出的作用。

景观设施以上四种功能的顺序及组合常常因物、因地而异，在不同的场所，它们的某种功能可能更为突出。

（三）景观设施的设计原则

景观设施包括的内容较多，由于篇幅所限，无法一一归纳总结，但在具体设计时，以下基本原则可作为参考。

1.匹配原则

景观设施的使用和设计风格都应具有最大程度上的合理性，不可陷入形式主义的漩涡。设计表达必须与特定的生活背景相契合，不能失去本土特色、民族特色，这样才能挖掘和创造有生命力的景观设施。

2. 实用原则

景观设施必须具备相应的实用性，这不仅要求技术支持与工艺性能良好，而且还应与使用者生理及心理特征相适应。

3. 以人为本

人创造了城市景观，但同时又是城市景观的使用者，"以人为本"的思想应贯穿在整个景观设施设计的过程中。人机工程学对人的行为习惯、心理特征都进行了研究，是设计师的主要参照。然而数据毕竟是死的，因此，切实以人的行为和活动为中心，把人的因素放在第一位，是设计的关键此外，无障碍设计也是一种人文关怀的体现。

4. 绿色设计

绿色设计的原则可以概括为四点：减少、循环、再生和回收。即顺应生态性设计要素的要求，在设计过程中把环境效益放在首位，尽量减少对已有自然和人文环境的破坏。要尽量减少物质和能源的消耗，尽量用可再生资源和天然的材质，从而减少有害物质的排放。

5. 美学原则

景观设施在提升环境质量的同时，也要符合观者的审美心理，形式美的法则可应用于其中。

6. 整体把握、创造特色

景观设施的设置首先应符合公共生活的需求，其次要与周围的景观环境保持整体上的协调，以促进景观的功能完善为前提。在此基础上，可用创造性表现手法丰富公共设施和艺术品的外观，满足人们求新求变的天性。

第三节　人文景观要素

"人文"涵盖了文化、艺术、历史、社会等诸多方面。城市是人类文化的产物，也是区域文化集中的代表，城市景观恰恰就是反映城市文化的一个最好的载体，人文景观源于文化，具有深厚的文化内涵和广泛的文化意境，置身其中，我们即可感受到浓浓的文化气息和强烈的文化意味。以下从人本主义、历史文脉、地域特色三个方面进行分析。

一、人本主义

在城市景观设计中，要坚持"以人为本"的原则。它体现了充分尊重人性，肯定人的行为以及精神需求，由于人是城市景观的主体，人的基本价值需要被保护和遵从。作为人类精神活动的重要组成部分，城市景观设计透过其物质形式展示设计师、委托方以及使用者的价值观念、意识形态以及美学思想等，首先要体现其使用功能，即城市景观设计要满足人们交流、运动、休憩等各方面的要求；同时，随着经济的进步，人们对于城市景观的要求超出了其本身的物质功能，要求城市景观设计能贯穿历史、体现时代文化、具备较高的审美价值，成为精神产品，"以人为本"就是要满足人对城市景观物质和精神两方面的需求。

人本设计要素在城市景观设计中的实现需要景观满足人的生理与心理的双重要求，即实现城市景观的使用功能和精神功能。实现其使用功能应满足以下几个方面原则。

（一）舒适性

现代城市居民对于休闲的要求更为迫切，对城市景观相关设施的使用频率也相应增加，它的舒适性可提高居民休闲、游憩等质量。此外，舒适性还表现在无障碍设施的应用上，其设计细节应符合残障人士的实际需求，让残障人士也体会到置身于城市景观之中的便捷与乐趣。

（二）可识别性

一个以人为本的城市景观应该是一个特色鲜明，容易被识别的环境。丰富的视觉效果不仅愉悦了使用者，同时也丰富了整个城市景观空间的层次。

（三）可选择性与可参与性

城市景观设计应当突出可参与性吸引使用人群，同时也应当给他们提供多种选择的机会，这样才能提升他们的使用情绪。

（四）便利性

现代社会是一个讲求效率的社会，人们在城市景观中休闲娱乐的同时，也同样渴望得到便利的服务，使用到便利的设施。

二、历史文脉

在城市景观设计中的历史文脉，应更多地理解为它是在文化上的传承关系。是具有重要的艺术价值、历史价值的事物，经常能在一定时期重回历史舞台，对社会的进步和发展起到了积极的作用。

历史文脉的构成是多方面的，通常可分为偏重历史性的和偏重地域性的两种历史文脉，有时候这两种历史文脉是贯通和叠置的设计师应该顺应这种景观发展趋势，尝试运用隐喻或象征的手法通过现代城市景观来完成对历史的追忆，丰富全球景观文化资源，从景观角度延续历史文脉。当然，选择以历史文脉要素为景观设计的动态要素不是对每个城市都适用的，有些新兴城市并没有悠久的城市历史文明，可以用当地的地域特征作为切入点，切勿盲目追随。

历史文脉要素被用来从宏观上指导城市景观设计方向的时候，其内容包括对历史遗产的保护，需要处理好以下几点。

（一）处理好人与景观的关系

历史文脉要素应用于城市景观中必定是一种特色鲜明的形式表达，因此，要确保符号的选择具有代表性，易于被广大民众所接受，不应过于晦涩难懂；转换为具体的景观形式后要保证景观的实用价值，而不要好大喜功，建一些劳民伤财、对生态景观毫无意义的形象工程。

（二）处理好继承与创新的关系

历史文脉要素的运用要结合当地的传统景观，从时代特征、风俗习惯出发。对于一些历史遗迹应当是保护、开发、利用相结合，在顺延文脉发展的同时，对于周边的景观进行创造性的改造并逐渐将提炼的历史文脉要素语言符号应用于新景观中，实现历史文脉要素的过渡，也给广大群众接受、评价、反馈新景观的时间，促进新旧景观，乃至整个城市景观的和谐发展。总之，将历史文脉要素中最具活力的部分与现实景观相结合，可使其获得持续的生命力和永恒的价值。

（三）深层次发掘城市景观的文化内涵与实质

其实，许多同等级别、同等类型的城市景观，其构成物质层面的基本成分都差不多；但事实上，这些景观最终呈现出来的效果却优劣参差。因此，设计是可以替代的，但历史文脉要素却永远不可替代、不会消失，并且对其挖掘的深入程度，影响了整个景观设计的内涵和历史地位。同时，还应适当结合最新的文明成果，把新技术、信息手段应用到诠释景观和重塑历史的过程中。人们活在当下，但终将成为明天的历史，设计师尤其应当挑起重担，力求使得设计的景观作品在发挥其应有功能的同时，发展和延续城市的历史文脉。

三、地域特色

地域特色是一个地区或地方特有的风土个性，是隶属于当地最本质的特色，它是一个地区真正区别于其他地区的特性。所谓地域特色，就是指一个地区自然景观与历史文脉的综合，包括它的气候条件、地形地貌、水文地质、动物资源以及历史、文化资源和人们的各种活动、行为方式等，城市景观从来都不是孤立存在的，始终是与其周围区域的发展演变相联系的，具有地域基础特征。

地域特征与历史文脉两个要素是互为关联的，由于前一小节已经重点讨论了城市景观的历史文脉要素，因此本小节的地域特征要素主要侧重在自然景观层面的表述。

恰当地将植物景观设计与地形、水系相结合，能够共同体现当地的地域性自然景观和人文景观特征。例如，利用植物的类型或地形的特点反映地域特征，使人们看到这些自然景观就能够联想到其独特的地域背景，如，山东菏泽引用"牡丹之乡"来指导城市意向，牡丹已经成为这个城市的一种象征，人们看到其景自然会想到这一城市的环境特征；又如提到"山城"，人们自然会联想到重庆地形起伏有致的城市景观特点。正如每一寸土地都是大地的一个片段，每一个景观单元也应该是反映整体性地域景观的片段，并且在城市历史文化发展中得到历史的筛选和沉淀。

地域特色除了环境的自然演变、植物与生境的相互作用，人类的活动也影响着环境演变发展的方向。我国诸多的历史文化名城，都是先人们结合自然环境创造的优美景观典范。我国有干旱地区创造的沙漠绿洲，有河道成网的水乡，有山地城镇，有景观村落，有风景如画的自然景观和丰富的人文景观相融合的田园诗般的园林城市。这些都是在水土气候环境能被人所接受、在自然山水与人和谐相处以及均衡的传统哲学理念指引下，通过人力改变或改造后产生的与地域背景相结合的产物。

综上所述，城市景观中诸事物的特点是在不断变化的，这就决定了城市景观设计首先要以动态的观点和方法去研究，要将城市景观现象作为历史发展的结果和未来发展的起点。城市景观设计不应只着眼于眼前的景象，同时还应着眼于它连续性的变化；因此，应使整个设计过程具有一定的弹性和自由度。城市景观设计的动态发展，还有另一层面的意义，即可持续发展的意义。城市景观设计与其他设计相比，其本身供一代人或几代人使用，只有把握其动态要素，进而才能使城市景观设计更有意义。

第三章　城市景观特征与城市文化

什么是文化？英国人类学家泰勒认为："文化是包括全部的知识、信仰、艺术、道德、法律、风俗以及作为社会成员的人所掌握和接受的任何其他的才能和习惯的复合体。"英国人类学家拉德克利夫·布朗又认为："文化是一定的社会群体或社会阶级与他人的接触交往中习得的思想、感觉和活动的方式，文化是人们在相互交往中获得知识、技能、体验、观念、信仰和情操的过程。"而最为众多西方学者所认可的是美国人类学家克罗伯和克拉克洪所定义的："文化存在于各种内隐的和外显的模式之中，借助符号的运用得以学习和传播，并构成人类群体的特殊成就，这些成就包括他们制造物品的各种具体样式，文化的基本要素是传统思想观念和价值，其中尤以价值观最为重要。"而在我国的古籍中，"文化"一词出自汉代刘向的《说苑》："凡武之兴，谓不服也，文化不改，然后加诛。"以此与"武功"相对，表达文治教化之意。由此可见，"文化"是一个由各种不同元素组成的有机复杂的整体，广义的可指是一个民族整体的生活方式和价值系统，狭义的可指人类的精神生产及其成果的结晶。

第一节　文化塑造了城市景观特征的审美表现

一、传统文化的承袭：城市景观的内在气质

传统文化是由文明演化汇集而成的一种反映民族特质和风貌的文化，是各民族历史上各种思想文化、观念形态的总体表征。传统文化不仅包括历史上存在并延续至今的种种物质和精神的文化实体，例如，民族服饰、地方戏曲、古典诗歌、生活习俗等，还包括价值观念和文化意识。广义地说，其实就是指传统社会中代表民族性特征的整体生活方式和价值系统，是一个民族在漫长的历史过程中建立起来的世代相承的文化历史。它会随着时间不断地流传和积淀在人们的心理和情感中，成为一个民族所普遍认同的价值体系，并使整个民族在价值取向、伦理观念、思维方式、审美情趣诸方面渐趋认同，最终形成自己独特的品格和精神。这些独特的文化品格和民族精神塑造了城市景观的内在气质，促使其从一个单纯的物质空间形态上升为城市文化和审美品格的重要组成部分，成了文化符号，具有精神性的内涵。在彰显出一个城市的底蕴与内涵的同时，也为城市中的人带来了一种稳定

感、安全感和永恒感，由于它所反映的并非个人的想法与经历，而是一个族群共同的荣耀与情感，是融合了意义、传统、习俗、契约的一种文化的审美趣味与过程。当我们在城市中对这些有着深厚传统文化积淀的景观进行审美感知的时候，我们看到的是一个由文化凝聚和积淀的景观，它有着自己源远流长的故事，历史的踪迹和文化的踪迹交织印证在我们对它的记忆中，仿佛已经与它们一起生活了多年，具有强烈的和谐感和归属感。

我国作为一个文明古国，经过几千年的演化、融合与陶冶，更是创造了世界上独具特色、灿烂辉煌的传统文化。气象万千的诗词歌赋、浩如烟海的历史古籍、影响深远的诸子学说、匠心独运的书画雕塑等等，都反映出中华民族独特的智慧和精神追求，令世界无比惊叹。如，黑格尔所说："当黄河长江已经哺育出精美辉煌的古代文化时，泰晤士、莱茵河和密西西比河上的居民还在黑暗的原始森林中徘徊。"中华民族世世代代就在这灿烂悠久的传统文化影响下，建设了无数的城市、建筑、道路等物质景观，发展出各具特色的民间艺术、文化节庆、地方风俗等非物质景观，赋予了这些城市景观非凡的生命力与独特的人文精神。比如，在环境观念方面，我们历来遵从的就是"天人合一"的环境意识。中国传统文化中一个最基本的内涵就是追求人与宇宙、与自然的和谐统一，"天人合一"就是人与天、地之间形成一个相互依存的有机整体，倡导"无违自然"。于是在中国历代的城市景观建造中，都是将景观与自然同构对应、血脉相连，并且期望通过景观实现人与自然的亲密对话。所谓"上下四方曰宇，往古来今曰宙。"就是将天地视作庇护人生的"大房"，上有茫茫苍穹为屋宇，下有浩浩大地为基，体现出人与自然、与天地万物融为一体的最高境界。再如中国古代建筑大屋顶的"反宇飞檐"造型，屋面从天上展开，向地飘下去，忽然停住，向天返回去。凝聚了一种既张扬又抑制着的力，内蕴着向天向地的精神和与天地沟通融合的宇宙意识。最具代表性的还是中国的古典园林，"虽由人作，宛自天开"，并且以"模山范水"为基本创作方法，以"师造化""法心源"为其两大特色，园中小桥流水、亭台楼阁，把各种环境因素和空间因素如山水、云月、光影、声音等都巧加安排，融合成一个大空间，让人闲庭信步之中不断感受大自然的气息，由"自然"进入"自我"，最终升华到天人合一的境界。

而在人文精神方面，中国传统的宗法意识、家族意识非常强烈，传统文化就在这样的社会结构中形成和延续，反映到城市的景观形态和模式上，也彰显出这一脉相承、独具特色的传统人文精神。比如，中国传统的居住形态和建筑布局都是以家族、家庭为单位，以血缘为纽带，再逐次向外扩展为同心圆式的结构，最后以村落的规模而存在。并且一旦一个村落形成，这种大家族制度就如一股牢固的社会安定力，稳定着这种居住方式，使得国家经过无数大小变乱仍不解体。如马克思所说："从远古以来，这个国家的居民就生活在这种简单的地方自治的形式下。村社的边界很少变动，虽然村社本身有时受到战争、饥饿和疾病的损害，甚至变得荒无人烟，但是同一个名称、同一条边界、同一种利益，甚至于同一个家族都世世代代保存下来。居民对于王朝的覆灭和分裂漠不关心，只要村社仍然完整无损，他们不在乎村社受哪一个国家或哪一个君主统治，因为他们内部经济仍旧没有改变。"而与此同时，中国传统的以家族、家庭为单位的居住文化精神，派生出来的一个特点就是乡饮、乡学、乡居、乡心的传统风俗。村落的族长会定期把大家召集起来饮酒聚会，以明长幼之序，促相亲睦、相尊敬和养老之风。尤其是对学生考试或毕业，乡饮更为隆重，通常是乡里的贤能都聚集在一起来开会、筵宴、奏乐、颂诗，创造责任感和荣誉心。因此中国历来乡学氛围浓厚，都是鼓励乡人读书进取，即便是告老还乡之后，也会在家乡的环境气氛中潜心做学问，图报国之志。而由此发展出的对家乡的眷恋之情更是异常强烈，中国人喜欢认老乡，功成名就之后也必然衣锦还乡，游子在外更是倍加思念家乡，可以说，"乡心"所代表的传统风俗是中国文化精神里非常重要的一笔，它世世代代维系着亿万游子，慰藉着无数痛苦的心灵，巩固和发扬了中国的传统文化。

由此可见，在千百年的历史长河中，人们创造出了能展现民族卓越品格与精神、博大精深又源远流长的传统文化，它们形成了中国文明富有特色的人文景观，更营建出了许多具有深厚底蕴与内涵的历史文化名城，体现了一脉相承的城市文化传统。那么面对城市化进程中，对西方文化的盲目崇拜所导致的中国传统文化的失落，我们应该如何重新审视我国传统文化的意义与价值，以及如何在未来的发展中继承与弘扬灿烂辉煌的传统文化，确实是我们当前城市景观建设中一个不容忽视的重大课题。诚然，在时代的发展中，我们也需要向"现代化"与"国际化"迈进，并且传统文化中也有消极的、与现代生活不相适应的方面，比如一些旧有的景观格局或地方风俗就与今天的社会格格不入，当代社会的家庭结构也发生了根本性地变化，与昔日大家庭结构相适应的传统居住方式必然会被时代所淘汰。然而，我们传统文化的精髓和主流仍然是现代城市景观建设与发展的财富、资源和动力。毕竟数千年的积淀已经形成了固定的文化认知方式与民族审美心理，那些凝聚了传统文化内涵与底蕴的城市景观或生活方式、社会习俗等，总会满足我们的交往要求、安全感受，以及促进人际亲和等，给予我们永恒的安定感与归属感。这就是为什么当我们看到四合院、胡同、院落、弄堂之时，哪怕早已破旧不堪，却总是产生一种亲切与温暖的感觉，仿佛回到了记忆中的家乡，看到童年的自己。这也是为什么当我们看到那些民间艺术、民间工艺、民俗风情、传统节庆的时候，总是满怀着激动与深情，仿佛有了它们的存在，我们的生活才具有了难以割舍的追忆与情意，所有的记忆才更加生动与美丽。

可以说，辉煌灿烂的传统文化和人文精神永远是城市景观的灵魂，尊重与延续传统文化，就是保护了城市的生命之根。时代的变迁与发展也不应该将传统文化彻底抛弃，而是应该找到使传统文化与时代精神相和谐与统一的完美契合点，既要保护与传承，也不能过分迷恋而因循守旧，而是不断丰富与提升传统的内涵并赋予其新的精神与形式，最终发展出一个新的城市文化体系，开创富有底蕴与特色的城市文化形象，促使中国的城市景观都能拥有独特的文化品格和民族精神，充满着无穷的魅力。

二、地域文化的弘扬：城市景观的独特个性

一个地区的地理条件、自然气候、历史变迁、经济形态、功能作用等的各不相同，就会形成该地区独具特色的民俗、传统、习惯等文明表现，随着历史的积淀与留存，又表征为千差万别的文化特征与文化形态，然而这种文化特征与形态在特定的地理区域和空间范围之内具有共同的价值和发展脉络，并形成了文化形态的稳定性和文化认同的一致性，这就是地域文化。唐代释道宣所著《释迦方志》将当时佛教势力所及的亚洲四个主要区域做分析：雪山以南的印度"地唯暑湿"，"俗风燥烈，笃学异术"；雪山以西的西域诸国，"地接西海，偏饶异珍，而轻礼重货"；"雪山以北，大漠地区的突厥，"地寒宜马，其俗凶暴。忍煞，衣毛"；雪山以东的唐帝国，"地唯和畅，俗行仁义，安土重迁"。在这里，印度人的笃信宗教，西亚人的重商好贾，漠北人的粗广尚武，中国人的仁义安和等文化性格特征了了分明，各不相同，而这些特征正是由不同的地域文化所形成所培养的。不但不同的国家和民族有不同的地域文化，就是同一个国家，也会由各地区不同的民族构成、历史沿革、自然环境等形成千差万别的地域文化特征。特别是我国这样个地大物博、多民族融合的大国，南方与北方、汉族与少数民族、东部地区与西部地区，甚至同为南方的岭南地区与江浙地区地域文化的形态和特征又是大相径庭、各具特色。如梁启超所言："我历代定都黄河流域者，为外界之现象所风动所熏染，其规模常宏远，其局势常壮阔，其气魄常磅礴英鸷，有俊髦盘云、横绝朔漠之概。而建都长江流域者，为其外界之现象所风动所熏染，其规模常绮丽，其局势常隐，其气魄常文弱，有月明画舫、缓歌曼舞之观。"因此，地域文化的不同，人们的思维方式、生活方式、性格特征甚至饮食习惯、民俗活动等，都是大相径庭、千差万别的。一方水土养一方人，一方人筑一方城，这些独具特色的地域文化反映到城市景观之中，就呈现出最为鲜明、最为强烈性色彩与文化魅力，它让一座座街区、建筑富有了情调与色彩，让那些精彩纷呈、文化节庆充满了智慧与温馨，让一座座城市的风貌变得千姿百态、万种风情。比如，我国北方地区气候燥酷烈，山雄而壮，地平而阔，由此形成了北方人质朴、粗犷的个性特征。反映到城市景观上，北方的民居造型简单、空间实用，不加色彩，几乎没什么装饰。而南方地区，尤其是江浙一带，气候温和湿润，山秀而奇，水曲而幽，形成了当地人温婉、细腻的个性，他们的民居造型就变化多样，空间利用奇巧，雕饰丰富绚丽，色彩淡雅宁静。而同属于南方的岭南闽粤地区，又不同于江浙地区，岭南人性格更加活泼好动、思路敏捷聪颖，所以岭南的民居又多追求奇巧的曲线，繁多的装饰，色彩丰富、雕刻精细。还有干燥寒冷的黄土高原诞生出粗豪放的窑洞，坡陆路峭的西南山区又多出灵巧秀雅的吊脚楼，北京舒朗大气的四合院、上海精巧雅致的石库门等等，无不反映出地域文化在城市景观的个性和城市整体印象的形成中所发挥的重要作用。

三、文化多样性：城市景观的艺术魅力

人类的文化形式从来都是多种多样的，世界上任何一个国家、一个民族都有属于自己的丰富多彩的传统文化、地域文化、民族文化等等。就如同物种基因的多样化有利于物种的进化一样，人类文化的多样化有利于文化的不断发展与创新，进而使文化自身充满生机与活力。一方面，每一种文化都具有解释世界和处理世界关系的独特方式，并能在历史的进程中将之演化为对社会有价值的礼仪、风俗、生产生活方式，这些文化模式的不同表达载体和形式共同构成了人类文化的宝库；另一方面，人类社会不断前行的动力来自欲望理想的丰富性和生活结构的差异性，而这些都需要来自不同文化体系的文化之间不断地交流、碰撞、传播、冲突来表达和满足。正如马克思所说："你们赞美大自然令人赏心悦目的千姿百态和无穷无尽的丰富宝藏，你们并不要求玫瑰花散发出和紫罗兰一样的芳香，但你们为什么却要求世界上最丰富的东西——精神只能有一种存在形式呢？"经济学家斯蒂芬·玛格林也说："文化多样性可能是人类这一物种继续生存下去的关键。"如果人类的文化都完全相同，就没有任何的交流与借鉴，更不可能取长补短、相互协调，这就意味着文化的发展失去了前进的动力和创新的依据，就会停滞不前、失去活力，最终导致文化的衰落和文明的消亡。

城市更是一个多元文化并存共生的大容器，城市文化的构成中既有悠久的传统文化，也有创新的现代文化；既有本土的地域文化，也有外来的异域文化。它们在城市中既错综复杂、又矛盾重重，既异彩纷呈、又多样统一。它们积淀在城市物质性人文景观的空间形式里，奔腾在城市精神性人文景观的内在气质中，并外化为多姿多彩的民风民俗、生活方式、传统节庆、神话、传说、宗教、艺术等等，赋予了一个城市生生不息的文化精神、创造了一个民族、一个地区独特的精神气质与文化魅力，同时也使城市景观表现出撼人心魄的独特的艺术美。如陈望衡所说："美愈独特，就愈加千姿百态，愈加富有个性。"正是在这群星荟萃、百花齐放的多样文化语境中，城市景观才具有了自己独特的艺术风格，才建立起个性鲜明的城市审美形象，才能创造一个丰富的审美感知环境，才能使本地人乐居、异乡人乐游。王朝闻曾说："艺术作品只有具有多样的风格，才能适应对无限丰富多样的客观世界的反映，满足群众对于艺术的多样的需要和爱好。"城市景观作为城市中的艺术品，也应该呈现出不同的基调和风格，只有多姿多彩、琳琅满目的艺术风格才能孕育出艺术的美，才能充分展现出城市景观的艺术魅力。我们希望在城市环境中发现感知的多样性、活动的多样性和意义的多样性。在这种多样性中，我们发现个体获取成功的丰富可能性，更重要的是具有了社会和文化进步的丰富可能性。在此，文化的多样性使城市景观充满了生机与活力，使其由一种单纯的视觉环境上升为人类活动的大舞台，在这舞台中，我们漫步、沉思、遭遇不同的时空，面对不同的历史，有时激动人心，有时又感到压迫，然而都使我们的精神得到了扩充和提高，并发出对未来无尽的想象与期待。

　　我国作为一个地大物博、又多民族共生的大国，不同的地域、民族由于不同的自然环境、历史沿革和生产力发展阶段而拥有不同的生活方式、审美心理、文化传统、风俗习惯，它们都有着独特的历史特征、民族性格和地域特点，并在城市中演化为数千年灿烂辉煌的历史和各个民族优秀的文化遗产，在以城市景观的形式进行表征之时，使整个城市焕发出摄人心魄的艺术魅力和生生不息的人文精神。因此，我们应该在城市中保护和尊重文化的多样性，避免在城市化进程中使富有个性和独特文化魅力的人文景观迅速地失落与破坏。当今世界丰富多彩，人们的生活水准和生活状况各不相同，他们生活在各种各样的地理环境中，气候、社会经济体制、文化背景、生活习惯和价值观念都不一致。因此，他们进一步发展的方式也理应不同。人居环境规划必须充分尊重地方文化和社会需要，寻求人的生活质量的提高。联合国教科文组织 21 世纪初通过的《世界文化多样性宣言》也指出："文化多样性——人类的共同遗产文化在不同的时代和不同的地方具有各种不同的表现形式。这种多样性的具体表现是构成人类的各群体和各社会的特性所具有的独特性和多样性。文化多样性是交流、革新、创作的源泉，对人类来讲就像生物多样性对维持生物平衡那样必不可少。从这个意义上讲，文化多样性是人类的共同遗产，应当从当代人和子孙后代的利益考虑予以承认和肯定。"毫无疑问，城市中异彩纷呈、千姿百态的文化风格和内容才塑造出城市景观独特的精神气质与艺术魅力，如果城市中的文化日益同质化、本土文化边缘化和地域文化色彩日益淡化，那么曾经那些在缓慢地岁月更替和稳定的传统力量中所逐步积淀的优雅、愉悦与美，那些令我们倾慕不已的具有地方特色和传统文化色彩的景观形式都将不复存在，所有的城市环境变得雷同而千篇一律，生活在这样的环境中，人们没有多余的想象空间，等待着我们的是同一化的命运，不仅我们的个性，包括我们自身都会变得标准化、可有可无、可以随意替换，很轻易地就从一个地方转移到另外一个地方。我们的思想、我们的渴望、我们的需要、我们的行为模式都变得便利而廉价，失去了思想和行为的自发性以及产生时的初衷。但与此相反，如果各具特色的文化风格充满了整个城市，不同的文化背景下就会诞生出不同的景象，当我们生活在这些环境中，或者我们从它们里面诞生，它们里面不同事物的意义和价值就成了我们自己身份特性中的部分，或者可以说，这些文化实践构建了作为文化实体的生活在如此种类的文化世界或生活世界的我们自己。更进一步说，如果允许不同的生活方式存在并且为它们创造这种空间，将会从总体上提高个体、群体以及社会的生活品质，多样性也会被认为是一种系统的价值。从存在论上来说，意识到每个人作为群体中的个体都有自己的位置；从社会的角度说，丰富社会生活；从政治的角度说，加强不同观点之间的理解和宽容；而从城市景观的审美形象来说，更是彰显了本土文化特色，强化了鲜明的文化个性，发展了城市文化的新形态。

　　在这方面，国外许多国家都非常重视并采取了一系列有效措施，尤其是针对城市中的世界遗产、民间创作、人类口头和非物质文化遗产等景观文化模式进行有效保护，强调它们在民族、地域和文化上的特殊性。比如，法国就不遗余力地捍卫本土的文化遗产和文化特征，并不断以此加强文化合作。新加坡政府高度重视对传统文化、地域文化的传承与保护，并倡导本土多元文化的继承性和相容性。如其推行的"旧屋保留"计划，就致力于保护和恢复传统建筑的原有风貌，并妥善保护城市中的文化遗产和传统风俗人情。尽管传统景观与现代社会的生活方式有一定的矛盾和冲突，然而它们的存在却可以极大地丰富城市文化的多样性，解决现代景观同质性、无地方性的缺陷，因此在时代发展与文化保留之间取得合理平衡的基础上倡导城市文化的多样性，是提升城市审美形象和城市景观艺术魅力的最有效途径。在此基础上，我国如何对本民族具有优秀传统文化、丰富多彩的地域文化特征的文化遗产的保护和发展，并将其文化精神融入现代化的城市景观建设之中，营造富有魅力与特色的城市审美形象，就显得尤为重要。从传统文化来说，我们不仅要保护占人口绝大多数的汉族传统文化，更要保护珍贵稀少的少数民族传统文化，包括各民族的文学艺术、宗教信仰、工艺技术和风俗习惯等物质的与非物质的文化遗产；从地域文化上来说，我们不能以经济发展水平来衡量不同城市环境中的文化现象，以"先进""落后"来审视丰富多彩的民族文化遗产，而应该使这些代代相传的文化遗产都能得到认同和尊重，进而在一个多元、宽容、富于文化多样性的城市环境中延续和创造城市景观的艺术魅力，同时在这异彩纷呈的城市文化遗产中汲取充分的营养，博采众长，融会贯通，在文化的比较、交流与碰撞中认识和发展富有个性与特色的城市景观模式。

第二节　当代中国城市景观的文化特色危机

随着城市化进程在中国的日益加快，一方面的确提升了城市的经济发展水平，使城市景观风貌呈现出多元化和现代化的繁荣景象；但另一方面，所谓"国际化大都市"的推广与建设，又导致了城市文化的同质化与单一性。整个城市在不断"长大""长高"的同时，也出现了众多无个性、无想象力、风格相仿、布局雷同的肤浅而乏味的城市景观，它们色彩夺目，但形体生硬；它们尺度巨大、形体怪异，却在整体上表现得单一、粗俗和僵化。可以说，它们颠覆和瓦解着一个城市的文化特色和文化内涵，使城市沉甸甸的传统记忆黯然失色，使城市独特的地域文化特色逐渐消失，同时也失却了城市最引以为豪的多样性文化面貌，摧毁了城市的文化肌理和文化根脉。正如冯骥才先生所说："似乎在不知不觉间，曾经千姿百态的城市已经被我们'整容'得千篇一律，大量的历史记忆从地图上被抹去，节日情怀日渐稀薄，大量珍贵的口头相传的文化急速消失。"短短数十年的城市化进程，竟然使中国数千年积淀下来的历史性景观、建筑、街区以及其所承载所象征的历史文化、生活方式、传统习俗大量地失落和急速地改变，"走在拆旧建新之后看起来千篇一律的城市里，你是否会觉得是在和一群珠光宝气却'腹内空空'的暴发户对话？"整个看来，城镇给人的印象是粗制滥造，千篇一律，颜色混乱。好像在眼前的不是一个城镇，而是一个具有立体感的布景，是临时搭建起来作为电影或舞台剧背景用的。可以说，这是当代城市化进程中的中国城市景观所面临的紧急而迫切的问题——文化特色的危机。在千篇一律的城市景观模式中，既没有历史文化的积蕴，又没有地域文化的个性与特色，因此一座城市也无法散发出感人的艺术魅力，让人充分感受到属于中国的独特的文化气质和精神品格。归结起来，当代中国城市景观所面临的文化特色危机从以下几个方面都有所表现：第一，"千城一面"现象所表现的文化面貌趋同；第二，传统节庆的商业化使文化品位日益降低；第三，民间艺术的濒临绝境使悠远的文化记忆逐渐消逝；第四，地方风俗的逐步淡化导致了城市文化特色的减弱等。

一、文化面貌趋同："千城一面"现象

城市如人，外在的面貌和形象塑造出内在的气质和品格，再历经岁月的积淀和熏陶，这些内在的气质和品格又上升为整个城市的文化个性与特色，于是城市焕发出勃勃生机的个性魅力，表现出丰富多彩、绚烂夺目的美。一提起维也纳，我们的耳畔就会响起音乐之声；一说起奥克兰，我们的眼前就会浮现桅杆如林的千帆之都；一谈到威尼斯，仿佛鼻子立刻就嗅到了浪漫的水乡气息；而在巴黎，埃菲尔铁塔、卢浮宫以及塞纳河两岸数不胜数的古建筑、桥梁等，又将整个巴黎置于历史的深邃久远中，散发出神圣而迷人的高贵气息。究竟是什么让世人为这些城市倾倒？是什么让这些城市美轮美奂，让人无法忘怀？归根结底，还是城市特色文化的魅力。这些特有的文化气质和品格，使城市拥有了与众不同的文化面貌，塑造出独特的文化个性，这才是城市之美的根本，是城市具有艺术感召力的重要源泉。然而，现今走在中国许多城市繁华的街道、市区里，我们却常常会产生一种"不知自己身在何处"的错觉。每座城市都是风格相似的摩天大楼、大马路，布局雷同的广场、千篇一律的繁华的步行街和高耸林立的写字楼，以及处处设置栅栏的街道、徒劳攀登的过街天桥、遍地开花的开发区、刺眼炫目的玻璃幕墙、凶神恶煞的石狮以及劣质城市雕塑等等，不一而足，几乎成了中国大小城市的标志性景观，从南到北、从东到西，可以说是"大城小城一个样，城里城外一个样"。漫步于这些"千城一面"的城市街头，审视着那些雷同而乏味的城市景观，曾经那"独在异乡为异客"的孤独感，早已变作一种久违的感觉；那怅惘寂寥的乡愁乡恋，也从此失去了情感的寄托；还有那各具特色的异乡风情所给予我们的新奇与惊喜，都被一幕幕熟悉的风景磨灭得索然无味。日本建筑大师矶崎新先生游历杭州的时候曾经说："如果我不是身处西湖湖面之上，那么，今天我眼中看到的杭州，根本就没有什么特别，它只是一个哪里都有的城市。"

城市景观的审美品格和文化特色不能凭想象"生造"，也不能简单地模仿和复制，而是要充分认识城市的历史、文化底蕴，深刻挖掘城市的传统、习俗、记忆等具有文化内涵和价值的方面，以及考虑景观的文化审美需要，顾及当代景观与传统文化的协调，尊重城市内在的文化肌理，尊重城市文化的原生态多性质等等。鲁迅先生曾经说过的一句名言：越是民族的东西越容易走世界，越容易被世界所接受。只有从本民族的传统文化和地域文化的土壤中充分汲取营养，才能继承、发扬并充实一个城市的文化精神与文化内涵，也才

能塑造出既有文化特色，又能满足现代功能需求的形神兼备的城市景观，而不是在"东施效颦""邯郸学步"的"千城一面"中一步步毁灭城市原有的文化特色与文化个性。

二、文化品位降低：传统节庆的商业化

城市的景观不仅包括那些作为物质性存在的空间构筑物，还包括许多人们共同参与的公共活动和集体记忆，其中，发源于时令、通过各种习俗和仪式展开神圣崇拜的传统节庆就是城市中一道亮丽的、不可忽视的风景线。传统节庆发源于先民为庆祝丰收或是祈求甘霖而进行的载歌载舞的狂欢活动，而随着历史的发展、演化，这些活动仪式在一些时令季节有规律地重复，并具有了一些固定化、表演化的程式和特征，于是一些日子被约定俗成地赋予了特别的意义，人们在这些日子里，以异于常日的交往方式来体验时光、表达意义。例如，我国著名的几个传统节庆春节，人们都要放鞭炮、挂年画、贴春联；元宵节又是吃汤圆、看花灯；清明节则是祭祀、上坟，表达对逝去亲人的哀思；到了端午节，就要吃粽、划龙舟、挂艾叶；中秋节吃月饼、赏月，合家团圆等等。而在国外同样如此，圣诞节要装点圣诞树，去教堂祈祷，感恩节吃火鸡，万圣节穿上五颜六色的化妆服、戴上鬼怪面具，提着南瓜灯等等。传统节庆总是以丰富多彩、寓意深刻的各种活动和仪式使人们展开了与自然、神灵、祖先以及自我心灵的接触与对话，人们也通过传统节庆表达对世界的敬畏、感恩和期待，并在热烈、悠久、浓郁、亲切的节日氛围中超越日常的单调与平庸，享受到生命的祝福与安慰。

对于塑造城市的审美形象而言，传统节庆这一特殊的人文景观，更是起着不可或缺的重要作用。在城市节庆的重复性仪式中，参与者或观看者都会油然而生对城市史的回顾和对城的展望，在深化了关于城市记忆的同时，也密切了与城市的想象性联系。

传统节庆的商业化已经导致节庆失去了其本来的文化意义和精神价值，同时也使整个城市的文化品位因此而降低。由于它们所表达的已经不再是传统节庆的本意，而是一个个可供挖掘的商业资源，那些喧哗的声响和缤纷的画面都是为了促进消费、发展经济，而其作为城市人文景观的一种，并没有在塑造城市审美形象上起到什么作用，只不过是城市管理者打造城市形象工程的一种手段而已。这样的节庆与城市的历史无涉，与节庆的主题无关，更与人们对生命的体验、对意义的希冀不相干。当传统节庆沦落为只是令商家欣喜的经济契机，是推动消费和投资的手段而非供人们感悟历史、联系情感的文化活动时，传统节庆就只不过是没有观众的大场面，桌上摆满了礼物却没有人来领。如此这般的传统节庆，无论庆典仪式多么盛大而隆重，还是无论活动内容怎样地丰富多彩，仍然只是漂浮在城市之中的表面油花，轻轻一吹便随风飘荡、悄然逝去。而那丝毫无益于提升城市文化品位的虚假的丰富和热闹，更加无法融入城市生活的血液之中，完成人们在情感上与城市的沟通和认同，只能引起人们的一时猎奇，最终还是会被时代所抛弃，无法实现通过传统节庆这一特殊人文景观来塑造城市审美形象的良好愿望。

三、文化记忆消失：濒临绝境的民间艺术

城市的人文景观中还有一个重要的组成部分，那就是发源于民间土壤、根植于现实生活，凝结了广大劳动人民生活智慧、审美情趣、民情民俗和质朴情感的鲜活艺术形式——民间艺术。在我们的城市文化生活中，民间艺术可以说是丰富多彩、博大精深的一种文化现象，它由千千万万世代生活在这片土地上的广大人民自由创造出来，其审美意趣和艺术形式的灵感都来自平凡而朴实的民间生活。因此，民间艺术虽然不像精英艺术那般高雅精致，但却是反映了与人们的衣食住行息息相关的生活智慧和生活艺趣，抒发了民间大众朴素的精神寄托和情感需要，是最为典型地融合了文化艺术与日常生活的文化创造活动。而对于一个城市的审美形象来说，民间艺术作为一种民族文化现象，其悠久深远的文化积淀和异彩纷呈、丰富多彩的艺术表现形式展现出强烈的地域色彩和个性风格，是表现地域文化特征和城市文化特色的一种典型而贴切的文化形式。比如，陕北洞里生动逼真的窗花和剪纸，其造型饱满厚实、粗豪放、线条洗练夸张、体积感强，正是黄土高原那大气豪放、洒脱不羁的边塞文化特色；而江南地区的昆曲唱腔柔媚婉转、缠绵悠远、动作细腻袅娜、潇洒飘逸，又充分表现出江南水乡那丝竹悠悠的文人雅趣和细腻精致的文化气质。还有贵州的蜡染、东北的大秧歌、北京的面人、山东的梆子、河南的坠子等等，无不以其鲜活而富有生气的艺术形式展现着一个城市的文化精神和民族文脉，反映着当地人民独具特色的生活智慧和审美情趣。

然而，在中国进入工业化、城市化的飞速发展之后，我们却遗憾地发现，那些曾经为我们的童年增添了不少色彩和欢笑的民间艺术正在迅速的流失，许多民间艺术面临着失传的困境，或是屈从于市场和经济效益，失去了艺术的真谛和品格，沦落为大批量加工的复制品和粗糙的"文化快餐"。

中国民间艺术的出现及其审美特色和风格的形成，与农耕社会的特点和自然经济的模式是息息相关的。民间艺术最大的特征就是反映现实生活，尤其是社会底层的人们的生活情趣。比如，民间艺术的很多表现形态都是和精英艺术大相径庭的，其质朴、响亮、粗犷、率直的品性都是民间大众平凡朴素的生活情境的反映。而且农耕社会时期尚未形成开放、交流的城市环境，长期的封闭落后也促使民间艺术保存了传统特色和"原生态"的文化风貌。可以说，民间艺术中具有丰富的乡野文化因素，是中国农业社会乡野文化传统的产物，从现存的民间艺术大部分来自农村和偏远山区就可见一斑。然而，当我们的城市迈入工业化、城市化的进程以后，我们的社会生活方式发生了巨大的改变，由此导致人们在文化形式的兴趣和选择上也相应地发生变化。现代社会生活节奏加快，娱乐方式增多，广播、电视、电影、网络、游戏等新的东西层出不穷，且很多娱乐方式富有动感和活力的感官刺激更能满足现代人的休闲需求，而民间艺术陈旧的娱乐方式与这些相比，显得保守而封闭，因此处于一个明显的劣势。比起戏曲复杂的唱念做打，流行歌曲更加易学且朗朗上口；相比于

需要静静欣赏的杂技而言，人们似乎更乐意观看富有视觉快感的好莱坞动作大片；而西洋镜、皮影戏、木偶剧更是敌不过电影、电视或者打麻将对现代人的吸引。而随着现代化大都市的日益扩张，乡野文化传统日益退出历史舞台，都市文化的主体地位渐渐确立，再加上外来文化的冲击，全球化浪潮的影响，人们的传统意识和地域意识也渐渐消解，因而与民族文脉和乡野文化相伴而生的民间艺术，也必然难以摆脱萎缩和消亡的命运，要么是濒临灭亡和消失，要么就是在以利润为目的的市场化运作下消解其固有的原真性和活性，沦为粗制滥造的商业产品。长此以往，不但民间艺术在城市中失去了其所生存的文化土壤，对于生活在城市中的人来说，也没有培养出一个可以欣赏和理解民间艺术的人文环境和审美意识，因此我们今天的城市人，很少看得懂京剧和昆曲，也无法理解剪纸和泥人的艺术价值和文化品位。

　　民间艺术的濒临绝境，不仅仅是一种文化现象或者文化样式的消失，对于我们生活的城市来说，更是地域性文化特色的失落和民族性文化记忆的消失。由于民间艺术与生俱来的悠久文化积淀和鲜活灵动的生活意趣往往蕴含着一个民族、一个城市深层而独特的文化根源，保留着该城市和民族文化的原生状态和其独特的思维方式、精神气质等等。并且其作为城市人文景观的一种，其自然而鲜活的审美特质又让我们真切地体会到一座城市充实而厚重的文化气息和文化渊源。而由此引发的乡土情感乃至民族自豪感更是维系了我们与我们生活的城市之间那血浓于水的精神根脉。我们就从那欢快的秧歌中，从优雅的昆曲中，从灵动的剪纸中，从活灵活现的泥人儿、逗趣的皮影戏中，看到我们城市乃至我们自身诞生和崛起的源泉，看到一个民族文化的基石和灵魂，还有千千万万劳动人民默默无闻的奉献精神和鲜活而富有生气的创造精神。而当代城市生活所导致的民间艺术的衰微和消己，将会使这一独特人文景观被悬置的同时，也使整个城市文化群体的价值观出现空洞和分裂。造成的最典型的现象就是，人们逐步被外来的文化形态吞并和淹没，对与自己血脉相连的本土文化、民族文化形式和样态却丝毫不了解也不认同，长此以往，我们会难以获得文化身份的认同和文化家园的归属感，而我们的城市，更是完全失却自身的文化个性和精神气质，没有生命力与活力，也没有文化的自主性，那么又以何种方式来塑造自己的审美形象，在世界上拥有属于自己的文化地位呢？

四、文化特色减弱：地方风俗逐渐淡化

　　城市文明的流传方式除了一些有形的物质景观和文字记载以外，还有一些无形的文化方式，诸如社会风尚、礼仪习俗、民情风俗等，其往往和有形的物质景观相互依托、相互映衬，共同构成一座城市的文化传统，反映一个族群的文化思维方式和文化心理模式。本尼迪克特就提出："特定的习俗、风俗和思想方式就是一种文化模式，它对人的生活惯性和精神意识的塑造力极其巨大和令人无可逃脱。"刘易斯·芒福德也说："通过城市中的纪念性建筑、文字记载和有秩序的风俗交往联系城市在把它复杂的文化一代代往下传的同时，

还扩大了所有人类的活动范围，并使这种活动能够承上启下，继往开来。"可以说，地方风俗——这一特定族群在某一历史时期依据其生境而构建的生活习惯方式，从其最初的维护社会秩序、约束和整合人们的社会行为、调节人际关系等社会机制功能，历经岁月的变迁和历史的积淀而逐步演变为一个民族和一个地域的文化方式，我们可以在其中品味出一个族群的日常生存状况和种族心理，了解一个城市和地域的历史变迁和生存本貌，以及探寻民族、地域的物质与精神生活中具有传承性的文化现象和文化思想观念等。

在中国进入工业化、城市化的飞速发展之后，我国社会由传统向现代转型，也由此导致我们的社会生活方式发生了巨大的改变。其中，地方风俗作为民族和地域传统生活风貌和文化观念的一种反映，也必然随之发生了显著的变化。一方面，新时期民主、科学、文明的思想浪潮不断地影响着这些原生态的文化意识和行为习惯，并为其注入了一些新的、先进的文化观念，一定程度上也改造了旧风俗中保守落后的封建糟粕，促使其更加充满了活力和开放性、创新性。

传统风俗经过几千年的积淀和衍变，已经形成了一种根深蒂固的文化现象，尽管随着社会的发展和变迁，许多古旧风俗已成历史陈迹，会自然地变异和消亡，但其中一些内在的文化精神却如"集体无意识"般沉淀在民族文化心理结构的深处，仍然对我们的思想意识和日常行为有着很大的影响。对它们的守护和传承，就犹如守护我们的灵魂，而对它们的继承和发扬，对一座城市来说，就是构成了城市文化中最生动的内容和最鲜明的特色。由此，我们真正地立足于传统之内并延续了传统，文化也因此而具有了无限广阔的多样性和真正独特的自主性。

第三节　打造当代中国城市景观特征的文化内涵

一、明确文化定位克服"千城一面"

城市文化是城市的灵魂，特有的文化气质和品格使城市拥有了与众不同的文化面貌，塑造出独特的文化个性。而在城市化进程影响下的中国城市景观的"千城一面"却导致了城市文化面貌的趋同和城市个性的缺失。由千百年的自然格局和文化脉络所积淀下来的地域文化特色正在慢慢消失，许多特色鲜明的城市或者历史文化名城的整体格局发生了巨大的变化，在现代化和城市化靠拢的同时，也失却了城市最独特的文化魅力。既没有历史文化的积蕴，又没有地域文化的个性与特色，更加缺乏文化多样性所呈现的丰富多彩的艺术魅力，最终我们的城市变为了无根可寻、无源可溯的苍白而虚弱的躯壳。因此，要想克服城市中的"千城一面"现象，就要为城市进行明确的文化定位，利用城市的文化特征来塑造城市个性，彰显城市特色。而如何具体地进行明确的城市文化定位呢？本文认为应该从两个方面着手，曾先是充分认识城市的历史、文化底蕴，把握城市文化的宏观特色；其次是抓住城市与众不同的个性特征，并立足于此进行深刻挖掘，成为城市的文化名片。

二、复兴传统节庆的文化精神

如前所述，当今我国传统节庆的商业化已经致使节庆失去了其本来的文化意义和精神价值，这样的节庆与城市的历史无涉，与节庆的主题无关，更与人们对生命的体验、对意义的希冀不相干。由此，本应作为城市景观中一道特殊的、亮丽的风景线的传统节庆，沦落为只是令商家欣喜的经济契机，是推动消费和投资的手段而非供人们感悟历史、联系情感的文化活动，不但不能对塑造城市的审美形象产生积极的作用，反而会使整个城市的文化品位因此而降低。而与此同时，在全球化浪潮的冲击下，我们也日益认识到传统节日之于民族身份认同、民族凝聚力、地域文化特色等方面的重要价值和意义，那么，面对传统节庆文化精神的失落，对其有意识地复兴和重建就成了当前的重要诉求。具体而言，对传统节庆文化精神的复兴可以从以下几个方面来思考。

（一）更新人们的过节观念，强化传统节日的文化意义

我们当前的社会氛围中，传统节日被赋予了浓厚的商业气息，更多地体现为经济、娱乐和社会交往方面的功能。人们树立的节日观念就是大吃大喝、物质消费、外出旅游或者人情来往等活动，这些"舍本逐末"的节日活动往往忽略和掩盖了其在精神文化方面和社会心理方面的重要意义。诚然，现代人忙碌平庸的日常生活的确需要在节日里得到修正和喘息，节日中的消费、娱乐、人来客往的喧嚣和热闹也使我们的身心得到放松和调节，但我们始终应该认识到，这并不是节庆的本来意义，也不应该是节日性质的全部。传统节日应该是人们感受社会生活节奏与自然节律同步的时间，是人们外在于自己的世界、内在于自己的心灵进行深层对话的时间，是表达对自然的敬畏和感恩、对美好理想的期待以及对自我期许的时间，是周期性地回顾历史、展望未来、定位现在的时间，是重温和传承中华民族优秀文化的时间。因此，更新人们的过节观念，改变以吃喝和娱乐为主的过节方式，强化传统节日的文化意义，提升节日的文化内涵是非常必要的。比如，对传统节日的来历和意蕴，传统节日应该从事哪些约定俗成的仪式活动，品尝哪些异于常日的饮食，穿着什么样的服饰，甚至在人际交往中有哪些特殊的礼节等等，都应该仔细地认识和了解。对此，需要政府、媒体和社会大众三方面的努力与配合。政府要起引导作用，媒体起宣传作用，而社会大众则需要自觉认识和积极参与。一方面，政府作为公共权威机构，可以组织相关人士研究和发表关于节日来历、意义、价值、活动方式等与节日内涵有关的知识，并可以调动资源组织一些富有传统文化意义的节俗活动，或者政府官员作为积极的行动主体代表官方参与民间的节庆仪式，并倡导一些传统的庆祝方式，甚至为具有文化意义的传统节俗活动提供必要的场地和设施等等；另一方面，大众媒体具有较大的社会影响力，可以影响社会大众对传统节日的理解和关注程度，因此，媒体应该营造一个强化传统节日文化意义

的舆论氛围，通过新闻报道、专家访谈、公益广告等多种形式向公众宣传普及传统节庆文化，引导公众的过节观念，唤起民众对传统节日文化内涵的尊重与热爱。除了政府和媒体，最重要的还是要社会大众的积极参与和理解支持。毕竟对节日的感受和体验，对节日文化的理解与支持，都是比较主观化的，政府和媒体只能起引导和宣传作用，最终还需要社会大众的认同和落实。而且各种节庆活动、文化仪式等，也需要大众的参与，否则再隆重、再神圣也是没有任何意义的。因此在政府和媒介环境的努力之外，社会大众也应该树立自觉的文化责任和文化意识，主动自觉地了解传统节日的文化内涵、来源流变，以及相关节庆仪式的活动方式等，并积极参与一些节俗活动，如，祭祖、赏月、登高、划龙舟等等，让自己的节日过得既丰富多彩，又富有文化内涵，既享受了节日的休闲娱乐，又传承和保护了我们珍贵的传统文化、民族文化。

（二）利用丰富多彩的传统节俗活动作为复兴传统节庆文化精神的现实途径

传统节庆负载着深邃厚重的历史传统和文化精神，但这种文化传统和精神也需要以鲜活、生动的形式体现出来，只有当它们以直观可感的具体形式存在于人们的日常生活中时，才能让人实实在在地体会到节日文化内涵的重要价值和意义，否则一切只是一种虚无的存在，不会得到人们的认同和关注。如陈望衡所说："历史毕竟是死的、静的，如果有了一些具有浓厚传统特色的文化活动，它就活起来了，动起来了。"试想，如果清明没有扫墓、祭祀，怎么表达对逝去亲人的哀思？春节如果不贴春联、扫房子、贴福字、放爆竹，又怎么感受辞旧迎新的隆重和热闹？还有端午节的挂艾叶、吃粽子、划龙舟，元宵节的赏花灯、舞龙舞狮等等，正是这些丰富多样的传统节俗活动才使我们的节日喜气洋洋，使我们的生活五彩斑斓，让那些厚重的历史和深邃的文化顿时变得鲜活起来、生动起来，迅速地融入普通市民生活的血液之中，唤起人们的文化认同感和民族自豪感。由此，丰富多彩的传统节俗活动和仪式活动的举行和开展，就可以作为复兴传统节庆文化精神的一种有效的现实途径，既通过活动和仪式来唤起人们对传统节庆文化意义的正确认知，又让人们在传统节俗活动中获得神圣而特殊的感受和体验，进而继承和发扬民族或地域的优秀文化。

三、保护和传承民间艺术文化

民间艺术文化是中国特色文化的根基和瑰宝，但却在城市化进程中随着社会生活方式的改变而逐步失去了其生存的土壤，面临着萎缩或消的命运。但其作为城市人文景观的一个重要组成部分，在传承城市的文化精神和民族文脉，反映人民独具特色的生活智慧和审美情趣等方面的作用却是不容忽视的。因此，保护和传承民间艺术文化就成为当下一项迫在眉睫的重要任务。一方面，尽管随着时代和社会环境的变革，许多民间文化的消亡是必然的趋势，但我们也不能对此放任不管，采取适当的抢救和保护措施，至少可以延缓其消亡的速度，尽可能多地保护我们珍贵的文化遗产；同时另一方面，我们也可对其进行文创新式的保护，将传统文化特色与时代发展的需求结合起来，进行一种挽救式的再生产，使濒临绝境的民间艺术文化创造性地实现现代转型，重新恢复生机与活力。

首先，对民间艺术文化采取抢救式的保护。对许多民间艺术种类当前面临的"人亡艺绝"的困境，我们需要采取紧迫的抢救式保护，以多种措施和方式来弘扬、保护和传承民间艺术文化，为子孙后代保留珍贵的文化资源和财富。其中最重要的就是政府对保护条例和制度的拟定、实施。政府作为公共权威机构，其对民间艺术文化的重视程度及实施力度直接影响着民间艺术的生存和发展。曾经一度由于官方的忽视，出现了诸如"端午节被韩国抢注申报为世界非物质文化遗产""景泰蓝被窃为日本传统工艺"等尴尬的事件，以及一些珍贵的民间艺术如，纳西古乐、傩文化在本土被忽视，却在国外大受欢迎等。这样的局面既不利于文化的传承延续，又伤害了民众的民族感情，导致民族凝聚力的丧失。而相邻的韩国、日本等国家对民间艺术文化的保护和重视程度是非常值得我们借鉴的。韩国成立了一个无形文化财政厅，专门管理韩国的民间艺术文化，如，传统的假面舞、拳击、魔术、说唱等等。并对每项民间艺术和民间艺人都编号存档，随时掌握其情况和动态。日本在民俗文化的保护和研究方面的投资甚至超过了基因工程研究，许多科学家和学者都积极参与民间艺术的研究和保护。其早在20世纪50年代就颁布了《文化财产保护法》，不仅要求保护有形的文化遗产，还着重强调保护民间艺术这一类无形的文化艺术遗产。因此，我国也应该制定合理的文化政策来使我们珍贵的民间文化遗产得以传承和延续。所幸我们已经欣喜地看到了政府的努力和一系列有效措施，比如向联合国积极申报我国非物质文化遗产、出台非物质文化遗产保护法、建立国家非物质文化遗产代表作名录以及议定"传承人制度"等等。但这些保护条例和制度还存在许多不完善、不规范的地方，比如"传承人制度就存在着认定机制不合理、扶持力度不够、资格取消不当等问题"需要我们进一步地改进和加强。诸如有关人士建议："给民间艺术的传承一定的物质补贴，由于许多从事艺术创作的民间艺人往往生活得不到保障，政府应该发放一定数额的津贴。"首先要评定传承人的资格条件，以及相关权利义务。要带徒弟，要定期拿作品出来，如果生活有困难由国家予以补助。合理确定传承人认定的数量和标准、完善多渠道的认定程序、加大对传承人扶持的广度和力度以及废止传承人资格取消制度。

除了制定保护条例和政策以外，还需要拿出切实行动，开展一些具体的保护活动。比如对民间艺术的实地调查、搜集和整理，对民间艺术文化进行形象化地展演、展示，修建以民间艺术为主题的博物馆、公园等公共性景点，以及通过现代媒体对民间艺术文化进行宣传推广等等。比如日本就成立了一个保护无形文化财产的专业协会，其范围覆盖从乡村到市再到各大城市，其中集结了众多民俗艺术的传人、专门定期进行文化表演和传承活动。"丹麦、罗马尼亚、俄罗现场演示黎锦编织技艺斯、津巴布韦、瑞士、斯洛文尼亚等国家纷纷采取措施，搜集、记录和整理民间艺术，并建立专门机构开展研究；北欧、加拿大等国家和地区开展文化生态保护，建设生态博物馆；印度、埃及等国设立专门场所，集中培养手工艺人。"现在我国部分城市也逐渐开始启动民间艺术文化的抢救工程，并取得了一些成绩。比如上海已经开设了多家民间艺术博物馆，浙江丽水设立了"民间艺术生态保护区"，使多项溯临绝境的民间艺术得到了及时的抢救。河南开封修建了一座大型的民俗游乐园，依照"清明上河图"的场景建造，在其中展演各种民间艺术，如杂耍、汴绣、糖人、剪纸等，让人们可以身临其境地体会民间艺术的艺术魅力。尽管这些努力和成就让我们感到欣喜，但同时我们也看到，这些保护措施的实行和推广大多出现在民间艺术文化比较丰富和发达的地区和城市，得到保护和传承的也是一些为人所熟知的民间艺术项目，而众多的其他城市并没有做出积极的努力，对一些知名度不甚高的民间艺术也是任其消亡。因此，我们对民间艺术文化的抢救和弘扬还任重而道远，既要汲取和借鉴国外的先进经验，也需要切实落实、普遍推广，将这些珍贵的艺术形式传承下来，为子孙后代保留丰富的文化资源和财富。

四、尊重和保护地方风俗

千百年来人们约定俗成的地方风俗，蕴含着一个民族和地区传统文化最深的根源，保留着该地区文化的原生状态和特有的文化思维方式。对一座城市来说，更是漫长岁月积淀出的城市记忆和特色风貌，是城市文化中最鲜活生动的内容。伴随着城市化进程，社会生活方式和社会结构的变革，导致许多富有特色的地方风俗逐渐地淡化和失落。然而，地方风俗是根深蒂固地驻扎在人们心中的种，历经风雨，春华秋实，承载着太多的情感与记忆，欢乐与温情，团结与力量，不仅是文化的载体，更是文化独特性的具体表现。鉴于此，尊重和保护地方风俗，首先是要对地方风俗的挖掘、整理和保护，其次是要让地方风俗在城市中自然地延续和传承，这对于发展和保留城市景观的文化特色和文化底蕴是具有重要价值的。

景观的文化性首先体现在它的历史积淀上，尤其是不同地域人们在不同历史时期的风俗习惯，以其完整的、动态的历史过程使人们看到景观展示于人面前的历史风貌、文化发展和审美特征等。因此当我们欣赏一处景观之时，不能只是仅仅停留在一个静态的、当下的视角之上，那样的景观只是一处平面视图和风景，没有更高层次的文化内蕴，更没有体现出我们周围日常生活的本意。我们应该放眼于整个景观形成的历史进程之上，包括历史沿革、传统心理、价值观念，以及根深蒂固的生活方式、文化习俗。透过它们，我们在理解那些世代相传的情感和体验之时，身心会不自觉地感到一种慰藉和审美的愉悦，因为我们不仅看到美的风景，还看到自身的价值所在，生活在此景观之中也是充满诗意的，它体现着我们的生活，蕴含着生活的美。中国南北朝时期著名绘画理论家谢赫曾提出"气韵生动"这一美学命题，我们中国的古典美学非常看重气韵，而"气韵生动"指的就是事物具有蓬勃的生命气息和生命意味，可以从中品出人生的意义和价值，并感受到人生的快乐。

其次是让地方风俗在城市中自然地延续和传承。地方风俗的独特之处就在于，它是日常生活中个人或大众的交流、互动、艺术表达和传统行为。无论人们身在何地、身处何时，无论他们的受教育程度是否一致、对文化的感受力有否差别，身处任何社会的人都会唱歌、跳舞、都能讲故事、制作物品，都参与传统。可以说，地方风俗就是一种日常生活中刻画和代表着大多数人的传统审美行为，只要人类存在，地方风俗就应该存在并延续。

第四章　城市景观特征的空间系统体系建构

第一节　城市景观特征空间的研究价值

景观空间的研究强调 5 种属性：一是空间的构成要素，景观空间由多种自然要素和人为要素构成，任何一种空间要素的空间分布及要素之间的关系即构成一种空间结构；二是空间尺度，包括空间距离尺度和时间距离尺度；三是空间主体，强调空间中的人，以人为本，为人服务；四是空间过程，即各种空间现象的形成与发展；五是空间类型或空间结构。

现代一般系统理论的奠基人贝特朗菲认为，应当把世界作为"一个巨大组织"来进行观察，这便是系统的观点。城市景观空间是一个巨大的动态开放系统，系统中各要素之间相互制约、相互作用，促使城市景观空间系统具有了各个单独要素利部分要素都无法独立表达的综合意义，构成了城市景观空间系统复杂的整体性。这种被亚里士多德称为"整体大于部分之和"的系统论观点对城市景观空间系统的研究又有十分重要的意义。在这个复杂的整体性的基础之上，景观空间系统研究的美学取向、生态价值及现文意义才能显不出来。

一、景观空间系统研究的美学取向

格式塔美学的研究揭示了个体对客观事物（主要集中在"形"的领域）的知觉反映。这种学说描述了一种较为纯粹的景观体验过程，揭示了诸如图形与背景、接近与闭合等一般的知觉规律。在城市景观空间的体验中，这种"完形"倾向也是存在的。然而，这种"客观"的研究入法把人抽象为一个"符号"，却无法还原不同主体景观体验的复杂的多样性特征。在城市景观空间体验过程中，仅仅通过研究抽象的"人"对景观的心理感受从而建立起景观"客观"之美的标准以及总结出若干构图原则的方法显然过于简单化了，这正是传统景观论的局限。这种"一厢情愿"的梦想被飞速发展的城市风暴及汹涌的商品经济浪潮冲击得体无完肤，于是，西方美学界"美是难的"这一论断同样也开始困扰着物质刚刚开始富足的中国人。现今流行的城市景观建设的热潮告诉我们，无论是政府、开发商、学者还是老百姓，对城市环境的关注程度都是前所未有的，他们对城市空间形象寄予了厚望。而相形之下，学术界还未开始对城市景观的美学取向做出深入的讨论，通常只是传抄国外景观资料以飨读者，这使得理论滞后于实践，在很大程度上形成误导，造成了操作上的混乱。

当然，城市景观的美学取向是一个大的学术命题，在这只能表达个人的只言片语，但城市景观空间系统的研究方法有助于将这一讨论引向深入。首先是如何看待传统的景观论及形式美的原则；从中国城市的交际情况来看，杂而不聚的景观形态特征是比较明显的，因此，假多元化之名行特殊化之实的城市建设行为应该得到有效的遏制。追求有机统一的整体景观空间形象应是相当长时期内的一个主要目标。整洁合序的空间形象，有节奏和韵律的变化方式，适度的对比，蓝、绿色景观的保护，应成为城市景观空间的审美标准。其次是景观要素的功能与艺术性问题。尽管功能与艺术不能截然分开，审美意义和实用价值是相辅相成的整体，然而从中国城市的实际情况出发，还是应该对景观要素的功能性做出必要的强调。这一方面是由于中国城市的市政建设和公用设施有待完善，另一方面也是克服景观建设中形式主义倾向的途径之一。最后是审美立场的问题。景观是为谁服务的？这是一个乍看简单实则艰难的命题。本书将景观空间视为物质空间、社会空间、心理空间的综合体，认为只有当三者产生同构偶合时，真实的景观体验才能产生。景观应尽可能为多数人服务，并使之最终成为普通大众日常生活的一部分，作为景观规划设计人员，应更多地把自己设想为景观空间系统中的一个主体要素，进而去深入地体验生活，了解场所的意愿，聆听城市的呼声。

二、景观空间系统研究的生态系统

景观是一个宽泛的概念，除了视觉美学意义之外，边有地学意义（地质、地理和地貌属性）和文化意义（人类文化、精神的载体）。此外，景观作为生态系统能源和物质循环的载体，其生态意义是不言自明的。从实践角度来看，景观规划设计是"通过对土地及其土地上物质和空间的安排，来协调和完善景观的各种功能，使人、建筑物、社区、城市以及人类的生活同生命的地球和谐相处"。城市景观空间系统的研究有助于加深对城市生态系统的理解。

首先，从物质空间角度看，景观空间系统是城市生态系统的组成部分。人工物与自然关系的协调是城市景观实践的重要内容，同时也是维持城市生态平衡的必要条件。

其次，从社会空间角度看，景观空间的意义在于提供人性化的场所与环境来满足社会生活，激发审美体验，使人与城市、人与人和谐相处，共存共荣。

最后，从心理空间角度看，景观空间的作用在于维持人类精神的物质基础，使人们"诗意地栖居"对物质与精神的双向调节有助于安抚人类的内心世界，创造美好的人生。这也正是城市这个以人为中心的自然、经济与社会复合的人工生态系统可持续发展的前提。

三、景观空间系统研究的现实意义

城市发展的思路与模式主要有两类，一是以工业项目及产品来获取投资与收入的产品经济模式；二是以经营城市为突破口，以投资环境、居住环境、城市知名度及品牌、旅游环境等来促进经济与社会全面发展的环境经济模式。显现实践是环境经济模式中的一个重要的方面，是保护和创造城市优美环境的重要手段。由于缺乏对城市景观空间系统的研究，当今的景观规划设计过多地关注城中的局部地段，通常试图通过几个标志性建筑或明星广场而独领风骚，其结果是割裂了城市的场所联系，使城市不断地用新的错误去弥补过去的错误，陷入困境。就像恩格斯所说的那样，"我们抓不住整体的联系，就会纠缠于一个接一个的矛盾之中。"

第二节　城市景观特征空间的要素分析

一、景观空间系统的客体要素分析

城市景观空间系统的要素种类繁多，千姿百态，并且随着城市文明的不断发展，呈现出多元化、复合化的趋势。如果从要素的属性角度，可以简略地将其划分为灰色、绿色、蓝色3种。

所谓灰色要素，指的是城市中的人造物，包括：城市建筑（建筑形态、建筑装饰、建筑广告）、城市道路广场、公共环境设施（包括游览设施、户外广告、灯光照明、公共艺术等）、生产设施、市政设施、历史遗存（城墙、古迹、废墟）等多种类型。

绿色要素指的是城市中具有自然形态或由自然元素经人工组织而形成的具有生命力的景观要素。城市中的山脉峰峦、绿地、动植物等可以归入此类。随着人类改造自然的能力不断加强，城中几乎没有什么景观要素可以不受人为的影响，城市越来越成为有别于乡村聚落的完全的人工景观。

蓝色要素指的是城市中的水体河流，如，河道、湖泊、水景等。

灰色、绿色、蓝色要素在城市中表现出各种形态、三者的融合又衍化为许多新的景观形式，如绿色建筑（灰色与绿色的共生）、人工水景（灰色与蓝色的复合形态）等。

二、景观空间系统的主体要素分析

早先的景观观念寄托了人类理想的栖居环境模式，通过风水图式、山水诗意和风景画抽象出一种静念的"场景"式的景观。随着人工景观的发展，人也逐步成为景观必不可少的组成部分并赋予了景观生命力特征，形成动态的"场所"式的景观；而现代信息社会瞬息万变的社会生活形态，更是使城向景观走向现实与虚拟交错的境界，演化出"布景"式的虚幻的城市景观。在这个过程当中，作为主体的人从"孤舟蓑笠翁，独钓寒江雪"的隐喻中走了出来，在"人面桃花相映红"的氛围中成为一个独立的角色，直到变成高楼大厦城市布景前激情"街舞"的男孩女孩；从幕后到台前，人成为城市景观空间系统的主体要素。

随着社会生活的不断发展，被动地欣赏变为参与直至主动的创造。从主客体要素关系来看，现代城市景观空间系统的主体要素可以分为两类，一是设计实施者，二是欣赏参与者。

设计实施者包括设计人员（专家）、领导阶层、业主、社会公众（老百姓），这是基于人的社会属性的一种划分方式，而欣赏参与者则可能是又有不同的职业身份与文化背景的任何一个普通个体。由于城市景观的设计实施者因其专业背景、工作性质和认知程度不同，对景观往往采用不同的评判标准，追求不同的期望值，通常来说，专家和社会公众对于城市景观更多一些理想和浪漫的想象，而领导者和业主更多一些务实和功利。由于4个主体不同的评价标准和追求目标的碰撞，必然导致外突和矛盾的发生。对于专家来说，管理者认识上的欠缺、权力过大束缚了他们的手脚，而业主的喜好与经济投入限制了他们创造能力的发挥。专家、领导和业主则对社会公众的意见不屑一顾，也造成了社会公众无法参与的普遍不满，形成对立情绪。在这种情况下，决策成为领导的事情，设计与实施成为专家与业主磨合的过程，而社会公众除了家庭装修之外，在景观的创造上，似乎没有什么作为了。在现代住宅小区，原本可以摆放花草的阳台被统一的玻璃窗所封闭，底层的庭院消失了，取而代之的是车库。绿地花单的维护管理是物业、公司的事，与百姓无关，更何况城市广场与街道呢？公众的冷漠使城市景观成为少部分人的"自娱自乐"，成为领导权力欲和开发商金钱欲的奴隶，其结果必然是使城市景观在夸张的混乱无序的表象中失去社会根基解决这种个盾的根本出路。一方面在于提倡公众的参与，强调社会的自我管理；另一方面，树立在共同的景观认识基础之上的城市景观的整合设计是有效改营城市景观的途径，这是一种人本主义的方法，强调真实体验。专家与领导不能高高在上，自说自话；而业主也不能完全从赢利的角度出发来考虑问题，进而忽视地方文化与生态原则；社会公众的认识应纳入景观观念之中，并始终坚持自然景观与人选景观的融合之美。

实际上，设计实施者有可能成为欣赏参与者，二者的截然分开正是导致城市景观"曲高和寡"的根源之一。欣赏参与是真实的景观体验产生的途径。尽管由于文化背景的不同，审美趣味的差异以及外景氛围的不同，有可能形成不同的景观体验，但相对于那些走马观花式的"参观"型"体验"或者干脆就是权利金钱的攀比以及炫耀身份的文化"杂烩"来说，欣赏和参与是实实在在的接近景观本质的唯一道路。正是由于主体的异质化特征、城市景观并不存在一个绝对的标准，她的相对标准建立在社会公平的基础之上，其最终目的是优化城市环境，满足社会生活。

三、景观空间系统的层次分析

（一）景观尺度的角度

从景观尺度的角度来看，现代城市中充满了各种不同尺度的景观要素，可以笼统地将其分为大、中、小3个层次。大型尺度的景观包括对人工与自然的关系产生重大影响的大型建筑物，如，拦河大坝、桥梁、航空港、码头以及地标性质的标志性建、构筑物，如电视塔、超高层建筑等；中型尺度的景观对应于城市重要的有标志意义的自然或人工的开敞空间，如，城市的山水湖泊、中心广场、标志性建筑群体等；小型尺度的景观则是人生活与工作的微观环境，诸如城市公园、城市街巷、生活性广场、建筑群等。

（二）空间属性的角度

城市的发展是功能不断分化和空间逐步整合的过程。现代城市的景观空间从空间属性角度可以外为工业空间、居体中间、商业空间、服务与办公空间、活动中间等类型。不同类型的中间相比承载着各种社会活动，包容特定的人群，形成各自的景观中间特色，如，工业空间的整齐、居住空间的细腻、商业空间的繁华、服务与办公空间的严谨、活动空间的自由。城市空间功能通常具有复合性的特征，上述各种景观空间是经过抽象后分离出来的社会空间类型，对于创造景观空间特色具有一定的参考价值。

（三）中间层次的角度

从景观空间层次的角度可以将城市景观车间划分为下列层次，由大至小依次为地理景观、布局景观、全景景观、中心景观、街道景观、建筑群景观、微景观。任何一座城市必然要依托于特定的自然环境，这种地理因素是形成城市景观特色资源的主要因素之一，它构成城市的地理景观。城市总体的布局构成城市景观的主要构架，称之为布局景观。这两种层次的景观是城市概括性的总体景观，尽管无法从视场中获得完整的印象，但作为主体的感应空间成为心理空间的一部分并积淀为城市的历史记忆和城市文化的组成部分。

城市全景景观特色根据不同视场可分为两种：一种是城市的外缘轮廓，是通过河流、铁路、公路所见到的城市外貌景观；另一种是通过城市鸟瞰所获得的城市全貌。城市中心景观主要是指标志性的开放中间以及标志性建筑群体景观，如北京天安门广场建筑群，上海外滩——陆家嘴中心区域。

这种开敞空间与建筑相结合的节点景观集中体现了城市的历史文化和精神面貌，构成城市景观特色的标志。如被拿破仑誉为"欧洲最美的客厅"的圣马可广场就成为意大利威尼斯的标志性空间。城市街道景观是展现城市景观最集中、最重要的载体，是城市景观的核心要素之一。任何一座有特色的城市都会有自己独特的街道景观，如苏州观前街、南京十里秦淮、上海南京路等。城市建筑群景观也是构成城市景观的核心要素，从性质上讲，表现为公共建筑群、住宅建筑群、商业建筑群、宗教建筑群、学校建筑群等。另外，传统计划经济体制影响下的单位大院也构成了城市建筑群体的景观特色。城市的微景观属于环境艺术的范畴，泛指与人们生活息息相关的景观空间层次。微景观尺度宜人，容纳了丰富的生活内涵。由于通常与步行程式相联系，微景观能够充分调动人的感受，从而产生真实的个性化的景观体验。微景观通常具有内向中间的特征，虽然易被"局外人"忽视，但它作为城市大众文化的"触媒"，具有回归生活世界、提升人文精神的作用。

第三节 城市景观特征空间的结构分析

城市从其产生到现在，景观空间系统的演进过程主要表现为自然物与人工物此消彼长的漫长过程。在远古时期，人类受大自然掌控，处于被动的自然生态平衡状态。到了原始小规模改变地球外表的"农业革命"时代，耕作的需要产生了田地，聚居的结果造就了城市，于是，有别于自然景观的农业景观和聚落景观出现了。"工业革命"时代的来临加速了"城市化"的进程，科技的发展及人口的剧增致使城市与建筑形态的急速演进，形形色色的人工物充斥城市的每一个角落，而自然逐渐远离了城市，生态环境受到了摧残。人类终于认识到，城市作为一个复合的人工生态系统，保持其平衡状态是促进城市文明持续发展的重要前提。景观空间系统是城市生态系统的组成部分，从物质空间的角度来看，人工物与自然物的相互关系是景观空间系统的表层结构；从社会空间的角度来分析，景观空间系统以人为中心，满足城市生活，促使人在真与善的生活世界中去发现美、认识美，人与城市、人与人的关系构成了景观半间系统的中间结构；而心理空间的意义则在于让人在处于生活世界的同时，返回到人的本原状态。这种物质与精神的平衡是缓解灵与肉的冲突，创造美好人生的必要条件。因此，自我的身心和谐正是景观空间系统的深层结构。在城市景观建设中，如果仅仅关注表层结构而忽视中间与深层结构，美好的景观就难以实现。物质空间、社会空间、心理空间三者的统一可以使景观空间系统的表层、中间与深层结构产生"同构"现象，这正是理想景观产生的基础；同样，表层结构的改变村中间与深层结构的影响是潜在但深远的、城市与自然的疏离滋生了"四体不勤、五谷不分"的人群；"超级市场"在孩童的心目中成为万能的生产部门；以功能分区和交通组织为核心内容的城市规划在自以为掌控了城市的沾沾自喜中落入了自身的陷阱——长距离的通勤以及由此引发的环境问题、单一乏味的社会乡间、人际关系的疏远。或许是出于对物质空间的失望，基于网络技术的虚拟空间已经弥漫在城市当中，然而，脱离了物质空间这一表层结构的支撑，社会空间和心理空间也只能是"虚拟"的。由此可见，景观空间系统的表层结构是中间与深层结构的物质基础，而中间与深层结构一旦形成，对表层结构的反馈作用也是明显的。在景观设计和建设当中，表现为思维的定势、手法的单调，比如"四菜一汤"的小区规划、宽阔笔直的马路、带不锈钢雕塑的大转盘、千篇一律的"欧式脸孔"。本节以景观系统的表层结构为切入点，对城市中主要的景观空间要素即城市中的建筑、城市中的街道、城市中的广场、城市中的自然四类要素在景观空间系统中的地位及结构关系的演变做出分析，从而以获得对城市景观空间系统的初步印象。

一、城市中的建筑

（一）建筑对于景观的意义

建筑对于景观的意义是不言而喻的。英国规划学家戈登·卡里恩认为："一幢建筑物是建筑，而两幅建筑则是城市景观。"在城市的视场中，建筑物通常担纲主角，赋予城市景观特色。建筑一词，源于古代希腊，这个词本义并不是一般意义上的"房子"，而是包含广"高尚、首要"的意义。从建筑发展的历史可以看出，建筑不仅仅具有形而下的器物性的功用方面，而更多的是在形而上的精神性的理念方面。建筑作为景观空间系统的主体要素之一，在提供遮风避雨的功能的同时，还包容了人的活动，并对人的行为与思想产生影响，其景观体验的内涵是十分丰富的。在古代，老百姓的住屋通常是简陋的，而为"神"以及"神"的化身——君主官僚的建筑则是富丽崇高的，因此，这些少量的"神"性建筑成为"地标"性质的景观要素，往往成为一个城市甚至区域、民族以至国家的标志。大量的居住性建筑也因其独特的地方文化浸染而形成了文化意义上的景观。上述二者的融合组成了罗西所谓的集体的"城市记忆"，形成了城市景观发展的历史脉络，罗西认为从建筑的角度看，城向的整体结构包括两个基本要素，即"标志物"和基体，前者主要指纪念性建筑，后者主要指住宅。随着城市功能的不断分化，新的建筑类型不断涌现，已不能用纪念性建筑和住宅加以分类，因此有学者根据人的基本行为和生存根式，将城市建筑类型分为"人聚建筑"和"人居建筑"两类，事实上与"标志物"和"基体"的分法一脉相承。上述城市理论的共向点在于将城市建筑分为两个方圆，即居住建筑和非居作建筑（公共建筑、纪念性建筑），并强调居住建筑在组织城市肌理和凸现城市整体特征方向的作用。

综上所述，建筑对于景观的意义在于两个方面。首先，公共建筑作为纪念物或标志物在组成城市景观中发挥着重要作用，而这一作用能够实现的前提在于处理好纪念物与城市肌理的关系，因此，居住建筑对城市景观的意义在于组织城市肌理，形成"基体"，这与景观生态学中的基质概念相类似。在中世纪欧洲城市中，教堂及广场居于中心位置，大量密集的住宅有机围绕，景观特色生动鲜明。中国古代皇城中，金黄色的宫殿楼宇赫然凸现在连绵的四合院形成的灰色基质当中，形成戏剧般的视觉效果，景观特征令人难忘。

"居住"代表了人类衣食住行需求的一个最基本的方面，出于人类本身生理结构原因，基本的居住要求存在着相当的共性，同时居住建筑又是城市中最大量建造的一种建筑类型，更加受制于地区性的自然、人文与经济要素，使得地方的文化性以及城市的整体景观特征在居住建筑上能够受真实地反映出来。片面地强调公共建筑的标志性，有可能全损害基体的稳定性，致使地方性的景观特质受到破坏。

整体的具有地方风格的城市景观有赖于纪念物基体的适度对比，相得益彰；在工业革命以前的城市，制约于经济技术水平，这一点容易做到，而随着科技的不断进步以及经济一体化的进程，资本与信息的流动加速了城市的发展。建设资金大量注入，建造技术突飞猛进，施工周期大大缩短，新材料层出不穷，使得大规模的纪念性建筑的建设成为可能。于是，不论是公共建筑还是住宅，都想成为纪念物并突出自身的地位，而基体与纪念物的分离和基体的不断消解正是造成城市混乱和缺乏特色的一个主要原因。比如，"欧陆风"和"住宅沿街立面公建化"，这种追求"脸谱化"的"公共性"的后果使城市丧失了自身的文化特质。随着受地区性自然、人文和经济因素制约较少的公共建筑的大量出现，纪念性成为一种对强劳文化的肤浅理解与盲从，同时公共建筑日渐物质化、世俗化，脱离了其神性的光环而成为商业广告与行政主导的附庸。城市在追求"纪念性"的浪潮中失去的是纪念性本身。

对于"纪念性"或"公共性"的理解是多种多样的。现代建筑革命以前，建筑的形象、风格、文化特征被视为主要因素，建筑设计性落入经院主义的窠臼。现代主义的建筑师们则以一种乌托邦式的理想主义，试图为城市披上一件简洁而统己的外衣，"纪念性"被否认，建筑等同于"机器"。精神性的东西已经变成某种理性概念，像机器美学一样严谨和富于逻辑性。现代建筑对"纪念性"的否定被列昂·克申尔称之为"不可命名性"，他认为现代建筑在尺度、比例、形式、特征、类型和风格上的错误都源于此。然而也应该看到，建筑作为"人化的自然"，其精神的内核是无法泯灭的，即使是在现代主义盛行的时期，体量、高度、机器美感、科技含量等因素也成为"公共性"和"纪念性"的寄托。20 世纪 70 年代以历，在西方一些国家逐渐出现的艺术与建筑领域内的后现代主义思潮，抨击现代主义的古板与单调，迎合大众口味，运用复制技术，漠视原创作品，追求联动效果与躁动效应，使建筑艺术渐渐成为迎合大众口味的"配送式快餐"。当现代主义冷冰冰的秩序和统一整齐的形式被后现代主义多元化思潮所替代后，建筑的"纪念性"和"公共性"也受到了"商业性"的侵扰，其工具主义价值得到了重视。基于商业理念的快餐式的建筑艺术，没有历史的凝结与积淀，像舞台布景一样昙花一现。由此可见，当代城市景观特色的缺乏，其主要原因是标志物的泛化、工业化、世俗化以及基体的贫乏。

建筑对于城市景观的积极作用应该是在基体所形成的整体风格的基础上，通过标志物营造丰富的城市中间。事实上，基体的整体风格正是地区性的体现，反映出地方文化的特征。"地区性首先是'内在的地区共性'，即同一性，然后才是一种'外在的地区特性'，两者是地区性的一体两面，地区性只有在更大的空间范畴中才能凸显其地区性的一面，进而揭示出地区性只有空间的多层次性的特征。"通过对建筑所形成的标志物与基体的适度对比，以求得城市的整体形象是避免"千城一面"，创造城市景观特色的有效途径。当然，城市作为历史与现实的交织，是旧城与新城并存的一个历时性的整体，是一个新老交替的生命过程。基体的内容、特色、风格也是在不断发展变化的，对于古老的北京城来说，胡同和四分院是城市的基体；而对于新兴的城市如香港来说，密集的高层建筑已构成了城市的基体，少量的超高层建筑成为城市的标志物。基体的变化应该是有历史延续性的，它的断裂无异于文化的湮灭。

（二）建筑空间形态与城市景观

城市建筑的观念关注城市范围内的建筑问题。建筑在城市中建构起轴、核、应、群、架等形态结构要素。在城市景观空间中，建筑作为一个主体要素，形成了各种城市空间。

建筑在城市景观空间中常以下面 3 种空间形态出现。

1. 点的空间形态

独立于场所中的建筑具有点的效果。点式建筑周围存在一定的场，如城市广场中的主题建筑与广场的关系。一方面建筑为广场而设，另一方面广场提供的场环境利于建筑的个性表达。此时建筑作为景观空间构图中的焦点而存在。又如在大片自然基质中的景观建筑，自然的风景地貌提供了宽阔的场环境，使建筑或隐于其中，或突显其上，形成融合或对比的艺术效果。对点的知觉与视觉心理的完形倾向有关。集中的、收缩的、连贯的、闭合的形态容易从背景中独立出来，形成点的感觉，并且调动视觉的兴奋点，形成鲜明的景观体验。建筑的塔楼和高层建筑尤其是点式楼向上集中，收缩的空间形态使它们很容易在景观空间中被感知为点的形式，这时，水平舒展的相对均质的建筑体量往往作为基体起到场环境的陪衬作用。二者的适度对比形成重点突出、比例优美的空间构图。高层建筑的场环境并不一定具有明确的空间形态，然而可以通过视觉距离进行度量。一般来说，在200m 以内，人可看清观赏对象，而400m 以外的景物就不易感觉到。此外，人在静态观察时，最大的水平视野约为 140°，中央 60° 的范围，视野最为清楚。在垂直面上，仰视角约 45°，俯视角约为 65°，而舒适的范围为仰视角 27°，俯视角 30°。当欣赏点与高层建筑的距离小于建筑本身的高度时，建筑的全貌已经很难进入人的正常视野范围。从理论上讲，高层建筑的场环境是在以其为中心的同环范围之内，加上实际的城市空间环境小建筑之间的互相遮挡，高层建筑实际的场环境是比较复杂的。从目的来说，远距离欣赏高层建筑时，外形轮廓线特别是屋顶天际线能够吸引人的视线；小距离欣赏时，建筑的形体关系、色彩成为主要的因素；而近距离观看时，群楼占据了大部分视野。基于局层建筑体型、色彩、风格上的差异，欣赏时不同景观体验的产生是难以避免的，它们形成的相应的场环境往往具有不问的感觉倾向。视野中不同风格的图层建筑均匀并置时，图形与背景关系不明，视线在场环境中处于不断游移的状态，产生混乱的景观体验。而风格雷向的高层建筑均匀并置时，图形与背景关系同样不明，视线处于无目标的状态，产生平淡无奇的视觉效果。对于这种混乱或平淡的城市景观，可以通过简单加密的方式缩小高层建筑场环境的范围以避免视觉上的冲突，或者通过规划超高层建筑形成更大的场环境以求得图形与背景的分离，形成主导性的空间结构形态。此外，通过绿化、小品、铺装等软性空间来缓和不同属性的场环境之间的冲突也是一种有效的整合城市建筑景观的途径。

作为点的个体在群体构图少的作用往往由于人们的观赏点的移动而不断变换，当人们朝着个体定去时，它起着对景的作用，接近它而透过它向外观察时，它又起着画面的框景作用。有人们在欣赏广场上的雕像时，它起着背景的作用。而人们在欣赏它邻旁的建筑物时，它又起着陪衬的作用。如在另一空间命，可以看到它的高突部分，此时，又起了借景的作用。由于欣赏角度、欣赏方式、欣赏距离的多样性，以点的形式出现的建筑在城市景观空间中会产生丰富多变的景观体验。通常，以点的形式出现的建筑必须关注各个角度与方位的视点。因此造型上应注意全方位的视觉效果，不应厚此薄彼。欣赏方式涉及动与静的欣赏问题，比如对于驾车者来说，远距离观看高层建筑的机会要多于步行的人；而行人更易被近距离的事物所吸引。前者对建筑获取大体轮廓上的印象，后者更注重建筑体型、色彩、材料上的特征。对于步行者来说，其活动常常是"动"与"静"交替结合的过程，即使是在动的过程中，也会对某一具体事物产生兴趣而驻足玩味，他的行走路线通常是由一系列场景中的点的不断转换连接而成的线。因此，建筑的点与它的场环境的配合显得十分重要。点吸引人的注意力，而作为场环境的外部空间则提供最佳的停留和观赏点。从这个意义上讲，步行中间中的建筑通常以点的形式表现出来。不仅是单个的建筑，建筑的屋顶、窗洞、阳台、雨篷、入口以及界面上的突起、凹入的小型构件和孔洞都具有点的效果。

2. 面的空间形态

面的空间形态通常产生于下列两种情况：一是水平向的长度超出人的视野范围。比如当身处逼仄小巷时，两侧的院墙形成面的形态。二是一系列空间小的点由于透视关系或者迅速从视野中通过时形成连续的面的感觉。比如，当人们在街道上观望远处的行道树时，由十透视原因而形成一道绿色的界面；而当从疾驶中的车向两旁观看时，行道树及建筑物都会给人面的形态特征。而的空间形态极易从交通流线上获得，它给人以方向感以及心理上的期待，并且形成连贯和流畅的感观印象。在面的感受形态中，一系列均质的相似的点或者一个漫长的无变化的面通常给人单调乏味的感觉，如果心理的期待得不到满足，将会感觉到呆滞沉闷而毫无生气。戈登·卡贝思在《城市景观》一书中认为，当我们在路上走动时看到的景象是一幅幅连串的图画，可叫作"系列景象"。我们的脑袋"消化"这些景象，如果它们是千篇一律的，很快会被消化完，感觉是环境单调和呆滞。最能刺激脑袋的是对比与差异，对比相差异使我们对城市环境有更深刻的观察，更能制造"环境的戏剧"。卡里恩认为，在"系列景象"中，眼瞧是向前移动的，因此，每时每刻我们会意识到两个景："现在看到的景"和"即将出现的景"。因此，处理"系列景象"所需的是关系的艺术——用设计者的想象力把城市的物质元素按"现景"和"预景"的关系去塑造一个能够刺激和满足市民想象力的城市。那么，如何制造对比与差异的"环境戏剧"呢？这里面涉及观赏入式的问题。我们不难发现，车行与步行的速度和视野不同，动态和空间的感受也不同，但他们很多时候使用同一条道路。在时速 30 km 觉得舒服的中间比例，在时速 1.5km 时会觉得空洞和乏味。同样，如果我们在高速公路上步行，那种毫无变化、看不到尽头的感觉会使人倦怠消沉。在中国城市大部分道路上，车行的视觉感受往往优于人行的视觉感受。这是因为：一方面，由于建筑等景观要素更多地以面的空间形态出现，一种连贯和流畅的感观印象更容易获得；另一方面，基于功能主义的城市规划理念片面地强调满足汽车交通，使环境尺度明显地超越了人的尺度。从步行的角度看，无序和无变化一样令人反感，而从一定速度的车行角度看，由于对环境进行了过滤，无序和人变化的景观得到了一种形态上的整合。这也说明，从步行感受上来看，现代的城市景观是失败的。

二、城市中的街道

从字面上看，街道实际上出街巷和道路组成，前者大致对应于现代所称的生活性道路，后者即指交通性道路。通常，按机动车道数目划分，城市道路可分为快速路、主干路、次干路和支路。快速路、主干路偏重交通功能，次干路、支路偏重生活服务功能。从道路横断面的角度区分，又可分为单幅路、双幅路、二幅路、四幅路。显然，这种分类是以机动车交通为依据的，而不适于机动车通行的巷道教步行道不在这一范围之内。在道路横断面研究中，通常以道路红线划定道路的总宽度。在城市景观空间研究中，由于道路与建筑、道路与绿化、道路与河流的空间结构关系构成城市道路整体的物质空间形态，是形成城市道路景观空间的物质基础，故而，建筑退让道路红线的部分以及建筑的界面、两侧的景观要素都在整体的研究范围之内。

（一）街道与城市景观

街道作为"线状"空间，其特征是"长"，因此表达了一种方向性，具有运动、延伸、增长的意味。在城市中街道表现和支持的最基本功能是联系与交通，由于其连续性的中间形态，对于形成城市整体景观特色具有重要作用。从空间形态特征上讲，街道构成城市的"架"，表明了城市基本的结构形态。棋盘式、放射环形式、自由式、综合式的街道格局形成了各具特色的城市景观。

街道是联系社会生活的纽带，是城市文化的体现。不向性质的街追赋予人们不同的景观体验。快速通路的简洁流畅、主干道的开阔、商业街的繁华、步行街的细腻，这些不同的感受综合起来，进而形成了一幅幅流动的画面，是城市景观的生动体现。这种被卡里恩称为"系列景象"的流动画面是塑造城市环境戏剧的最好手段。如何利用"系列景象"去塑造城市戏剧呢？培根的"同步流动系统"概念很有参考价值。它的定义是："如果我们能鉴别市民（城市环境的'参与者'）流动最频繁的路线，然后设计两旁的建筑和空间，使市民得到连贯与协调的官能感受，那就是成功的城市设计。"其中，"同步连贯"是最主要的设计原则。设计者要明白城市中同时存在着许多不同的"流动系统"——不同的出发点、不同的目的地、不同的速度、不同的交通形式。每一个"流动系统"都是城市环境体验的一部分。"同步"的意思是：在同一时间里，在每一条路线上，有些人走路，有些人开车，有些人坐公车，有些人坐地铁，等等。从而他们的官能感受会各不相向，好的城市设计是要使每一个人的感受都是连贯和协调的。设计也要考虑交通工具的转换和流动速度的改变，例如，到达车站时下车（交通工具转换），然而步行到目的地（流动速度改变）。再如高速系统两旁的设计多是流线式的、弧形宽敞的，以配合高速车辆的节奏。相对地，行人系统两旁的设计会多利用短距离、窄角度的视觉焦点去突出趣味与变化。"同步流动系统"的设计，要求兼顾不同速度、不同视野，去创造出一个能够满足不同视众的城市环境。

（二）环境尺度分级——街道的美学意义

物质空间中存在着两种尺度，一是人体尺度，二是环境尺度。人体尺度以人为参照物，具有一定的标准。在丹下健三看来，环境尺度由众人尺度和超人尺度组成，由于没有具体的参照物，因此其范围相对就比较宽泛。从街道景观体验中可以明显地体会到这一点，在城市街道上存在着不同的视众，开车的、坐车的、骑车的、步行的，这些视众存在着不同的群体，有上下班的，也有观光购物的。对于机动车来说，不同性质的街道对应着不同的速率，比如快速路 80km/h，主次干道 30 ~ 40km/h，支路 20km/h，而步行通常在 5km/h 左右。要同时满足这么多的不同速率、不同视野的不同观众，单一的尺度体系显然是做不到的。

尺度是关于量的概念，比例反映尺度的关系。比例和尺度不是两个不同性质的并列概念，比例应是尺度范围内的从属概念。尺度从不同的空间范围反映物体的量，包括形的长短、宽窄、范围、体量、中间的容积、顶点的尺度，尺度可以表达宏大雄伟、朴实亲切、细腻精美等不同的美感。经验告诉我们，时速 30km 觉得舒服的空间关系，在时速 1.5km（漫步速度）时会觉得空洞和乏味，而在市内 15km 的时速的动感和郊外 30km 的时速一样。这说明，不同的速率、不同的视野需要不同的景观尺度，显然，不仅仅是建筑物的尺度，一切景观要素均参与其中，形成各个级别的环境尺度，从而以满足不同视众的需求。

第四节　城市景观特征空间的评价原则

景观完整可以描述为：特定时空条件下城市景观空间系统内部要素的结构稳定、功能正常的一种相对景气状态，表现为各种环境要素之间的不可或缺和相互和谐。城市景观空间系统是城市复合的人工生态系统的组成部分，由系统主体（城市人群）、系统客体（景观要素）以及主客体之间的交互运动组合而成。景观完整是个概括性和抽象化的概念，反映的是一种景观理念。

一、景观完整的层面

景观完整具有宏观、少观和微观 3 个层面。

（一）宏观层面——自然与人工物的统一

城市景观在宏观上可区分为自然景观与人工景观，因而景观完整的基本要求是自然景观与人工景观的相互统一，其实质是人与自然的统一。人与自然的统一包括两个方面：一方面，人是自然的有机组成部分，人与自然相互依存、相互制约、相互作用；另一方面，自然是人的生命构成的一部分，自然遭破坏，人的生命也些遭受灾难。在城市景观空间系统中，城市中的自然拥有重要的地位，它并不仅仅具有生态作用和视觉上的美学意义，还是实现自然与人工物的统一，创造理想景观的必要条件。

（二）中观层向——内容和形式的统一

首先，通过环境尺度分级满足不同视众的需求、建立起自然尺度、环境尺度、人体尺度的分层次的尺度体系，求得多层次的景观体验的内容。其次，在某一尺度体系下，景观空间要素具有良好的比例关系。要素之间的组合搭配反映了景观空间中诸要素的地位和数量关系，对于不向性质和倾向的景观空间来说，其比例关系应有所不同，对景观要素类型的选择也有所侧重。通常来说，适于停留的空间比如广场，比起供通行的中间如城市干道来说，应多采用休憩类景观要素如花坛座椅、水池、喷泉与标志类景观要素如景观雕塑、观赏类树木等。此外，景观要素本身的比例关系也是需要推敲的。最后，从动与静的观赏角度出发，通过远与近、快与慢、高与低的视觉研究，建立起优美均衡的空间构图。

（三）微观层面——官能感受的统一

不同性质的景观空间应具有不同的感觉倾向。这种主导性的官能感受能够形成鲜明的景观体验，从而赋予城市可识别性的特征。建筑的造型、色彩、质感、符号，绿化的色彩、种类，铺地的材料、组合形式，景观雕塑或小品的文化艺术主题等因素都应参与进来，以形成统一的官能感受，从而创造城市景观空间的特色。

二、生态连续

生态连续包括物质和社会两个方面，在《马丘比丘宪章》中对此有所论述："新的城市化概念追求的是建成环境的连续性，……在我们的时代，近代建筑的主要问题已不再是纯体积的视觉表演，而是创造人们能生活的空间。要强调的已不再是外壳们是内容，不再是孤立的建筑，不管它有多美，多讲究，而是强调城市组织结构的连续性。"

（一）物质方面

从宏观上看，景观的生态连续性是在人与自然、自然与社会的相互作用中形成的某种协调机制。在人类经济活动地区，稳定的连续性一方面要靠自然界的演化机制进行系统的自我调控；另一方面，要求人类自觉地按自然规律办事，使社会对自然的需求与自然的供给和水受能力形成一种动态的平衡。

从微观层面上看，城市单元环境的连续性既是城市整体美学效果的一个重要原则，同时也是生态连续的一个必要条件。城市单元是指具有相对独立的空间完整性，并能为它找到一个相对比的参照空间状态的事物，可以是建筑物、建筑群，也可以是绿地、道路、河流、桥梁等。城市单元环境的连续性表明每个单元不再是孤立的、华而不实的，而是一个连续统一体中的一个单元而已，它需要同其他敢死进行对话，从而完善自身的形象。

（二）社会方面

城市景观空间的物质空间形态是与其社会主间结构相联系的。社会空间结构形态表现为人与城市、人与人之间的复杂联系。景观空间是城市生活、工作、交流过程中自然产生的，是社区及其生活的物化方式。物质形态的连续性必然与城市文化的连续性相互关联。那种破坏城市邻里关系，刻意地营造"景观"的做法是不可取的。社会生态的连续体现在基于历史延续基础上的归属与认同感。"天外来客"似的景观空间形式往往需要漫长的时间才能真正融入社会群体的心理空间范畴之内。如果城市形态变化过于强烈、频繁，导致的后果就是丧失历史的延续性。心理空间失落必然导致人与城市的格格不入，这种人与景观的对立情绪正是致使城市异化并失去人情味的主要原因。

三、多元共生

城市景观空间是为空间系统主体——人服务的。从本质上讲，景观艺术即是生活的艺术，而生活世界的答案显然不是唯一的。城市中存在着各种阶层的人群，他们不同的社会阅历与文化背景决定了其景观观念的差异。景观空间在形态、风格特征上必然表现出多元化的特征。同时，传统与现代的对话、东西文化的碰撞也导致了城市景观中间是一种在变化中求生存、在运动中不断创新的空间形式。新与旧、各种文化的共生，对于景观空间能否融入社会生活并成为城市集体记忆的一分子，是至关重要的。

（一）多样化与艺术性

艺术性是产生审美冲动、获得美好景观体验的基础，而艺术性的前提却是多样化。罗素说："参差多态是生活的本源。"多样化是人性化的本质要求，也是人类自身解放的文化归途。比如，现代城镇铺天盖地的不锈钢城雕，由于其在选址、形象构思、用材等方面的雷同，让人产生了"千城一面"的单调的印象，艺术性无从谈起。至于在建筑形态方面，无论是"纪念物"，还是"基体"，对某种风格的抄袭与模仿已泛滥成灾。像天台济公院、长乐海螺塔、净月潭"森林之曲"那样有独特创意、令人耳目一新的景观建筑实在是很难再见到。此外，幽默感与趣味性也是必不可少的，正如人们的生活不能缺乏喜剧，喜欢调侃、乐观活泼的人受到欢迎一样。

（二）生活化与民间性

看过《罗马假日》的人都可能为那个昙花一现的爱情故事所深深地感动：公主与平民，精英与大众，或许这是一条难以逾越的鸿沟。但正是因为有了这样的对比，生活才充满了戏剧般的诗意。其实，最具生活化与生命力的东西往往是蕴含在配间性之中。比如对春节放鞭炮这一传统习俗，许多城市都经历了禁而不绝又重新开禁的过程。同样，用卫生、市容管理的理由对"大排档"一类的街头饮食文化的取缔行为也经常是行而不果。

（三）历史感与新奇感

巴黎的埃菲尔铁塔是城市历史的见认，可谓是又有历史感的标志物。然而，在其建成之初，却是一个十分新奇的"怪物"，甚至受到包括大仲马在内的众人的指责。可见，历史感与新奇感并不是一对相反的概念。今天，被我们视之为"欧陆风"的建筑式样在欧洲人看来，可能类似于我们去看待英国风景园中的"中国亭子"那样，有些不伦不类。而后现代主义者们通过对历史式样的拼贴与把玩，创造出了一种符合大众口味的"新奇感"。通常，新奇感来源于两个方面，一是新鲜样式的引进，闻所未闻，见所未见；另一种是对历史的复归，对地方文化的留恋，对外来文化的"消化"。前者是"拿来"，后者则是"转化"。比如杭州西湖，徐志摩曾写道："西湖的俗化真是一日千里，……断桥拆成了汽车桥，哈得齐湖心里造房子，某家大少爷的汽油船在二尺的柔波里兴风作浪，……连楼外楼也翻造了三层楼带屋顶的洋式门面，新漆亮光光地刺眼，在湖中就望见楼上电扇的疾转。"可是，现在人们对红灰两色的砖木结构建筑物已产生了更多的历史美感，至于对电扇更没有了徐氏的过敏之处"。正如鲁迅先生所说的"拿来主义"那样，尽管"拿来"的未必是好的，但没有"拿来"，社会文化就不会有长足的进步；在这一点上，中国与西方的文化精神是有所不同的。可能受"一亩三分地"的农耕心理影响，中国人内心世界比较封闭，自我意识强，对外来事物往往采用包容的心理，所谓求同存异。比如在市国近代历史上，西洋楼、舞厅等外来文化形式通常被安排在大户人家宅院的隐秘深处，对外则表现出"正统"的一面。西方文化则比较开放，集体合作意识强，崇尚征服性，强调不同文化之间的交流与碰撞。这种社会心理在城市景观空间形态上有所反映，在建筑形态上，这种表现也是十分明显的。

以开放的心态上"拿来"，无论是历史的、本地的、外来的，对它们进行"转化"，这是城市景观艺术创作的途径。从这个意义上讲，历史感与新奇感实际上是一枚硬币的两面，它们的结合正是追随生活的"时代感"。这才是真正的"景观之道"。

第五章 城市景观特征与色彩

国内所说的城市色彩，可以有广义和狭义的解释。从广义上说，城市色彩研究的是"色彩表象"相关联的品质，并以此作为城市和建筑空间的组成部分。也就是包括城市空间中所有能感知的色彩的总和。然而，从狭义上说，尤其从规划这个角度，城市色彩强调的是城市空间形态的可读性和城市意象的可识别性。城市色彩包括：建筑、绿化、水体、铺地、广告、街具、雕塑和夜景灯光等要素。

这里仅利用建筑色彩来追溯城市色彩的缘起。色彩附着于不同历史时期的建设成果，并通过物质空间要素保存下来，对以后的建筑和评判标准产生影响。因此，要理解我国现有的色彩规划的渊源问题，必须从我国及西方古代色彩形成的原因入手。

第一节 城市景观特征的色彩的运用

一、中国城市色彩规划的缘起与发展

五行五色是我国传统色彩的基础，传统色彩在各个方面都曾有过严格的规定。在这里，我们需要先对历史城市色彩的演变做一梳理，从中得到中国古代城市色彩形成的脉络。

（一）传统色彩的基石：五行五色理论与色彩等级制度

1. 五行五色理论

"五行"是指支配宇宙自然之力的木、火、水、金、土。五行学说注重整体与变化，通过五行的相生相克，反映世界万物的运动变化，是中国传统色彩文化的起源。早在周代，就出现了关于"五色"说的文字。《周礼》载："画缋之事，杂五色。东方谓之青，南方谓之赤，西方谓之白，北方谓之黑，天谓之玄，地谓之黄。"五色所对应的方位和五行。

此外，阴阳家把五行五色看成是"德"的表现，认为历代王朝各代表一德，并以五色进行表示。《明史·舆服志三》载："洪武三年，礼部言：历代异尚。夏黑，商白，周赤，秦黑，汉赤，唐服饰黄，旗帜赤"。

2. 色彩与等级制度

（1）黄色

黄色位于五色之中，节制诸方，体现中央集权，是"帝王之色"。《易·坤卦》说，"天玄而地黄";《玉篇》称"禾黄也",认为黄色是稻麦成熟的颜色。由于黄色位于五行色相环的中心,并且又是大地的颜色和丰收的颜色,因此逐步被历代皇帝作为专属之色。

（2）青色

《五行大义》载:青色是万物生长的开端。因此,以青色象征着初生的植物。此外,"青"还被用于指蓝色、深绿色或黑色,也指草色、苍色、灰白色、浅青色、水色、碧玉色等。青蓝琉璃瓦用于北京天坛,青绿琉璃瓦用于王府和寺庙。

（3）赤色

这里的赤色不同于后来我们所说的红色,赤色是正色,而古时的赤色是间色。《说文解字》曰:赤,南方色也。从大,从火,是火的颜色。《素问》认为赤是心脏的颜色。姚鼐《登泰山记》:日上正赤如丹,下有红光动摇承之。这里"正赤"即太阳色,红光是指浅红色。赤与朱及红比较,纯赤为朱红,绛为大红;朱红淡,大红浓;朱红为日中之色,大红为日出之色。

朱在古代是高贵的颜色。门上加朱漆是古代帝王赏赐公侯的九赐之一,朱门、朱邸、朱户泛指贵族宅地。

（4）白色

白色在中国有丧事之意。《五行大义》中白色指冬天霜雪的颜色。古人称太阳为白日,唐以后才称赤日、红日。由于日光明亮,白又增添了一些其他表示同类颜色的字:皓、皎、的、皙、素等。

（5）黑色

《说文解字》曰:黑,火所熏之色也。黑在甲骨刻辞中有两种意义:一是天色昏暗、黑暗;二是物体黑色。生活之中,黑常被用来指下层的阶级民众,如皂是黑色的意思,皂隶是穿黑衣的衙门差役。黔也是黑的意思,秦始皇二十六年改民为黔首,因为庶民是以黑巾裹头的。

事实上,这些色彩多为语言描述,在使用上有很多变化。中国台湾曾启雄教授曾就不同的传统染色技术进行色号的明确,然而实际情况更为复杂。

（二）中国历代建筑色彩及其规制

早在新石器时代,就有用白灰涂墙的考证。到了夏商时期,除了用白色饰壁以外,还在木构件上饰以黑色和朱色。此外,《考工记》记载,夏代崇尚黑色,商代崇尚白色。然而,目前还不十分明确色彩在这两个时期的建筑中的等级规定。目前所见的最早的关于色彩等级规定的记载应在春秋时期。此外,虽然彩画是中国建筑色彩的重要组成部分,并有严格的等级规定,但在这里不对彩画做过多的描述。

1.春秋战国的建筑色彩及其规制

"正色"与"间色"的等级之分始于西周。天子的建筑装饰必须涂以正色,不得使用间色。用朱砂装饰是贵重的做法,一直受到封建统治者的重视。

在建筑墙面的色彩方面，通常为白色涂墁。不仅墙面涂墁，地面也有涂墁。《礼》："春，天子赤墀"段注："《尔雅》'地谓之黝'，然则唯天子以赤饰堂上而已可见地面一般为黑色，只有天子才能涂红。

此外，对色彩的规定还表现在柱上。《礼记》中记载，"楹（柱），天子丹（朱色）；诸侯黝（黑色）；大夫苍；士"。从柱的规定可知，色彩在建筑中的等级依次为朱—黑—苍（浅青色或黑白色）——黄。这时候的黄色还没有代表最尊贵的等级。

2. 秦汉的建筑色彩及其规制

史称秦尚水德，故崇黑；其旌旗、车辆、仪仗皆以黑色为主。然而目前并无证据证明黑色被大量用于建筑。在咸阳一号宫殿上层独柱厅发现的红色地面，应属于等级较高的一类。

汉代仍继承了周代对红的尊崇和秦代对黑的崇尚。"以丹漆地，或曰丹墀"（《汉宫典职》），继承了周天子"赤墀"之制。汉也有"玄墀"一词，是用黑色漆地。玄墀也是代表着很高的等级。帝后居室，地面也有涂青色的。

墙壁多用白色或淡青色粉刷，朱柱粉墙，实则延续了周的制式，并且沿袭至唐未变。只是对柱的色彩等级的规定已没有春秋时期严格，但已出现彩画。《史记》封禅书记述秦按照五行方位来布局，即以四方四色配祀四色帝。这一传统在东汉也有，东汉洛阳的灵台两层壁面皆在用白灰粉刷后，再于东、西、南、北四个方向分别涂以青、白、红、黑四色，以符四方四色之义。这一祭祀传统，一直延续到清代。

东汉时期已经出现绿琉璃瓦。令人惊异的是，琉璃瓦最初使用于贵族建筑，而非皇室。

3. 魏晋南北朝的建筑色彩及其规制

南北朝时除以白色涂壁外，佛寺中还出现红色涂壁，如，洛阳永宁寺塔，内壁彩绘，外壁涂饰红色。南朝建康同泰寺中，墙面也有涂红的做法，以朱砂、香料和红粉涂壁。由于材料昂贵，这种做法历来被视为豪侈竞富的行为。

同时，也有按方位涂饰不同颜色的，如，北周宣帝"以五色土涂所御天德殿，各随方色（《周书·宣帝本纪》），汉代的记载只是在祭祀中的灵台使用，而魏晋时期用在天子殿堂，说明当时社会对方位之色的尊重。

4. 隋唐的建筑色彩及其规制

隋代对色彩使用的等级较为宽松。大明宫含元殿遗址残存的夯土墙以及重玄门附近殿庑残墙的内壁，均以白色粉刷，靠近地面处绘有紫红色饰带。豪门贵族中，仍有两晋南北朝时流行的"红壁"做法，可见这时的红色不再是天子的独享。《大业杂记》记载：东都大城"……民坊各开四门，临大街门并为重楼，饰以丹粉……"由此可见，当时民间建筑是可以使用红色的。

西安唐大明宫三清殿遗址中除了出土了大量黄、绿、蓝单色琉璃瓦外，还有一些集黄、绿、蓝于一身的三彩瓦。到了晚唐，青色琉璃瓦流行起来。继而又有了深青泛红的绀色琉璃瓦出现。

5. 宋朝的建筑色彩及其规制

自秦汉开始，朱便不仅仅是王室专用，而被广泛用于军事、防御和官贵等建筑上。由于真宗朝（997～1022）尊崇道教，宋代大量采用黄色，但黄色主要用在宫殿屋顶和道观建筑之上，朱的地位仍没有被取代。

黄色琉璃瓦的出现和使用，逐步形成了后来皇家建筑对黄色屋顶的推崇。

6. 元朝的建筑色彩及其规制

金元时期的宫殿用色倾向金红，元代出现"朱金琐窗"，这或许是受到宋代尚金（黄）的影响。元代宫殿广泛使用白色琉璃瓦，正殿多用白琉璃瓦绿剪边，宫殿中的亭子或用青（黑）琉璃瓦绿剪边。

7. 明朝的建筑色彩及其规制

明朝认为，元朝没有制定相关法律，因此导致社会靡乱。《舆服志》详细地规定了各个阶层人员的宅地建造的规格。

明代琉璃釉色品种较金元时期丰富，目前已知的至少有黄、紫、赭、酱、棕、绿、黑、蓝、大青、白、孔雀蓝、孔雀绿（翠绿）诸色。色彩等级顺序自高及低为：黄—黄心绿剪边或绿心黄剪边—绿—黑琉璃心或布瓦（陶瓦）心绿边—黑—其他色彩。

8. 清朝的建筑色彩及其规制

清朝延续明代的规制，但略有放宽。清代《清会典事例》记载：公侯以下的官民房屋梁栋许画五彩杂花。

此外，明清宫城、殿庙外墙都用红色。宫殿、陵墓建筑的内墙及宫城门券内墙等则都用黄色墙面，江南庙宇外墙面也用黄色。普通住宅多用建筑材料的本色，宫殿庙宇却多刷成红色，与绿或黄琉璃成相反的色调。

清代的色彩等级规定还体现在琉璃瓦上。黄色最尊，用于皇帝宫殿和庙宇（如孔庙）；绿色次之，用于王府。蓝色像天，用于天坛。此外，黑、紫、红色等用于离宫别馆。

（三）中国古代城市色彩的形成

中国传统的建筑色彩在五行五色的范制下，以红、黄色为贵族及帝王立面用色，而其他色，如黑、白、青色，也有一定的含义和制式，多用于平民建筑，体现了等级概念。从西周到清代，红色一直被认为是最尊贵的色彩。尽管黄色在日常生活的其他方面，尤其是服饰上自汉代便被认为是帝王专用之色，但直到宋代黄色琉璃瓦出现之前，一直都没有取代红色在建筑上的地位。琉璃瓦的出现和发展，使得明清时期的建筑色彩的规制从西周对柱的规定，转向了对屋顶用色的规定；而对红色使用的限制也逐步放宽。

中国古代的城市，特别是都市，有着严格的功能分区，如，宫殿区、官署区、贵族居住区、苑囿区、市场区与贫民居住区等；而且，在城市布局方面，通常采用多套方城（内城与外城）与轴线对称的手法，以强调皇权至上；内城集中了宫殿区、官署区、贵族居住区、苑囿区等为政府官僚服务的区域，外城主要是贫民居住区。

由于历代都存在着对色彩使用的各种规定，即不同等级的建筑使用的色彩不同，这样，导致城市中不同区域的色彩不同，在无意中形成了城市的色彩分区，即宫殿区、官署区、贵族居住区使用彩色屋顶，而贫民居住区只能使用灰色的瓦，更加突出了内城以及中轴线上彩色屋顶的绚丽多彩。

这种基于五行五色哲学思想和封建等级制度的色彩使用或许可以被认为是中国早期的城市色彩规划。

（四）现代中国城市色彩的发展

1. 城市色彩与城市色彩规划

（1）城市色彩的定义

强调城市色彩的历史文化因素，认为"城市色彩"包括了城市颜色本身，并掺入了"城市颜色"背后所蕴含的丰富的人文因素和自然地理概况。

明确城市色彩要素构成：分为人工装饰色彩和自然色彩两类。认为"人工色"还可以细分为"固定色和流动色、永久色和临时色"。城市实体环境中通过人的视觉所反映出来的所有色彩要素。认为城市地下设施及地面建筑内部装修与城市色彩无关；地面建筑物处于隐秘状态的立面，其色彩无法被感知，也不能构成城市色彩。

城市色彩规划的定义：对所有的城市色彩构成因素统一进行规划。确定各种建筑物和其他物体的基准色，包括：城市广告和公交车辆，以及临街房屋的窗户及窗台摆设物的色彩。强调传统文化和地域特性。从视觉美学和地域文化两个层面展现出适宜表达地方传统文化的、具有地域性的、良好宜人的城市景观。

城市色彩涉及的范围十分广泛，然而，在实际的城市设计中很难全面考虑，事实上，目前国内的城市色彩规划项目基本上着眼于建筑色彩这一部分。

2. 中国现代城市色彩规划发展的成因

长期以来，色彩问题在中国城市建设中并没得到重视。基于"经济、实用、美观"的指导方针认为，经济性是第一，美观为最后。尽管这一指导方针导致无彩色的、没有装饰的、简单的建筑形式在全国范围内得以极大推广，然而，房地产市场激烈竞争是建筑色彩个性化形成的重要原因。建设市场的开放，开发商之间的激烈竞争，迫使开发商开始追求楼盘的个性与特色，以获得更多的增值空间。

因此，城市色彩规划可以看做作是规划师和建筑师相互博弈的结果。而这一博弈，是在大规模城市开发、商业竞争的基础上表现出来的。城市色彩规划作为城市和经济发展密切相关的产物，力图在以下三个方面进行色彩引导：一是延续城市色彩文脉；二是纠正城市色彩局面混乱无序的现状；三是控制引导新建部分的色彩秩序。

3. 城市色彩规划的失效

建筑师认为，设计时已经考虑了色彩的问题，实在没必要由政府做出限制。规划师则表示，泛泛讲什么颜色该为城市的主色调"没有实际操作的意义"。

事实上，对实际操作的意义的担忧是不无道理的。因为城市色彩规划很可能导致城市越来越相似，从而形成新一轮的"千城一面"。这说明，目前色彩规划在设计的实施中，是不尽如人意的。主要存在下面几个问题。

（1）源色彩数据随机性太大，过分依赖理性分析

目前的色彩规划调查方式基本都是通过数码照片进行电脑选色，或以辅助色卡比对。其实无论采用哪种方式，都存在三个问题：第一，色彩选择的点存在很大随意性，特别是针对一些特殊材料的建筑（如石材），材料本身就存在较大色彩差别，选取哪一个点更为合适则很难取舍；第二，相机拍摄的图片，受光线、季节、相机型号、色彩还原度、距离、角度等因素的影响，令第一手调研数据出现较大偏差；第三，单纯色卡比对的取样方式将受到位置（如房顶、高层等没有办法接近，只能凭经验取样）、取样时间（不同时间和季节所获得的数据有很大差别）、工作量（不可能穷尽所用的色彩）、经济条件（费时费力，往往经费条件不允许）、编制时间（至少一年）等因素限制，源数据的随机性太大。

（2）分区很少考虑色彩现状特点，色彩同空间结合不够紧密

目前城市色彩规划或许会提出"点—线—面"的控制，即包括：建筑色彩控制区、大型城市色彩景观节点和城市色彩界面控制带，但更多的情况仅提到线和面，对重要节点重视度不够。色彩分区基本按照功能分区（或现有分区），分区对色彩现状特点考虑较少，不利于进一步的特色塑造。

（3）根据功能确定的色彩限定依据值得商榷

根据功能分区或建筑功能制定色彩引导是目前较为普遍的做法。事实上，功能因素不是决定色彩使用的核心条件。很难断定红色只能用在商业建筑而不能用在市政或居住建筑上；白色也不一定总代表严谨和正义。根据功能所做的色彩定位必然导致一种赋色模式的推广，进而形成新的千城一面。

（4）对单体建筑的色彩控制陷入两难境地，松紧均不恰当

色彩规划一般以建筑物功能为色彩控制类别，对单体建筑提出搭配方案以供选择，并给出明确的色彩以供选择。事实上，无论是真正实施的效果，还是根据色彩控制样本给出的配色方案都令人感到不太满意。然而，另一个两难的问题是，如果不给出明确的色彩，在管理和操作中，无论对开发商还是政府来说，都容易感到无所适从。关于这种矛盾，在目前的色彩规划编制方法中很难得到解决。

（5）过于强调色彩表象，忽视色彩自身特性，难以满足公众口味

对中国来说，历朝历代城市色彩的形成，是受五行五色理论和封建等级制度自上而下的色彩规制影响的结果。除了历史街区、历史建筑和那些有着明确历史地域色彩的老城以外，其他任何新建的区域采用历史色彩延续的手法都值得探讨。事实上，由于不断涉及新的使用者和面临功能置换，新材料和新技术所导致的建筑尺度，以及不同地方的居民对新事物的接受和理解，都将对以地域、传统色彩为基础的色彩规划产生冲击。这种根据传统和地方习俗所研究的主色调在城市总体层面，以及很多区域如商业区、办公区、居住区等

都难以迎合城市现代化发展的需要。

在整个社会日益走向民主化和多元化的背景下，试图单纯从色彩的角度以及从城市整体层面进行色彩统一的方法，不仅很难满足大众的审美偏好，对于建筑设计的基本特性——创造力——发挥来说，也将是一种无形的阻碍。这也是目前色彩规划在专家和公众之间很难获得一致、实施效果十分有限的根源。

二、国外色彩规划设计的发展

国外的色彩规划实践，缘起于单体建筑的色彩设计（包括室外和室内环境），在此基础上，提出色彩规划和色彩设计的区别，强调修建性详细规划层面的色彩规划的重要性。

（一）色彩规划与设计的国外发展背景

文艺复兴时期的无彩色倾向的理性态度在 18 世纪得到推广。18 世纪学者和 19 世纪的新古典主义建筑师认为，希腊建筑是由发白的大理石构建而成，建立以灰色、白色或一个单色的色彩秩序。由于上层中产阶级流行采用昂贵的自然石材，导致灰色涂料广为流行。第一次世界大战前，人们认为色彩是装饰的替代物，因此将灰色、白色从建筑中清除掉。

20 世纪 20 和 30 年代，以理性主义和极简主义导向的现代主义运动最终导致两次世界大战之间的白色潮流。第二次世界大战后，灰白色建筑在公寓、学校、医院和工厂到处呈现，令居民和游客感到沮丧。70 年代这一极端的超级色彩的出现，致使人们形成对环境的情感冷却，导致人们对单调的城市环境的极大反感。人们重新回顾历史，从而希望能真正了解古典主义建筑在色彩方面的真实面貌。

1. 对古典建筑色彩的探索

19 世纪上半叶，大量的文献研究和考古发掘表明，古代建筑是多色的。古典的希腊庙宇和罗马纪念碑上涂有一系列特定色彩的涂料，以在视觉上将大理石庙宇的洁白更好地融入整体景观中，并避免大理石建筑外表的白色在强烈的太阳光下产生过于刺眼的效果。艺术史家们通过考证，证实了希腊建筑不是白色的，而是多彩的。希腊人曾使用生动的颜色涂饰神庙和住宅，这些建筑上的颜色主要是分隔和表明不同的部分，以对全局有更好的理解。

19 世纪 30 年代，Hermann Phleps 在其著作《罗马和中世纪的着色建筑》中认为，罗马人喜欢彩色的石头和珍贵的物品，用深红色增加红砖的色彩。

还有一些重要的建筑史家，研究了不同历史时期的色彩使用。描述了在古代中国、埃及、亚述、希腊、罗马帝国、中世纪的欧洲、古代伊斯兰世界的房屋、宫殿、别墅以及所有居住建筑的色彩使用。此外，一些学者在色彩保护和修复方面做出了重要贡献。他们通过设计特定地方色彩的方案来保存和延续地方感，从当地现场收集一些色彩样本——尤其碎片、墙、门和百叶窗材料。通过分析和重组找到的色彩，为当地制定色彩地图和为干预已建环境制定调色板。而这种调查分析包括的基本内容是：根据对建筑组件要素和材料所进行的系统性评价，收集某一地区或地点现有的建筑色谱；运用综合图表，描述和强调记录的色彩，并对结果进行比较。这些比较极大地揭示了每个国家或地区的具体色彩特性。

通过以上对城市景观的色彩保护和修复工作，在传统色彩与现代城市色彩之间搭起了桥梁。

2. 国外城市景观色彩规划与设计背景

目前的城市景观色彩规划与设计可分为两种模式，一种是亚洲模式，即由政府主导的城市色彩规划，代表国家是日本；另一种是欧美模式，即作为政府层面，历史街区强调严格科学的色彩修复，基本以复原为主，而对非历史街区通常不做要求，色彩设计更多体现在具体地块的开发上。

（1）亚洲模式

亚洲模式以日本为代表。京都从20世纪70年代起就对城市建筑、道路设施等颜色，以本地古建筑群色彩为基调，作了限制性规定，使城市传统风貌得到很好的保持。目前，日本的城市景观管理主要通过地方性指南、区域规划以及有关的城市景观法规来加以实现，这些法规及举措都源自国际法中的"城市规划法"和"新城市规划法"。日本建设省于20世纪80年代和20世纪90年代分别推出了"城市规划的基本规划"以及"城市空间的色彩规划"法案，为创造良好的城市景观色彩提供了法规依据。

通常来说，日本的色彩规划前期资料收集包括：自然环境色调查、大规模建筑物色彩调查、季节性与地域性影响调查。在对所取得的资料的整理分析的基础上，制定色卡，并明确地区性色彩的考虑，大规模建筑物的色彩使用的优先顺序，针对不同的对象（如桥梁、高架桥、人行天桥等）的色彩计划，以及铁塔、烟囱等大规模垂直构造物的色彩景观计划。

（2）欧美模式

与我国古代的色彩规制不同的是，欧美国家对色彩问题的探讨是由下至上的。也就是由建筑师发起，通过设计师的创造，鼓励丰富多彩的城市环境。基于此的关于色彩方面的研究，更多的是强调建筑环境的色彩、空间与使用者的关系。

对非历史区域的色彩管理和控制问题，在规划领域，欧美国家并没有一个行之有效的方法。

欧洲国家在城市色彩问题上是建立在历史建筑保护的基础上的。这固然是因为财产所有权的问题，然而更为重要的是，他们同样意识到了色彩问题的复杂性和其涉及的创造性因素，这些因素对非历史保护街区来说，是很难以一个标准进行控制的。

（二）城市色彩空间设计相关基础理论的发展

1. 色彩的空间知觉性

（1）色彩的空间效果

色彩的空间效果最早由著名画家伊顿提出，指同一平面中色彩的进退关系。色彩的空间效果通常通过明暗、冷暖、色度或面积对比表现出来。此外，空间效果还可以由对角线和重叠产生。

（2）色彩心理知觉特性

色彩心理知觉最初也是由画家伊顿提出的，包括色彩表现和色彩意象两部分。后来的学者们在此基础上，更为科学和系统地对此加以论证。具体内容如下。

①色彩表现

伊顿探讨了十二种色相色轮中的黄、红、蓝、橙、紫、绿灯色相的情感特点，以及它们在不同色彩背景下的表现，可以认识到，色彩效果和色彩体验方面的主观个性，是千差万别的，然而任何一种色彩都可以有五种方式的变化。

一是在色相上：如绿色可以变得发黄或发蓝，橙色可以发黄或发红，等等；

二是在明度上：如红色可以表现为粉红色、红色、深红色；蓝色可以表现为浅蓝色、蓝色、深蓝色，等等；

三是在色度上：蓝色可以或多或少地同白色、黑色、灰色或其补色（橙色）掺淡，等等；

四是在面积上：如大的绿色色域可置于小的黄色色域之旁，或用相反的方法并置，也可以将等量的黄色和绿色并置，等等；

五是在同时对比所产生的效果上。

色彩表现理论主要从心理学角度探讨色彩的知觉特性。然而，不同的色彩表现出来的情绪必须同具体环境相联系。要得到正确、真实的着色标准，只有根据每种色彩同相邻色和整体色彩的关系与相对位置来做出判断，从而得出有用的尺度。而潜意识的感知、直觉的思想和实在的知识者三者总是共同发挥作用的。色彩表现理论对后来的色彩心理学的发展有着极大的推动作用，对色彩意象感知的意义重大。

②色彩意象

色彩意象是基于伊顿的色彩印象理论。伊顿认为，艺术中的自然研究不应该是对自然的偶然印象的一种模仿复制，而应当是其真实特点所需要的形状与色彩的一种经过分析和探索的产物。这样的研究不是模仿，而是进行解释。

色彩印象理论包括以下几个方面：第一，光源色、固有色、阴影色和反射色在不同条件下的相互影响和给人的印象；第二，表面肌理对色彩印象的影响；第三，不同色彩表现所给出的象征意义。

色彩意象是对色彩的观念、判断、喜好和态度，强调的是心境、感想上认知的内容，也就是说，色彩让人产生的心里感觉和感情。不同的色彩会产生不同的色彩意象，了解什么色彩会产生什么意象，对色彩规划设计来说是十分重要的。因此，色彩意象是将色彩的属性及色彩心理进行综合考虑的色彩特质。色彩意象包括三方面：一是收集人类对色彩的共同感觉以及所保持的意象，主要是以形容词的形式进行描述；二是以客观的色彩物理特性进行分析；三是以色相和色调的概念，明确总体色彩印象。

③色彩经验

色彩经验理论强调的是，对色彩的感知意味着"经验"，因此，分析这个过程中的各种因素是十分有必要的。在这里，受其内在关联的因素的影响，可以假设六个因素来考虑色彩经验。

第一层级：色彩刺激的生理反应。

根据生物学和医学的相关知识，色彩是进化的产物。在人类和一定的其他物种的进化中，识别色彩的能力也得到进化，人在生理上对色彩有着本能的反应，如采用蓝色光线能够治愈幼儿的黄疸病已有几十年标准的医疗实践。这种本能的对色彩刺激的生理反应构成了色彩经验最基本的层级。

第二层级：集体无意识。

根据荣格心理学，"心理无意识"是人类心理的一部分，这同基于个人生命中所收集的个人经验的有意识和无意识反应没有关系。

集体无意识也被称为原始意象。人类从先人处继承这些意象，这些意象包括过去所有人类祖先以及人类之前或动物祖先过去所积累的潜在经验。由于人类的历史是从环境和社会中学习的过程中形成和发展的，色彩同样是这些原始意象的重要特性。因此，这些潜在的色彩意象和经验不可能还存在于最初的色彩感觉和美学品质中。

在这个层级中包括了"个体无意识"，是指个人通过色彩的经验，由于某种原因被从意识中抹去的层面，也是构成集体无意识的一部分。

第三层级：有意识的象征—联系。

指的是色彩印象、象征成为意识层面。具体的表现方式是文化中对色彩的基本认同：如蓝色代表天空和水；绿色代表自然；红色代表进化；黑色与金色的结合代表奢侈和迷惑等。

色彩联想和象征是多个领域的重要部分，例如，广告、时尚、产品、绘画，当然还包括建筑，因为这些重要的色彩在产生情感中起着重要作用。色彩的力量对建筑空间知觉的友好、热情、冷漠、激动、悲伤、肮脏、活力、混乱、昂贵、便宜、冷淡等方面有着根本的影响。

第四层级：文化影响和态度。

色彩联系、象征、印象和态度是具体文化和群体的特性，既在区域的层面，也在色彩经验和使用中担负着重要角色。如绿松石色是波斯人的国家颜色；希腊人发现所有颜色都有着相同的优雅；瑞典人认为饱和的色彩比不饱和的更为粗俗；日本人更喜欢水、天空和木头的色彩；印度的艺术和工艺品更偏爱鲜艳的色彩。

虽然文化的不同是明显的，但很多时候对色彩的反应是跨文化的。因此，人类对色彩的反应有着基本的相似性，尤其是对建成环境来说更是如此。

第五层级：流行趋势、时尚和风格的影响。

尽管色彩变化对于表现时代精神来说是必要的，但由于特定的色彩设计趋势和时尚很难在各个方面满足不同的目标和需求，比如医院不同于工厂，学校不同于商场，快餐店不同于大酒楼。色彩设计需要考虑的是符合功能的、更为持久的建筑色彩使用，建筑设计色彩不能像流行色一样不断变更，建筑环境不需要色彩流行趋势的预测和推广。

第六层级：个体联系。

由于对色彩的经验包括了各个层级的相互交织，这些层级又包括无意识和有意识，人类通过一定色调表达喜欢、不喜欢、憎恶等这些个人情感，然而这些喜恶很难通过客观进行判断。

2. 色彩活力相关理论

色彩活力理论的具体内容是整合了一些原理，如，物理、心理、生理、美学和社会学，研究色彩、环境、人这三组元素的联系，是研究色彩中环境因素对人的影响的基础。主要通过对色彩在建筑空间中的关系的分析，研究一个富有活力的色彩空间如何影响人的行为，并探讨基于这些作用的色彩设计原则。

（1）作为知觉层面的色彩量度

根据匈牙利国际 MSz9620 对色彩的定义，认为色彩包括两个层面的含义：心理物理色彩和知觉色彩。"心理物理色彩"被认为是由于不同的光谱分布，光线穿过眼睛所导致的，"知觉色彩"则是这些光线对人的意识的印象。在技术术语上，光线被称为"色彩刺激"，而下意识的由此导致的概念是"色彩知觉"。

在色彩空间里，环境色彩在很大程度上同色彩范围相联系。因此，环境色彩设计应该在色彩之间产生和谐，而不是不同的色度、饱和度和明度。因此，更为重要的是要有着整体色彩空间的美学的同一性，而不是精神物理层面的同人类的眼睛对色彩分辨的可能性。

色彩刺激通过大脑转换为色彩感觉。色彩感觉的概念术语在心理层面，能够通过心理测量尺度进行评价。通过模糊的信息进行色彩知觉区别是有必要的，首先，为定义不同的色彩感觉提供技术参数；其次，通过量化的方式表达色彩感觉之间的构成途径。此外，色彩设计师除在色彩感觉中找到自己的途径的同时，还必须通过估计和测量决定其内在联系。

（2）建成空间

建成空间的概念比"色彩"更复杂，空间也有很多含义，最广泛使用的空间定义涉及物质空间，如，空间元素、客体、肌理以及空间元素和客体的色彩的维度、比例和内在联系。

①色彩在空间经验中的功能

建成空间对人的几方面的作用：构成元素的比例、关系和形状，形式和秩序，表面特性，色彩元素，空间比例关系，功能表达和功能恰当，功能和形状。空间感觉是关于一定空间的经历，也是个人经验的完成。

空间感觉的内容可从两个部分得到，即空间知觉和实际空间的功能。空间知觉是代表三维空间的一部分和从外部进行观察的空间刺激的内容。因此，空间知觉中色彩的基本作用得到检验。由于空间知觉的主旨是由实际空间的一定功能所决定的，而这种功能的表现又伴随着色彩，因此色彩的特性应该得到考虑。

②色彩在空间知觉中的功能

空间知觉是一个复杂的过程，空间刺激由可测量和可触摸的真实空间所导致，空间元素的构成以及形状和表面现象的联系都可以描述为物质的体量。通过光在元素表面的反射、吸收和传递提供空间视觉刺激，并提供给我们关于客体联系、形状和空间表面的信息。

（3）色彩活力的内容构成

首先是基于色彩和空间的相互关系的比较和分析，提出色彩活力的概念。色彩活力首先是在色彩感觉之间发现联系，以发展色彩空间和色彩系统的美学统一，进而发现色彩序号的新的系统，以适应实际的色彩设计。

其次是同人对色彩在环境中的独立联系，涉及色彩视觉的色彩构成问题。例如，刺激极限和不同的极限，色彩适宜、色彩连续、色彩对比，色彩偏好，色彩联想和色彩心理效果。

第三是色彩、人和建成空间的复杂联系，包括：色彩和空间，色彩和体量，色彩和形式，色彩和肌理，色彩和功能，色彩和照明，色彩偏置对环境的损害，色彩的社会功能。

第四是同色彩和谐研究相关，为实际色彩设计建立色彩构成的关系：水平决定和色彩和谐的部分概念，产生色彩和谐感的基本和附属条件。

最后是建立有效的色彩设计方法，最好的方法是在实践中结合色彩活力，强调从实际的色彩设计项目中开展观察。

具备色彩活力的城市景观环境需要达到以下基本目标：一是可识别性。具有较强标志性和特色鲜明的空间。二是吸引人。人们愿意到这里来开展各种社会交往活动。三是有归属感。能让人产生领域感、温馨、亲切等感受。四是安全。没有危险感，不会让人感到过度刺激或产生疲倦之感。五是与功能特性相结合的、美丽舒适的视觉效果。

对于城市景观环境来说，情况远比单体建筑复杂。色彩—空间—人的感知共同形成了不同空间类型的城市景观色彩。

第二节　由色彩所构成的城市景观特征结构体系

城市街道与城市总体空间结构是局部与整体的关系，城市总体空间是由众多不同功能类型和空间特征的街道组成的。各街道处于城市中的各个不同的空间位置上，在城市总体空间结构中承担着不同的功能，有着不同的地位。在分析任何一条街道的时候，都不能就街道论街道，而应该把该条街道放到整个城市的总体空间当中去看，分析其地位与作用。

因此，街道色彩的空间结构离不开城市色彩空间结构体系的总体框架。研究街道色彩，务必从整个城市的空间结构体系入手，由整体到局部，由宏观到微观，这个逻辑关系是进行城市街道色彩规划的基础。本章包括4项主要内容，即城市色彩空间结构体系、城市总体色彩空间结构、片区色彩空间结构、具体地块的色彩规划等。

在总体色彩空间结构层面中，根据不同类型城市的空间结构特点分析，可以参考的几种规划方式；在片区色彩空间结构层面中，则针对街坊和地块，从点线面的角度，提出了规划控制的内容。至于具体地块的色彩规划层面，将在后面以街道为例进行专门论述，本章仅点到为止。

一、城市色彩空间结构体系框架

研究街道色彩，必须从整个城市的空间结构体系入手。色彩规划的首要任务是明确色彩空间结构。城市色彩空间结构体系由城市色彩总体空间结构、片区色彩空间结构和具体地块色彩空间结构三个部分构成。

二、城市总体色彩空间结构

（一）城市总体色彩空间结构的组成元素

城市色彩需要与城市空间的结构形态密切结合，这就需要借助空间的"点线面"元素，提出城市总体色彩空间结构框架。也就是说，在城市的色彩空间结构中，也需要有色彩节点、色彩轴线、色彩街区等元素。

在城市色彩总体空间结构规划层面，主要的规划内容包括三项，即明确城市色彩各个层次节点的布局；明确各级轴线的布局；明确各个城市片区的色彩重要度的级别。

节点是整个城市色彩系统中的色彩高潮点或标志点，可以起到地标的作用，增强该地点的可识别性，对整个城市的色彩起到统领全局的作用。

轴线是整个城市色彩系统中的色彩骨架和特色景观廊道，它将各个节点与街区联系起来，对全城色彩起到组织的作用。

街区是构成城市整体色彩的基本单位，街区的色彩特点直接影响了城市的色彩特点。

1. 节点层次

城市中所有的色彩节点可以根据其在城市中的位置关系和重要性程度分为三个等级，即 1 级、2 级、3 级。

其中，1 级节点位于城市中心区，或者城市各大功能区的中心，其区位十分重要；处于该级别上的建筑色彩需要根据建筑的重要性程度来特别强调。

2 级节点位于城市片区中心，其区位比较重要；该等级节点处的建筑地位较重要，色彩应得到一定强调。

3 级节点位于一般街区的中心处或者重要街区的普通空间节点处，其建筑重要性一般，色彩可以一般强调。

需要指出的是，接下来的"强调"是一个十分重要的确概念。"强调"不是简单地用鲜艳的颜色，如红色来突出其地位，而是更着重于色彩对比的关系，比如，以青砖为主的历史街区，周边建筑的暖色或白色等色彩的退让，便可凸显这一街区的重要度。具体的强调手法，可以参见前面色彩理论的七种对比方法。

2. 轴线层次

在城市总体色彩空间结构层面，所有轴线按其重要性程度可以分为两个等级，即主要轴线和次要轴线。

其中，主要轴线包括城市空间结构主轴线，如，城市主干道、城市历史街区主轴线、城市绿带主轴、城市滨江主轴、滨海主轴、主要眺望景观控制带等。

次要轴线包括城市空间结构次轴线，如，城市次干道、城市绿带次轴、城市滨江次轴等。

在明确色彩轴线后，需要指出该色彩轴线上现在建筑与空间的色彩特色以及存在的色彩问题，该轴线色彩是否需要严格控制或者突出强调，至于该轴线的具体色调和色彩组合特征，并不需要在总体阶段明确，这个问题的合适的解决时机是具体地块的色彩控制阶段。

3. 街区层次

按照街区在城市总体空间中的地位进行分类。

一类街区：街区在城市总体空间中的地位十分重要，色彩应该突出该街区在城市空间的地位。

二类街区：街区在城市总体空间中的地位比较重要，色彩应该烘托一类街区的重要性，并适当突出该街区的地位。

三类街区：街区在城市总体空间中的地位一般重要，色彩应该烘托一类和二类街区的重要性，并与其地位相匹配。

（二）城市总体色彩空间结构的理想平面

城市色彩空间结构需要同城市空间结构保持一致。由此，提出了城市总体色彩空间的理想平面。

该理想平面包括了三级色彩节点体系的空间分布，两级色彩轴线体系的空间分布，以及三级色彩街区的分布。通过各级色彩空间"点、线、面"元素的组织，构成了整个城市的色彩空间结构。

1. 节点

1级色彩节点位于整个城市的几何中心，两条色彩主轴的交汇处；该节点是城市的主中心区。

2级色彩节点位于色彩主轴与色彩次轴的交汇处；是城市的副中心或者城市主轴上的重要节点空间，地位重要性仅次于主中心区。

3级色彩节点位于色彩次轴的交汇处，是城市的片区中心。

2. 轴线

城市色彩主轴也是城市空间结构的主轴线，轴线上建筑的色彩应体现轴线的重要性和标志性，可以是景观主轴线、商业主轴线或者交通主轴线。

城市色彩次轴线是城市空间结构的次轴线，轴线上建筑的色彩特色比较明显，也能够体现轴线的地位。

三级色彩节点与两级色彩轴线相互穿插，构成城市色彩空间的骨架和色彩空间网络。

3. 街区

1级街区多位于城市中心区，区位十分重要，因此需要对其色彩进行重点强调。

2 级街区位于城市色彩主轴两侧或者城市副中心，区位比较重要，色彩应该烘托一类街区的重要性，并适当突出该街区的地位。

3 级街区位于城市边缘区或者各个分区的交汇处，不在关键的区位点上，在城市总体空间中的地位一般重要，色彩应该烘托 1 级和 2 级街区的重要性。

大城市和特大城市的空间格局虽然复杂，然而只要抓住其色彩空间格局的"点、线、面"关系，仍然可以明确地规划出富有特色的色彩空间结构。由此可见，不论城市的规模大小和形态复杂与否，其规划的核心内容都是一致的，就是通过空间结构的"点、线、面"元素，组织好色彩与空间的关系。

（三）城市总体色彩空间结构的类型

在现实中，城市空间形态很多，从路网结构形式和组团布局模式入手，选取了其中最常见的也是具有代表性的六种空间形态，来规划说明不同空间格局下的城市总体色彩空间结构。这六种空间形态分别是方格网城市、环形放射网城市、指状城市、带状城市、组团城市和多中心城市等。

1. 方格网城市

在方格网城市中，依据强调的重点空间部位和手法的不同，可分成三个小类，即方格网城市、十字轴城市和单中心城市。方格网城市重在突出城市路网的棋盘式格局；十字轴城市重在突出城市的十字形轴线；单中心城市则侧重对城市中心的强调。三者不是决然分开的，反而由于基本路网形式的一致性，在空间布局上具有很多共同的特点。

（1）方格网城市

方格网城市的特点是街区形态结构的均质化，对于此类城市，可以充分利用其路网特点，组成有特色的色彩空间。主要的手法包括：强调、对比、重复等。

（2）十字轴城市

十字轴城市的总体色彩以强调城市中心和十字轴线为主。

（3）单中心城市

单中心城市的形态结构比较简单，通常情况下，以强调中心的色彩为多。

2. 环形放射网城市

环形放射网城市的结构形态比较突出，在色彩表达上，多以强调单中心和放射轴线为主；当然，各个扇面分区也可以强调。

3. 指状城市

指状城市的总体色彩以强调其主中心和各个放射轴为主。

4. 带状城市

带状城市的形成通常是受地形或者主要交通轴的影响，如，两山夹一川的谷地城市，或沿铁路和公路发展起来的城市，例如中国兰州等城市。该类型城市的色彩以强调城市主轴线为主，当然，也会有不同的变化。

5. 组团城市

在组团城市中，布局模式依据自然地形条件会产生不同形态，这里选择其中的三类来阐述其空间结构，分别是平行组团城市、临山组团城市和自由组团城市。其中，临山组团城市也可以说是平行组团城市的一种，其临靠的山体，也可以变换成大海或者江河等线性界面。

（1）平行组团城市

平行组团类城市的形成主要受地形和交通轴的影响，例如苏州。该类型城市的色彩以强调各个组团自身的"点、线、面"关系为主；当然，也可以通过巧妙的组织，促使各个组团的色彩不仅形成一个有机的整体，又具有多样性。

（2）临山组团城市

临山组团城市的总体色彩以突出临山面或者各自组团核心为多，需要充分考虑地形特点，如，组团天际线与山体的关系、爬坡建筑的整体色彩与山体绿化背景的关系等。此外，在通常情况下，其形态结构与平行组团城市比较类似。

（3）自由组团城市

这里的自由组团城市以跨江组团城市为例，来展示色彩空间结构的重点。跨江组团城市的总体色彩以突出各自组团的滨江面或者各自核心为主。

6. 多中心城市

多中心城市的色彩以强调各个中心为主；此外，也可以在各个分区、分区中心之间取得某种组合关系。

在进行城市景观色彩规划时，必须先明确城市总体色彩空间结构的框架，进而明确城市各景观分区的网络结构体系。因此，首先要考虑城市的自然属性，如城市是海滨城市、滨江城市、山地城市，还是平原城市？该城市空间的结构形态是集中式还是组团式？山体、河流水系、绿地的分布如何？中心区、外围区、历史街区、滨水区的位置关系如何？色彩景观轴线和主景点的位置如何？在分析现状的基础上，再来确定城市色彩总体空间结构。

三、城市片区景观色彩的空间结构规划

（一）城市片区色彩空间结构规划的目的

1. 规划目的

城市片区色彩空间结构规划的主要任务：以总体色彩空间结构或分区规划为依据，详细规定片区内各个节点色彩的重要性等级和类型。

城市片区色彩空间结构规划的目的和作用包括两个方面：一是对城市色彩总体空间结构进行深化，使规划便于操作；二是对具体地块色彩方案起到控制和引导作用。具体来说，就是深化色彩总体空间结构，主要体现在街区的尺度和规模大小上，色彩总体结构的街区规模较大，其边界是城市次干道；而片区节点控制的街区规模较小，其边界是城市支路，再者，片区色彩控制还需进一步深化到单个街坊内多个地块的组合关系等，需要把色彩总体结构确定下来的总体色彩空间结构作为规划的依据，并进一步细化。

就引导具体地块的色彩方案而言，片区控制确定了各个街坊和街坊内各个地块的组合关系，如"点、线、面"结构关系，是具体地块色彩方案的依据。

2. 规划内容

城市片区色彩空间结构规划内容包括三项：一是明确规划区内色彩的各个层次节点的布局；二是明确各个轴线的布局；三是明确各个街坊的色彩重要度的级别。

（二）不同规模城市片区的色彩空间结构规划方法

1. 城市片区的色彩空间关系

城市片区的划分，是为了便于在控规的规划区内，首先明确总体的色彩空间结构布局，而后在具体的街坊上进行细化，将各等级色彩空间的节点和轴线进行落实。对多个街坊组成的城市片区来说，在进行色彩规划时，首先要明确城市总体空间结构，以明确该片区在色彩总体空间结构中的地位，并进一步明确其空间结构的"点、线、面"关系。

在城市片区内部进一步分区，便是街区。其包括若干个街坊和各种等级不同的城市道路，规模相对较小。在对街区进行色彩规划时，需要明确该街区在整个城市片区色彩空间格局中的地位，如，是否位于重要的节点和轴线上，该街区色彩重要性等级的高低等。

2. 具体地块的色彩规划

城市具体地块色彩规划，以城市总体色彩空间结构和片区色彩空间结构规划为依据，对具体地块的色彩布局做出安排和规划设计。目的是把城市色彩总体空间结构落实在具体的街坊、地块、道路和空间节点位置上，寻找规划地段内具体的色彩特色与色彩问题，提出合理的解决方案，从而提升城市空间的视觉质量和艺术水平。

从空间结构的类型来分，包括"点、线、面"等要素。例如，在节点空间中，有交叉口、广场等；在线性空间中，有街道滨河绿带等；在面状空间中，有行政中心、商业中心、居住小区、城市公园等。

具体地块的色彩控制，主要以城市街道空间、街道空间网络结构以及所围合的街区形式体现出来，属于修复性详细规划范畴。

第三节　城市景观特征色彩表现的方法

本节结合城市景观空间色彩规划阶段的点、线、面的空间组织手段，分别面状空间、线性空间、节点空间、建筑高度等方面提出解决方法。最后对城市景观色彩组织的基本原则和基本手段做出简要的阐述。

一、方法概述

（一）规划对象

从上述内容可知，城市色彩空间结构体系包括城市总体色彩空间结构、片区色彩空间结构和具体地块的色彩空间结构等三个层面。从空间构成要素上，具体地块的街道构成要素比较多样，例如，街道上一定有交叉口，可能还会有广场；当多条街道组成城市空间网络时，情况就更加复杂。结构形式包括了"点、线、面"的完整体系。从空间形态的类别上，街区、庭院、城市公园是"面"状空间，其规模范围相对较大；街道、滨水绿带、铁路等是"线"状空间，其具有边界性和轴线性；交叉口、街道转角、广场、重要建筑等是"点"状空间。

由此可以明确城市色彩的规划对象应包括：一是道路两侧建筑围合的空间，包括街道线性空间和街道立面色彩；二是街道上具有交往功能的场所和节点空间的色彩，包括：广场、交叉口、转角、庭院、公园等；三是道路与道路共同构建的街道网络，即街区的色彩。

（二）规划内容

在制定城市景观色彩规划之前，需要明确该城市是否编制过城市色彩总体规划和城市色彩控制性详细规划，若有，则需要以它们为依据，落实色彩空间结构的详细布局；若无，则需要补充这方面的主要内容，即本规划区内的"点—线—面"色彩空间结构关系。

在城市景观色彩规划层面，主要的规划内容包括4项：一是明确景观色彩规划区内街道的各个层次节点、轴线、街坊（"点、线、面"）的布局。二是明确城市街道空间中各个建筑的色彩关系。三是明确城市景观空间中需要强调的各个节点和界面。四是明确城市景观空间中具体建筑的色彩（建筑主色和强调色）。

二、城市景观面状空间色彩规划

（一）城市景观街道网络体系

街道网络体系构成了一定范围的城市街区景观，其空间结构同城市空间结构已经重叠。此时，必须根据城市总体色彩空间结构或节点色彩控制等规划确定的色彩空间结构来进行具体的落实工作。

在由多条街道组成的城市街道网络体系中，需要明确的是各条街道的主次关系，哪些街道是轴线型街道或者主要街道，哪些街道是非轴线型街道或者普通街道；以及各个节点的等级关系。

（二）城市街区色彩规划

1. 普通城市街区

该种类型的城市街区在城市中最为普遍，具有相当的代表性。如何寻求此类型城市街区景观的色彩布局特色，将对全城或者大片区景观的色彩有着举足轻重的作用。

此外，也可以对各个街坊的转角和出入口同时强调，以取得多样性；也可以在强调轴线的同时，对轴线上的转角和出入口进行强调，又或者对轴线以外的转角和出入口进行强调，也能取得多样性。

取得整体性的手段，一是街区建筑的色彩全部统一，以取得绝对一致；还有就是统一某些轴线上的色彩，其余地方的色彩使用范围没有严格限制，以取得整体性和多样性的均衡；对某些节点处（如转角、出入口、中部等）色彩的调整，将极大增加整个街区色彩丰富的多样性，使其整体效果更加灵活。

2. 有广场的城市街区

该类型城市街区景观的最大特点在于街区中间围合有一个城市广场，因此，对广场界面色彩的处理将是本类型街区的关键。该广场是块状空间，也可以换成街头绿地、公共活动场地、空地等。

对城市街区来说，重要的是强调各个地块建筑的外界面色彩组合关系。如首先强调主要街道界面色彩的连续性；其次，是各个地块转角的色彩，对转角处色彩的变化，可以加强界面色彩的多样化和丰富性。

3. 有绿带的城市街区

该类型城市街区的最大特点在于街区中间贯穿一条城市绿带，因此，该类型城市街区色彩规划的重点是对绿带界面色彩的处理。该绿带也可以换成一条河流、铁路、高架桥、高架轻轨等其他线状空间，此类线性空间的界面是城市中重要的景观带。

此外，对主要绿带界面色彩的强调，将使该街区形成一条主要的色彩轴线，促使该街区各个建筑的色彩关系取得一定的秩序。当然，色彩主轴线上的色彩不一定是单一颜色，也可以是相似色或者一个色系中的多种色彩。目的就是要使整个街区的色彩既有秩序，同时又具有丰富性。

4. 高层建筑城市街区

外围沿街是高层建筑，街区内部是多层住宅建筑。该类型城市街区对于进行大规模城市内城改造的我国大城市来说，非常典型。

（三）城市庭院色彩规划

在城市景观设计中的庭院这一层面，也强调转角、出入口，并同时开始规划内外界面的色彩，以及内界面中的不同色彩。空间强调对内向庭院的围合，因此，需要特别注重对内界面色彩的组合处理。

1. 四面封闭庭院内外界面色彩组合

该类型庭院的特点是四面围合，全封闭。

2. 三面封闭庭院色彩组合

三面封闭庭院的特征是有一个方向是开敞的，半封闭、半开放；强调空间内向性，突出内界面的色彩，内界面的色彩要加强内向空间的围合感。

3. 单体建筑内外界面色彩组合

对于城市庭院景观，有了内外界面的区别，其单体建筑的每个立面的意义就更加明确，是内界面、外界面，还是山墙面（侧面），位置不同，其起到的作用也不同。

三、城市景观节点空间色彩规划

城市景观节点空间包括以下五种类型：一是空间属性发生转换的地方，如街坊出入口；二是街道空间尺度发生较大改变的地方，如街道与广场的连接处，多为街道交叉口；三是道路线型以及人流行走方向发生较大变化的地方，如街道转角；四是街道上有大量人流集散的地方，如广场；五是有重要建筑的地方，如历史建筑或市政厅等。

（一）街坊出入口色彩规划

街坊出入口，是街坊内的人走出街坊、街坊外的人走进街坊的城市空间节点，同时也是城市外部公共空间和内部半公共—半私密空间的转换点。街坊出入口具有以下几个属性。

1. 功能特性发生改变的转折点

街坊内部街道与外部城市道路相交，道路的等级降低，宽度变窄，用地的功能属性也可能发生变化，例如，由商业功能转变为居住功能。

2. 人流密度改变的转折点

街坊内部道路通常与外部城市道路垂直相交，人的行走方向发生变化。人流密集程度不同，街坊内部人流相对较少，而街道上的人流相对较多。

3. 人对空间感知的转折点

人们对空间的感知也发生变化，居住在街坊内部的人从外面回来到达街坊出入口时，会有亲切感、归属感和领域感。

通常情况下，在街坊出入口处也会有大量公共设施的布局，是人们日常生活使用和社会交往频繁的场所，人们容易在此处驻足停留，同时，也是人们视觉重要关注点之一。因此，街坊出入口的建筑色彩需要重点处理。

（二）城市街道交叉口色彩规划

1. "十"字形路口

交叉口色彩规划的目的是取得某种色彩倾向，避免过于混乱和过于单调。"十"字形路口是城市中最为普遍的交叉口类型。

2. "丁"字形路口

"丁"字形路口的色彩处理重点是加强此地的标志性和导向性。

3. "Y"字形路口

"Y"字形路口与"丁"字形路口在道路的线型上基本类似，其色彩处理方式也相同。

4. "米"字形路口

"米"字形路口在有着环形放射路网的城市很普遍，由于道路组织形式的关系，该路口对视觉的引导性非常强，此处的建筑也比他处的建筑更容易受到大众的关注。例如，巴黎的凯旋门。

此类交叉口的色彩处理重点大体有三处：一是交叉口中心建筑；二是围合交叉口的建筑界面；三是各条轴线形街道的建筑界面。

（三）城市街区的街道转角色彩规划

城市街区的街道转角的平面形式有直角形、钝角形，也有锐角形，然而较少出现；多数情况为直角形，即"L"形转角。在街道转角处进行建筑色彩规划时，需要考虑的重点是街道转角的色彩整体性、标志性以及对人流的引导性。

（四）城市广场色彩规划

广场是城市街区中的重要节点空间，在这里，街道的宽度得到放大，尺度感觉大不一样。广场的空间形态多种多样，这里对广场的划分来自 R. 克里尔对广场的分类方法，即从道路接入的数量多少和接入方向来划分。在其形态方面，是以正方形广场为主题，对于其他形态的广场（如三角形、圆形、椭圆形、长方形、梯形等），不做过多阐述，因为其色彩组合原理是相似的。

四、城市景观色彩组织的基本原则和手段

色彩组织是针对城区色彩规划的补充。色彩空间组织的原则有两个，即整体性和多样性。能够形成城市街区色彩空间整体性和多样性的基本手段包括：统一、均衡、韵律、强调、秩序等。需要指出的是，这些手段并不是固定不变的教条，需要根据具体情况使用，很多情况下，手段并不是单一的，而是多种手段综合的结果。

（一）基本原则

1. 整体性

某种色彩组合方式在整个城市街道空间中占主导地位，给人以整体统一的印象，其色彩有统一的系统结构，条理分明，组织严谨，具有整体性。与整体性相对应的形容词有：整体的、整齐的、统一的、有序的、均衡的、清晰的、干净的、温馨的，等等。

达到色彩整体性可以统一色彩或者统一色系，甚至是应用对比色彩。例如，北京民居建筑与宫殿建筑的强烈色彩对比，以及苏州的黑白对比，都是使用了对比色彩，然而给人的感觉是很强的整体性。其关键在于色彩使用的位置、使用的频率、形式与面积对比关系。

色彩整体性所达到的空间效果是空间结构严谨，条理分明；有主题，有节奏；可以避免街面色彩过于混乱、连续性不够、缺乏秩序与特色等问题。

2. 多样性

多样性是指在城市街区空间中给人的色彩印象是丰富多样、五彩缤纷、绚烂多姿，没有哪一种色彩占据主导地位。与多样性相关的形容词有：多样的、丰富的、有趣的、活泼的、温暖的、欢乐的、愉悦的、连续的、跳跃的、有规律的、有序的、有层次的、有节奏的，等等。多样性通常能形成十分有趣的城市色彩空间。

多样性能形成动态呼应的、有生命的、有韵律的平衡；各个色彩空间要素能形成良好的美感、层次感、尺度感、节奏感、韵律感；可以构建富有意味、充满活力和特色的城市景观色彩环境。

（二）城市景观色彩组织的基本手段

城市街区色彩获得整体性或多样性效果需要通过一定的色彩组织手段来实现。这些手段包括统一、均衡、韵律、强调、秩序等。

1. 统一

统一意味着平衡、和谐，包括色彩同色彩、色彩同结构、色彩同材质，以及色彩同意境等方面的协调一致。

色调、彩度和明度上的差别越小，越能构成统一的色彩效果。统一不是单调，街道界面用色通常通过微弱的色相或色度上的差别，获得丰富而整体的色彩效果。这种处理方式对色彩使用的细微变化十分考究，既要避免颜色差别过大，又要避免过于雷同和单调。

2. 均衡

对于城市街道空间来说，除了横向的呼应，均衡的色彩组织原则主要体现在立面布局上，以获得视觉上的平衡状态。色彩均衡可以从面积分布、位置关系和色彩的强弱中得到。

在城市景观中同一个建筑立面，不同的色相、明度或饱和度的色彩在位置上的变化，可以构成均衡的色彩效果。如果这种变化只在同一色系或邻近色系中发生改变，则可获得更为宁静的均衡效果。

3. 韵律

韵律通常体现为色彩的节奏感，也就是城市街区建筑的不同色彩在空间位置上，通过一定的手法形成的类似音乐的节奏。这种节奏可以通过反复、渐变、强调、减弱等组合方式，通过明暗对比、纯度调和、色相比较、面积大小、位置安排、色调轻重的变化获得。

韵律手法往往在建筑开间较小、街道界面连续的情况下最易获得。对于较大体量建筑则可以分段获取。这种分段不仅包括横向，同时也包括纵向的手法。

4. 强调

在一定范围内，以某一种色彩为主，其他色彩作为背景或衬托，则构成强调。对于城市景观的街道空间来说，作为强调的色彩可能不仅仅是 1 个，而有 2 ~ 3 个，这要视具体情况而定。但是，强调是有等级的。也就是说，明确 1、2、3 级强调，分清重点和主次，才能构成功能和视觉意义上的有效性。

对于城市景观空间界面来说，色彩对比中更为常见的是色相对比、明度对比、冷暖对比、位置对比、面积对比等等。其中，位置对比指同一种颜色在不同位置上的色彩效果。需要指出的是，这些对比关系并不是孤立存在的，在同一街道界面上，通常存在多种对比因素。在具体使用上也没有太多的限制，一般来说，冷暖对比往往能获得更为活泼的视觉效果；近似色相对比能使空间变得温馨宜人。不同位置和不同面积之间的对比关系，往往在街道色彩空间中起着至关重要的作用，一般由单体建筑体量决定。

色彩的强调往往具有引导和暗示性，需要结合建筑和街道形式进行考虑。强调包括：色相、明度、饱和度、面积、位置等方面。很多时候，这些手法并不是单纯和绝对的，而是综合使用的，需依据具体城市空间的情况进行选择。

5.秩序

与韵律所获得的轻快节奏感不同，秩序强调色彩空间的严谨和序列。秩序离不开比例，如长短、大小、高低、内外、上下、左右等等，通过色彩的明度、纯度和面积，建立一定序列。

色彩秩序体现了街道空间的局部与整体的关系，也就是局部空间色彩组织服从整体空间色彩组织原则。一个单体建筑的色彩组合关系，不是孤立存在的，而是城市建筑空间组群中具有特定角色的一分子，单体建筑色彩空间组织必须让位于整个城市景观或城市街区的整体色彩秩序。

这种秩序可以更为局部地缩小在单体建筑的局部构成和整体关系之上，也就是局部色彩的处理必须服从整体建筑的功能、材料和风格处理的需求。

第六章　城市景观特征与街道

第一节　城市街道景观概述

一、城市与城市街道

（一）城市

关于城市的概念，众说纷纭，莫衷一是。对于不同历史阶段和国家或地区的城市，不同的学者，可以给以不同的定义。

"城市"作为一个现代名词，从语源上说是由"城"和"市"两部分组成的。"城"在古代指的是在一定地域上用于防卫而筑起的城墙；"市"则是指进行交易的场所。最初的"城市"就是兼有防卫和交易两种职能的。例如，汉代长安城，皇家建筑占据城中绝大部分，商业市场偏居城北一隅，"城"与"市"是分开布置的。《诗经·庸风·定之方中》记载了春秋时期卫文公"徙居楚丘，始建城市而营宫室"。"城"与"市"在封建统治者眼中不能混为一谈。"文公徙居楚丘之邑，始建城，使民得安处；始建市，使民得交易……而使筑城立市，故连言之。"到20世纪30年代前，中国没有"市政府"这一概念，民国中央政府通过《院辖市组织法》，中国的城市才开始向现代概念的城市进发。

新中国成立后，在计划经济体制下，我国的城市发展经过了三个阶段：初期发展阶段，波动阶段，基本停滞阶段。改革开放后，连续几十年的经济高速增长，这个巨大的动力促使中国的经济体制由计划向市场转型，促使农村人口开始向非农转移，原有城市不断扩大，中小城镇迅速崛起。随之，现代意义的城市化浪潮开始席卷大地。

随着现代城市规模的急剧扩大，汽车交通的过猛发展，城市人口的迅速膨胀，使得城市基础设施、服务系统相形见绌，远远不能满足城市生活的需要，导致交通拥挤、环境恶化、城市趋同……我们突然发现由我们自己创造的城市不再属于我们已经很久了，我们被迫屈从于自己的双手创造出的无情城市，在肮脏的、危险的、混乱的城市中被动地接受生活。"城市是为谁而造？""城市应该怎样建造？"已经成为我们共同关心的话题。

20世纪末期已明确地提出城市规划的基本目标是：创造优化的城市环境，从生态环境、社会环境和物质形体环境三个方面来建造和改善城市的存在状态，追求"建筑—城市—园林"的统一，达到城市物质形体环境的连续性与完整性，创造城市社会的物质基础，以及良好的社区结构和宜人的面貌、气氛等。到 20 世纪 90 年代，WHO（ World Habitat Organization ）提出健康城市的概念：健康城市是一个不断创造和改善自然环境、社会环境，并不断扩大社区资源，促使人们在享受生命和充分发挥潜能方面能够相互支持的城市。国内专家提出较通俗的理解就是：健康城市是指从城市规划、建设到管理各个方面都以人的健康为中心，保障广大市民健康生活和工作，成为人类社会发展所必需的健康人群、健康环境和健康社会有机结合的发展整体。

用中国大百科全书选定的"城市"定义来说明城市："是依一定的生产力和生产方式，把一定的地域组织起来的居住点，是该地域或更大腹地的经济、政治和文化生活的中心"。先哲亚里士多德的城市论言简意赅，阐述了城市的基本内涵，堪称经典：Man come together in cities for security ：They stay together for the good life ；Man is the real cole of city.（ 人民为了安全，来到城市；为了美好的生活，聚居于城市。人，才是城市真正的核心。）

（二）街道

1. 街道的概念

街道是随着城市的形成而产生的。当人们营城建屋后，为了相互间的往来穿越，在建筑与建筑之间留下了一些线性空间，这就是最早的街道。《辞海》对街道的解释"旁边有房屋的比较宽阔的道路"就形象地说明了这一点。

街道，作为交通的通道首先从属于道路，而街道除了交通的功能还担负着诸多的社会功能。J• 雅各布斯对于街道的如下描述有助于我们更加形象地理解街道："一个都市街道的依赖是经由许许多多人行道上的交往接触所培养的，一市民常逗留在酒吧间喝杯啤酒：由杂货店那里打听点消息，或讲点消息给新来者，在面包店与其他顾客聊天，与路旁喝汽水的孩童打招呼，或等用餐时偷瞄女孩子等。"因而，街道对于人类生活来说是一个多功能活动集合的带形城市生活空间，是一个交往的场所，一幕幕的人间悲喜剧在街道上不停地演绎着。

因而，街道又引申为：街道尽管属于道路集合，它自身又是一个包容建筑、人、环境设施等内含的子集合，是人类社会生活的一种空间组织形式。街道作为城市中的线性结构，它把不同的景点结成了连续的景观序列，同时，由于街道是建立在人类活动的线路模式基础上的，街道本身就又成为城市景观的视线走廊。

2. 街道与道路

道路是指通行车辆和行人的各种通路关系的统称，包括：公路、城市街道、工矿企业专用道路、农村道路等。在英语中 street 意为街道，指城镇中的通路（ a road in a city or town ），而 road 和中文的"道路"对应，指城镇之间的乡村公路（ a public passage between city or town ）。二者是既相互关联又相互区别的。

首先，街道和道路都是基本的城市线性开放空间，具有线性空间所共有的方向性和序列性。它们都承担着交通运输的任务，然而相比较而言，道路多以交通功能为主，而街道则更多地与市民日常生活以及步行活动方式相关，但实际上街道也综合了道路的功能，其功能是多维的，融通行、商业、社交、休憩于一体的。

具体来说，街道与道路的区别在于：

街道空间是由其两侧的建筑所界定，其由内部秩序形成的外部空间，具有积极的空间性质，与人的关系密切；而道路空间与周围建筑的关系较疏远，通常为纯外部的积极空间，在其中活动的人对它所产生的感受也不相同。

从空间角度看，街道两旁一般有沿街界面比较连续的建筑围合，这些建筑与其所在的街区及人行空间成为一个不可分割的整体；而道路则对空间围合没有特殊的要求，与其相关的道路景观主要是与人们在交通工具上的认知感受有关。

街道作为构成城市空间的主要元素不只是表现它的物理形态，还表示两点或两区之间是否有关系，表示人的动线和物的活动量，且普遍地被看成是人们公共交往及娱乐的场所。从另一个角度看，人是街道活动的主角，而道路的主角是车。

3. 街道与城市生活

刘易斯·芒福德说过："对话是城市生活的最高的表现形式之一，是长长的青藤上的一朵鲜花。"城市这个演戏场内包容的人物的多样性使对话成为可能。城市发展的关键因素在于社交圈子的扩大，以至最终使所有的人都能参加对话。街道正是城市生活最重要的聚集点和发生器。丹麦学者扬·盖尔说："街道是建立在人类活动的线性模式基础上的。"

千百年来，我国城市居民的社会生活都是发生在街上的，在居民的观念中，街道或街坊都如同自己家中一样，是属于自己的空间，人们常常以"街坊邻居"昵称。"清明上河图"即是古代城市生活最生动的描画，沿街叫卖、街头卖艺、品茶纳凉、迎亲出殡……无不展现出热闹非凡的街道生活景象。就是到了现代社会，街道依旧是城市居民组织生活的向往场所，在许多城市街道角落里我们会发现一些场面，在立交桥下的阴影处，在马路边上人行道较宽的树荫下面，冬日在避风的阳光角落里，常常设下成群的棋局或牌局，还常围上许多观阵的人群。在成都地区，许多大街小巷打麻将成风，有麻将一条街，四人一桌的牌局布满沿街的室内和室外。尤其到了夏日，街头随处能看到路灯下的百人扑克摆成大阵，人气旺盛别有情趣。这是群众性自发的业余消遣交谊活动，同时也是组成城市生活的最有人情味的、最生动的、最让人难以割舍的部分。

二、城市街道景观

（一）城市街道景观的界定

如果说街道空间是城市空间的重要组成部分的话，那么街道景观空间就是城市空间中最富有生气、活力和最动人的空间形态。城市街道景观空间容纳了城市生活中最丰富的内容，因而最能反映城市的文明程度，体现出城市的特色，城市街道景观所具有的这种特点为其他城市景观元素赋予了丰富的人文背景和景观衬托，创造出独有的意境。

城市街道景观既包括体现城市历史、文化、自然风貌的风景道路景观，也包括类似于清明上河图中所反映的城市生活性场景道路景观，如，商业步行街、小街巷等，本章中我们所探讨的城市街道景观的概念既包括前者的风景道路，也包括类似后者城市生活性场景道路，它是城市居民"生活的院子""留下记忆空间的场所"，是城市物质景观和人文景观集中的体现，无时无刻不向人们展示城市的魅力，讲述着城市的文化与精神。试想，如果一个城市的街道景观空间形态风格独特、清洁优美，市民生活在其中愉悦而舒适，那么这个城市给人的印象是繁荣安定、高度文明的。相反，一个毫无特点、环境脏乱、人员混杂、人情冷漠的城市将使人远远地避开它。

（二）城市街道景观的类型

街道是城市居民的主要公共活动空间，不同的城市街道在市民的社会生活和文化生活中所起的作用各不相同。由于城市结构组成与交通运输的错综复杂，很难以单一的标准来分类。因此城市街道的分类要综合考虑分类的基本因素，还应结合城市性质、规模及现状来合理划分。通常情况下根据街道在城市活动中的地位、功能和作用，可将城市街道分为快速路、主干道、次干道和支路；根据街道两边的用地性质可以将城市街道分为商业型街道、居住型街道、行政办公型街道、金融贸易型街道、混合型街道等。

我们在这里主要研究的是城市街道的景观设计文化问题，因此，可以考虑从城市街道景观特征这一角度来划分城市街道的类型。我们将城市街道划分为：具有观光意义的街道，具有生活意义的街道，具有商业意义的街道，具有交通意义的街道四大类型。

1. 观光街道

（1）历史古街

每个人都有无法忘记伴随自己童年的那条小街，历经岁月的沧桑，如今那条小街已经变成了斑驳的古街，而古街的故事却依旧在我们身边流传，街口老奶奶的家常菜和小伙伴们争抢的麻辣汤，无不让我们回想起那条古街和那个童年。古街、往事、童年，如今那条家乡的古街已延伸到我们的眼前……

随着上海新天地、南京老门东等充满地域特色的历史街道（区）渐入人们的视野，历史文化街道（区）的保护和开发也成为各地关注的重要课题。

这里首先要明确历史文化街道（区）的概念：历史街道（区）是具有真实延续的生命力，能较完整地体现某历史时期的风貌和地方民族特色的地区。它们具有以下基本特征：一是历史街道（区）具有永续利用的动态性和社会生活的真实性。二是历史街道（区）内环境风貌保存完整统一，能反映当地某时期的历史风貌特色，有较高的历史价值。三是历史街道（区）内反映历史风貌的组成要素，包括：建筑物、构筑物、道路、河流、山体、树木、院墙等。

（2）公园及风景区街道

公园及风景区街道不仅仅是公园和风景区的内部通道，具有交通性，而且也是游人娱乐、散步、休憩的重要绿色公共空间，是公园和风景区景观的重要组成部分，园区道路应该成为体现公园和风景区景观、历史文脉的宜人的公共空间环境。

随着全国各地众多公园和风景区的涌现，园区道路的景观也是该区的重要景观特色体现，国外做得比较好的有，好莱坞环球影城街道，纽约中央公园园区道路，国内有中华世纪坛景观大道、上海浦东世纪公园园区道路等等。

2. 生活街道

（1）传统居住区街道

对于曾经在传统居住区生活的人来说，"胡同"这个词应该不会陌生，尽管今天胡同已经无法满足城市交通运转的要求，在城市的改造中，许多胡同被拓宽，许多胡同已经湮没在高楼大厦之中。然而胡同作为一种世界上独一无二的城市特色，却将永远载入历史。胡同在城市交通上的作用类似人的毛细血管，但传统的胡同已经超越了简单的交通的功能，成为周围居民交往活动的重要空间，而耐人寻味的胡同文化，也让人回味无穷。

（2）现代居住区街道

对于生活在现代化居住区的人来说，小区内的街道也相当重要，它不仅是小区内的交通通道，承担着小区的内部交通功能，而且也是小区内各组团之间的居民进行交往和联系的通道，并且街道景观也在整个小区的景观中起到重要的作用。

小区内的街道景观也可以称之为带状公共绿地景观，不仅具有生态性、认知性、识别性的特点，也越来越注重其文化品位的挖掘，国外做得比较好的有印度的昌迪加尔模式道路景观，国内有南京江宁的文化名园内街道景观、上海的锦绣花园城园区道路景观等。

3. 商业街道

（1）商业步行街道

商业步行街道应该说是近些年城市中涌现出来的一类城市景观，由于随着城市化进程的加快，原来意义上传统的商业街道已经不能满足人们的需求了。商业步行街道的出现，很好地缓解了人流和车流的矛盾，并且商业步行街的尺度也逐渐变大，甚至往往和城市的广场、街头绿地连接在一起，也是游人对该城市留下深刻印象的景观元素之一，对它的设计文化研究也是本书研究的重点之一。目前国内做得较成功的有北京的王府井大街，苏州的观前街，南京的湖南路步行街等。

（2）金融商贸街道

金融商贸街道是指具有金融商贸意义的街道，在现代都市中特别是大都市中对整个城市景观的构成起到重要的作用之一。它展示给大家的是它独特的金融商贸气息，街道两侧鳞次栉比的建筑景观，如东京银座商业街、北京金融商贸街道等。

4. 交通街道

具有交通意义的街道的首要功能是交通，其次是视觉景观形象问题。而景观的主要载体应该是街道两侧的带状绿地了。现代条件下，人们对城市道路绿地景观也提出了更高的观赏要求，期望更多高质量、高品位、高档次的绿地空间。因此，努力提高道路绿地景观的文化品位，体现该城市的特色风貌，从而也成为现代城市景观设计师所研究的课题之一了。

（1）高速公路

城市道路绿地景观所包含的内容是极其丰富的，绿地植物是必不可少的组成要素，不仅发挥着巨大的生态调节功能，也是体现文化气息的重要载体；高速公路沿途的自然风光也是展现城市文化风貌的不可或缺的方面。高速公路的景观比较简洁，除了路面只有当中的分割带和道路两侧有一定宽度的绿化带。相比较国外发达国家的一些高速公路景观设计得非常成功，比如，美国通往赌城拉斯维加斯的高速公路景观，法国高速公路沿途景观等。

（2）国道

国道是指具有全国性政治、经济意义的主要干线公路，包括：重要的国际公路、国防公路、联结首都与各省、自治区首府和直辖市的公路，联结各大经济中心、港站枢纽、商品生产基地和战略要地的公路。国道的道路景观，通常来说也是作为交通性道路的景观欣赏，人们往往是坐在飞驰的车内看出去，有较快的速度，这种现代快速观赏，一般要求大尺度的景观。

（3）一般性道路

一般性的城市交通道路是指具有中心城市和主要经济区的公路，以及不属于国道的省际间的重要公路。景观一般除了道路、行道树绿化，还有人行道。此外，多姿多彩的环境小品设施和街头绿地也可适当点缀一些。

（三）城市街道景观的构成

1. 静态景观要素

静态景观要素包含自然景观要素和人工景观要素两部分。

（1）自然景观要素

每个城市或多或少地都有一些得天独厚的自然条件，或山，或水，或风景名胜，街道景观线形布置结合这些自然资源，会使其环境更加优美，同时加深人们对城市的印象。街道景观的自然景观要素包含道路线形（地形、地势）、水体、山岳和季节天象等。

（2）人工景观要素

构成街道环境的人工景观要素实际上通常是所说的街道空间的构成元素，直接影响着街道空间的形象与气氛，构成城市街道的人工要素大致可以分为：建筑（围合空间的垂直界面）、路面（塑造空间的垂直界面）、道路交通设施和街道小品。

2. 动态景观要素

街道景观同其他的景观有所区别，它是一个动态三维空间景观，具有韵律感和美感，街道把不同的景点结成了连续的景观序列，使人产生一种累积的强化效果，同时街道本身又成为景观的视线走廊。

（1）交通景观要素

交通景观通常应当具备三个方面的功能：交通功能、环境生态功能、景观形象功能。其中：首先要满足道路的交通功能；其次，结合街道两侧及其周边地带的环境绿化和水土保护来发挥街道的环境生态作用。在满足这两方面的基础上，才有可能创造出良好的景观形象。也就是说，街道景观中的"景观"不仅仅只是考虑视觉的狭义景观，而是连带交通、环保和周边土地开发建设、经济发展、历史文脉、旅游资源等因素的广义的景观。

（2）人的活动要素

在城市街道景观设计过程中，首先应认真考虑作为设计对象的街道都有哪些人类活动存在，因为人们在街道上的各种活动是设计的前提条件。

设计的对象若是繁华的街道，那么应以街道上经常聚集的众多行人为前提。人是街道景观的主要角色，必须将行道树和沿街建筑物细部处理好，从而以满足行人对街道景观的要求。

（四）城市街道景观的特性

在通常人们的表达和理解中，城市街道和道路并没有严格的定义区分，然而仔细推敲街道与道路两词的使用，联系英语中的 street 和 road，都会发现他们尽管同为交通空间但有着明显的区别。作为道路，更多的是指主要为线性交通需要提供的道路用地及其上部空间。而街道则不然，是供人们穿越、接触以及交往的空间，是营城建屋后留下来的空间，它除承担一定交通职能外，还包括多种城市功能，为两侧建筑和设施所围合的城市线性空间，是城市公共生活活动最频繁的场所。在街道上的生活活动多数呈面状分布，且经常与线性交通产生交叉干扰。街道是生活性的，其两侧可以布置各类公共建筑、住宅等人流活动频繁的设施。

1.街道是一种交通空间

（1）街道是城市道路路网的一部分

街道的基本功能之一是作为运输通廊，同时作为城市开放空间的因素和城市景观点的联系物。交通与城市的布局形式、活动的组织、城市的外贸和功能等等是紧密联系在一起的。对于现代城市道路而言，交通功能是其最主要的功能。街道景观作为城市景观系统的主要的联系纽带，又具有极其重要的景观功能。同时城市街道是从形态上划分了城市的结构的主要因素之一。

（2）街道要满足交通技术的要求

城市中通常有些街道在日常生活当中主要承担着交通运输功能，这些街道通常与城市重要出入口相连，连接各个城市功能区，同时连接一些重要的城市设施，满足各功能区之间的日常人流和物流空间转移的要求，是城市中重要轴线之所在。

2.街道是一种线形空间

街道作为"线状"空间，其特征是"长"，因此表达了一种方向，具有运动、延伸、增长的意味。在城市中街道表现和支持的最基本功能是联系与交通，由于其连续性的空间形态，对于形成城市整体景观特色具有重要作用。从空间形态特征上讲，街道构成城市的"架"，表明了城市基本的结构形态。

（1）区段与节点

①区段

街道是以一条线的形式存在的，而城市中的街道的封闭性很强。城市街道的周边布置着大量的建筑物，人行道与车行道之间还种植着成排的高大乔木，这使路面与其两边的边界所围成的空间，进而就很容易形成一种封闭感。

②节点

城市中节点主要是对道路的交叉口所组成，交叉口在一组道路中具有全局的意义，两条路的节点，反映了道路的局部结构和形式。节点必须明确、清楚、肯定，无论从功能上还是视觉上，都应重视用路者的心理特点，以免使陌生者失去方向，对其在形象上产生混乱。

（2）线的方向性与序列性

①方向性

城市中的街道比其他道路的导向性要差，所以对于城市街道的方向性要有明确的界定，特别引人注目，一般观察者认为道路有一个方向，并以其终点来识别。在街道上活动是沿着某一个方向、明确的终点、沿线的变化，以及方向感使观察者得到一种前进感，方向性通过街道的连续性体现处理。

②序列性

主旋律组成：如街道——广场——街道——广场——街道。

次旋律组成：如城市主干道——次干道——广场——次干道——主干道。

辅助旋律组成：如街道——园林庭院——街道——园林庭院——街道。

以上三种空间序列可以相互组合，致使景观街道平面和立体空间形态曲折有致，空间收放流畅自如，有张有弛，街道与建筑相映衬，绿化配小品更迷人，使景观大道更完美、亲近、感人。

3.街道是城市公共空间

（1）街道是城市公共空间重要组成

城市公共空间：城市中最易识别、最易记忆、最具活力的部分主要是城市的公共空间，同时也是一个城市社会、政治、经济、历史、文化信息的物质载体，也是城市实质景观的主体框架。这里积淀着世世代代的物质财富和精神财富，它们不时地传达着所蕴含的高价值信息，是人们阅读城市、体验城市的首选场所。尤其是街道，凯文·林奇将街道列为城市意象的要素之一，由于街道是城市的骨架和脉络，其他实质景观常常沿着街道布置并且展开。

（2）街道作为城市公共空间的作用

城市的街道是一个城市最具有活力的公共空间之一。为了更好地满足街道功能上的要求，丰富城市生活，突显城市特征，应该重视街道设施的景观设计。优化配置街道设施，提高其实用性、艺术性和地方性，塑造出人性化、个性化的街道空间。

城市街道空间分布广，容量大，对城市环境质量和景观特色有着极为重要的作用。现代城市街道空间具有多层次、多含义、多功能、立体化等特点，通常集人们的交往、休闲、游乐、购物、餐饮、教育、健身、文化活动等于一体，是人们的活动需求的场所，同时也是一个城市社会、政治、经济、历史、文化信息的物质载体。

第二节　城市街道景观文化

一、街道景观与文化

（一）城市街道景观的形成途径

在西方文史中，"景观"（Landscape）一词最早可追溯到成书于公元前的旧圣经，西伯来文为"noff"，在词源上与"yafb"即美（beauty）有关。在上下文中它是用来描写所罗门皇城耶路撒冷壮丽景色的。因此，这一最早的景观含义实际上是指城市景象。这时的景观是一种乡野之人对大自然的逃避，是对安全和提供庇护的城市及城市生活的一种憧憬，而城市本身也是文明的象征。城市街道景观的生成有多种途径，除了美学和心理学途径外，还有历史和文化途径，这是我们这里要分析的。

1. 历史途径

一个城市不是一天、两天形成的。而城市也不是一旦形成就不再变化了。城市像一个有生命的有机体一样，在历史的长河中始终处于动态演变之中。因此，城市与时间是密切相关的，而城市街道景观也是与一定的时间维度密不可分的。城市街道景观随着时间的推移在不断地演化。在城市中是不存在理想状态的景观的。由于城市在不断地发展变化，人们对理想景观的看法也在不断地变化，而城市街道景观也就要进行相应的变化来适应城市居民的需求。在城市不断发展的过程中，街道景观与该城市的生存发展的文化环境紧密结合在一起，形成了该城市街道景观的空间地域文化特征。这就是为什么到北京，我们便会想到菊儿胡同，三里屯，王府井大街，到了上海，便会想到老城隍庙街市、多伦路去逛逛，而到南京，则会想到夫子庙、湖南路去看看。另一方面，在不同的历史时期产生的杰出的人工景观作品，反映了特定时期的政治、经济、文化特征，作为人工化的街道景观而成为有保护价值的"历史遗产"，并成了城市的基本的识别特征。如，北京菊儿胡同、小新开胡同，杭州西湖的十里长堤景观道路，这些地方享誉世界。除了这些让人确实能感知的实体外，城市街道景观特色的另一个重要的构成因素，是一切经过时间的积淀而具有历史感的场所，如，上海的南京路、天津的劝业场、南京的乌衣巷等等。除了这些历史悠久的城市之外，近代有些城市虽然发展的时间不长，但也因其所具有的鲜明特色而为人所熟识，如"购物天堂"香港的中环街道、金色弥敦道，"赌城"拉斯维加斯的街道景观等。这些通过历史途径产生的城市街道景观，是城市景观生存和发展的基础，而不是凭空想象出来的东西。在漫长的历史过程中，原本具有明确实用目的的用途逐步淡化、甚至消失，而留下来的是经过时间的过滤而能体现人类本质力量的东西。按照布洛的"距离产生美"的论断，只有心理上有了"距离"，才能对眼前的对象做出审美反应。而这些历史性的景观由于时间产生的距离感，将美的东西呈现在我们面前，这种由内容到形式不断积淀的结果，也是历史性景观能得到普遍认同的一个原因。

2. 文化途径

城市街道景观是文化的一部分，是一个城市文化内涵的外在表现，是人类文化和理想的载体。文化对城市街道景观的作用是潜移默化的，它一直并将继续影响着不断发展的城市街道景观。尽管以城市街道景观为目的，自觉地对城市整体形象和环境艺术进行创造的景观设计是近代才出现的，但人们对城市街道美的欣赏和追求却是由来已久的。不同的历史时期，不同的文化类型，不同的自然地理条件共同作用，产生了千姿百态的城市街道景观以及对景观审美的不同观念。正是由于文化传统上的差异，使得东西方的城市街道景观和对景观的审美大相径庭。西方人欣赏田园之美，这是一种驯化了的自然之美。因此，在城市街道景观实践中更多地倾向于对天然元素的人工化、几何化的组织，在人工材料的使用上十分注重科技和理性以展现人类控制自然的能力。而在中国，由于各个地区自然地理条件等因素的不同，南北方文化也存在差异，因而也致使了南北方城市街道景观的不同，更产生了南方骑楼街道景观文化、北方胡同文化的特有的景观。对城市街道景观生成的文化途径的分析有助于理解纷繁复杂的街道景观现象背后的深层结构，从而对街道景观规划的文化价值取向有一定的指导意义。

（二）城市街道景观文化的形成

1. 时代精神的演变

每个时代都有体现自己时代的精神，而街道景观是体现这种时代精神的重要方式，因此街道景观规划就不可避免地受到时代精神的影响。中国古人深受传统文化的影响，园林设计强调"壶中天地"，讲求"虽由人作，宛自天开"，在街道景观文化中也是如此，无论是秦汉时期的驰道文化，唐末的棋盘式街巷各具情趣也好，体现的是那个时代人们的一种审美心态。西方古代城市的街道景观同样也与那个时代国家的政治文化息息相关的。因此，我们需要适应时代精神的景观。巴西造园大师马尔克斯就敏锐地抓住了现代生活快节奏的特点，在景观设计中把时间因素考虑在内，使观者自身在高速中获得"动"的印象。但即便是现代，时代精神也在不断地发生变化，现代景观规划只有不断地拓展延伸才能适应不断发展的时代精神。

2. 现代技术的促进

可持续性的现代街道景观规划是离不开技术的支持的。新的技术不仅能使我们更加自如地再现自然美景，甚至能创造出超出自然的人工景观，它不仅极大地改善了我们用来造景的方法与素材，同时也带来了新的美学观念。凡尔赛的水景设计就是一个典型的由于技术有限而限制了景观表现的例子。由于无法解决供水问题，凡尔赛 1400 个喷泉无法全部开放。尽管有了优秀的设计，却由于技术的原因，人们无法欣赏到这壮丽水景的全貌。而现代喷泉水景不仅有效地解决了供水问题，而且体现了极高的技术集成度，将水的动态美发挥到了极致。当然技术对景观的影响远远不止于此，它还引进了一批崭新的造园因素。现代照明技术的飞速发展创造了一种新型的景观—街道夜景观。城市的夜景给人们带来了美的享受，大家提出了让城市"白天绿起来，晚上亮起来"，夜景观的灯光建设已经成为一个城市经济发展的外在表现，是一个城市文化底蕴、文明程度的集中体现，让城市在璀璨的灯光照射下更显妖娆。此外，对于一些风景区的街道，由于建筑的围合密度不是很大，生态技术的应用算是一个特殊的例子。因为其更重要的意义在于引入了一系列生态观念，如"海绵城市""系统观"（生态系统）、"平衡观"（生态平衡）等。这些观念的引入使现代景观设计师不再把街道景观规划看成是一个单独的过程，而是整体生态环境的一部分，并考虑其对周边生态影响的程度与范围以及产生何种方式的影响，涉及动物、植物、昆虫、鸟类等在内的生态相关性已经日益为景观设计师们所看重。

3. 现代艺术思潮的影响

从 20 世纪 30 年代末开始，在欧洲、北美、日本一些国家的庭园和景观设计领域已开始了持续不断的相互交流和融会贯通。在这些地区，景观设计反映出其受到 20 世纪艺术流派——从立体派到极简主义，和建筑——从鲍豪斯（Bauhaus）到纽约第五大道（New York Five）的影响。在这个文化范围里，3 位 20 世纪著名的艺术家和设计师在推动当代景观艺术的发展上，产生了巨大的作用。他们是巴西画家罗伯托·伯利·马克斯（Roberto Burle Marx），日裔美籍雕塑家野口勇（Isamu Noguohi）和墨西哥建筑师路易斯·巴拉冈（Luis Barragdn）。这些大师们不需要景观建筑学的专业等级头衔，而科班出身的景观建筑师们却受到这些大师们的影响。托马斯·丘奇（Thomas Church）、丹尼尔·厄本·基利（Daniel Urban Kiley）、加勒特·艾克波（Gaxcett Eckbo），詹姆斯·罗斯（James Rose）和伊恩·麦克哈格（Ean McHarg）都是 20 世纪 50 年代以后出现的著名景观建筑师。这些不同的风格联合在一起，产生了综合效应，促使景观建筑师能从这些形式复杂多样的风格中获取创造灵感。

艺术设计是一种文化设计，它受到文化的制约，同时它又在设计某种文化类型。设计师们可从诸如当代建筑、艺术、电影等一切文化领域中获取灵感。虽然 20 世纪末的景观设计形式多样，但也有其共同的特征。首先是空间特性，当代景观建筑师们从现代派艺术和建筑中汲取灵感去构思三维空间，再把雕刻方法加以具体运用。现代街道景观不再沿袭传统的单轴设计方法，立体派艺术家多轴、对角线、不对称的空间理念已经被景观建筑师们加以利用。其次，抽象派艺术同样对景观设计起着重要作用，曲线和生物形态主义的形式在街道景观设计中得以运用。此外，还通过对比的方法从国际建筑风格中借鉴几何结构和直线图形，并把它们在当代街道景观设计中加以运用。总的来说，多样性是当代街道景观设计的显著特点，如哥本哈根著名的艺术街区。

二、街道景观文化设计的价值

（一）展示街道景观特色，弘扬城市文化

文化是历史的积淀，留存于城市中，融会在人们的生活中，并对市民的观念和行为起着无形的影响。现代城市街道景观因为其面向大众而具有公共性，不仅满足人们休闲娱乐的需求，同时还肩负着弘扬优秀传统文化和展示现代文明风范的重任。城市的历史和丰富的文化是城市历史悠久的见证，是城市重要的物质财富和精神财富，具有感召力和凝聚力，它们对于提高社会的文化素养和思想品味，陶冶情操，激励民族自信心和增强爱国主义等有着极其重要的作用。城市街道景观中对历史要素的尊重和积极利用，能促进城市文化的弘扬。在现代城市街道景观中我们常常可以看刻在景墙上或铺地上的脍炙人口诗词歌赋、取材于历史中有教育意义的历史典故等。

（二）满足人们怀旧情结

工业革命以后人类社会进入了前所未有的发展阶段，科技迅猛发展，物质极大丰富，特别是城市面貌出现了巨大的变化。现代的城市到处充斥着现代化的高楼大厦，到处是体现速度和效率的城市交通，我们正满怀热情地向新时代前进，然而当回头观望的时候，却发现我们在追求未来的时候也正在丢失和遗忘历史。现代的人们已经认识到历史的重要性，而历史和各种文化遗存成为人们追忆过去的精神寄托。城市街道景观与人类社会各方面的发展有着密切的联系，它不同程度地折射着社会的各个侧面，而街道景观的"设计"过程则是这些方面的综合协调的过程。现代人的这种尊重历史的态度和怀旧情结也反映在城市街道景观设计中。如，浙江温州的五马街，吸引人的不仅是它的繁华的商业气息，更多的是对温州这座城市历史和传统的追寻和怀念。

（三）为街道景观设计提供素材

城市悠久的历史和丰富的文化，给城市街道景观提供了创造的素材，设计师从中激发出了不少设计的灵感。在江阴的步行街景观设计中，江阴市悠久的学政衙署历史为设计师在步行景观设计中提供了创造素材。在上海船厂滨江路的景观设计中，船厂悠久的历史和特色文化为设计师提供了创造素材，设计师把船坞、滑道、起重机和铁轨等元素保留下来，使这个项目的景观具有独创性和标志性。美国设计师玛莎·施瓦兹（Martha Schwartz）设计的明尼苏达州明尼阿波利斯市联邦法院街道节点设计中，从城市的发展史中获取灵感，

以当地的植被和横放在街道上的原木，隐喻了这个地区以林地吸引移民并以木材为经济基础的历史和文化。

（四）增加城市文化内涵

城市景观是人类社会发展到一定阶段的产物，是一种文化现象，蕴含了人类文化的结晶。现代的街道景观更是体现了对文化内涵的追求。城市的历史和文化本身就体现着深厚的文化底蕴，城市街道景观设计中融入历史和文化，能增加城市的历史感和文化内涵。城市的历史具有唯一性，城市历史文化具有地域性。景观可以复制，然而景观所包含的文化内涵却不能移植，它是在特定的环境的产物。只有具有文化内涵的景观才能拥有真正的生命力，只有文化上的归属感才能真正给人精神上的慰藉。

三、文化与街道景观的互融

文化与城市街道景观的关系是相互的，文化不仅通过街道景观来反映，而且还改变着街道景观。文化与街道景观在一个反馈环中相互影响。在上海多伦路上，原本普通的咖啡馆成了当时上海知名作家的聚集地，小洋楼成了军阀、政府要员的居所。在这里文化没有在视觉上改造景观，却赋予了城市景观新的内涵。城市街道景观不仅反映了一定历史时期人们的经济价值，而且反映在整个历史过程中形成文化景观的那些精神价值、伦理价值和美学价值等。值得指出的是，景观的文化背景虽然客观存在，然而城市街道景观的文化意义却是由人们的感知来塑造的，并且不同时代，人们的感知、认识、美学准则和信念不同，体现出的城市街道景观的文化意义也不同。文学大家们只是把多伦路当作活动场所。而今通过开发改造，当人们慕名而来的时候，却是崇敬不已，浮想联翩。从这个意义上说，文化使景观更加具有了丰富的内涵。

由上可知，城市街道景观的概念具有双重属性。一方面，城市的格局、建筑等构成了城市街道景观的物质实体，其背后承载着这个城市的历史文化发展；另一方面，城市街道景观也存在于人们的头脑中，人们通过各种途径形成对这个城市的印象。这些途径可以是市民和旅游者的亲身体验，也可以是通过互联网、电视、电影、报刊、书籍和杂志等传媒的介绍而在人们头脑中再现的城市。它不再局限于人们所亲眼看到的物质的城市，它还是看的方式（ways of seeing）。因此，城市街道景观也是意识形态的表现。

（一）城市街道景观的生长

城市街道景观并不是静态的，而是一直处于变化发展的过程中，因此在考察城市街道景观时，必须加上时间的因子。一方面，城市街道景观中的花草树木等有生命的东西会繁衍生长；另一方面，景观作为文化，还有文化的生长——文化积淀，也需要随时间发展而逐渐走向丰富成熟。例如，南京颐和路景观并不是一蹴而就的，它经历了长久的历史变迁，才形成今天的面貌。每幢建筑及背后的故事都是它成长的见证。位于颐和路的先锋书店，几何造型的大落地窗，乍一看来有别于周围景观，但在颐和路的历史时间轴上，它代表了一个时代，昭示着多伦路"文化一条街"的成长，不应被略去。这表现出尊重过去，重视现实，给未来留有余地的文脉主义思想，比之单纯追求历史保护抑或当代精神的思想更有深度。它增添了多伦路的文化氛围，契合了多伦路的文化主题。

（二）城市街道景观中人的因素

人作为文化的主体和文化构成的要素和组成部分，在对城市街道景观的影响上，前面已经述及。如，政府决策者、投资者、设计者、建设者和未来的使用者对即将动工的项目有种种的要求意见，都会影响到城市街道景观将以什么样的面貌出现在人们的面前。然而容易被我们忽视的是，人本身就是城市景观的组成部分。街头露天咖啡座里悠闲地晒着太阳的人们，在注视来来往往的人群的同时，其本身也是一道风景。因为看与被看亦是人与人交往的一种方式。20～30年代的外滩黄包车上有万种风情的旗袍、儒雅的长褂、帅气的西装和高傲的洋裙。如，今宏伟华丽的建筑群安然无恙，外滩依旧车水马龙，全国各地乃至世界各地的游客云集于此，看着上海具有代表性的新旧建筑矗立于黄浦江两岸和说着吴侬软语的轻扭腰肢的上海女人，会体验到上海这个大都市城市景观的别样风情。城市，让生活更美好；人，则让城市更生动。

第三节　城市街道景观设计方法

一、设计原则

街道景观特色的探寻，从城市生活的角度上，应促成现代社会生活与空间实体形成相对固定的对应关系；从心理和行为角度上，应塑造有识别性的形象满足人们的审美要求、文化要求和认知要求；从经济角度上，塑造有个性的形象，满足城市街道景观文化特征的时代认同；同时，因地制宜，因势利导，结合本地区实际情况，采取适宜的途径和模式，减少商业牟利行为对城市街道空间正常演进的影响和干扰。

（一）以人为本的原则

景观设计师直接设计的是街道景观，间接设计的是人和社会，设计师通过设计来改变文化价值。塑造具有文化特色的城市街道景观，人类的户外行为规律及其要求是景观规划设计的根本依据，一个景观规划设计的成败、水平的高低以及吸引人的程度，归根结底要看它在多大程度上满足了人类户外环境活动的需要，是否符合人类的户外行为需求。至于景观的艺术品位，对于面向大众群体的现代景观，个人的景观喜爱要让位于多数人的景观追求。因此考虑大众的思想，兼顾人类共有的行为，群体优先，这是现代城市街道景观空间形态设计的基本原则。

此外，塑造具有文化特色的城市街道景观时，要让使用者直接参与设计。在这方面自古以来，领导者作为使用者之一，一直深深参与到设计中来。现在所说的使用者参与设计，含义是让环境的直接使用者参与设计和决策过程，决策的程序是自下而上的。

（二）地域个性的原则

现代城市中每个城市都有自己的个性与特色，除地域等自然因素形成城市特色外，随着城市设计学科的研究与发展，让城市赋予新的内涵。城市街道景观设计应突出城市自身的形象特征，每个城市都有各自不同的历史背景、不同的地形和气候，城市居民有不同的观念、不同的生活习惯，从而在城市的整体形象建设时应充分体现城市的这种个性。

城市街道景观联系着城市主要的公共活动空间和城市主干道。因此它可以反映出城市特有景观、面貌风采和文化内涵，展现出城市的气质和个性，体现出市民的精神素养和独特的地域文化，同时还显示出城市的经济实力、商业的繁荣、文化和科技事业的综合水平。因此，城市街道景观作为一个城市形象最有力、精彩的概括，在规划设计与建设中尤其要注重个性化的原则。

（三）历史文脉原则

城市街道的形成既有它的现实意义，同时也包含其深远的历史内涵，除了少数开发区或"人造城市"不具有某种自然环境或历史意义之外，一般城市街道景观的形成都与其历史文脉分不开的，城市街道景观中的那些具有历史意义的场所往往给人们留下深刻的印象，组织景观空间形式，塑造城市独特的个性，那些具有历史意义场所中的建筑形式、空间尺度、色彩、符号以及生活方式等等，恰恰与隐藏在全体市民心中的，驾驭其行为并产生地域文化认同的社会价值观相吻合。因此容易引起市民的共鸣，能唤起市民对过去的回忆，产生文化认同感。

尊重历史、继承和保护历史遗产，同时考虑城市向前发展，认真研究城市的发展历史，做大量的调查、研究和分析工作。对城市的历史演变、文化传统、居民心理、市民行为特征及价值取向等做出分析，取其精华，去其糟粕，并融入现代城市生活的新功能、新需要，形成新的城市文化和城市特色，促使城市街道景观的形成有着时间上的连续性，形成宽敞、美丽并且有城市文化气息的城市新型的街道景观。

（四）整体性原则

这是景观设计中最重要的一条。街道景观建设不可能经过统一规划，一次完成。由于各种条件因素的制约，大多数的建筑按不同的时间顺序兴建，这就要求构成群体环境的各要素以大局为重，相互照应，突出整体特色。一方面，我们要考虑城市街道空间形态的整体化，即在街道景观的设计过程中应从城市整体出发，充分体现和展示城市的形象和个性。对街道景观空间的组合形式要做深入细致的研究，并使之有序，这就要我们不仅仅对道路本身的断面进行研究，而应更多地去研究街道的其他界面；另一方面，是城市街道小品景观的整体化，即在街道景观的设计中，为了强调城市的个性，要对街道景观的小环境的共性加以强化，城市中的各个街道有着共同的地域、共同的文化，人们拥有共同的行为习惯和行为准则。因为有了这些共同的东西才形成了城市整体特征，又合成为区别于其他城市的个性特征，这就要求我们在创造街道景观的整体环境过程中，要更多地考虑变化中的统一，特别是在对街道中的景观小品的设计。

（五）可持续发展原则

城市的可持续性发展表现在城市建设中的许多方面，而考虑城市街道景观的可持续性，则可以从它对城市空间结构的影响，对城市景观格局变迁所发挥的作用，及它所实现的城市功能，它的建设与运营过程中的资源利用效率，它对城市生活环境质量带来的影响，它对城市生态安全格局影响等多方面来进行评价，而这将涉及街道景观的建设指导理念、建设决策、规划管理和城市整体建设等过程。随着我们对可持续发展理念的贯彻，城市街道景观必将逐步强化可持续发展生态设计的内容，从而成为城市街道景观的和谐组成之一，为人们所接受，所欣赏。

二、设计方法

（一）景观再现

所谓景观再现手法是指在进行街道景观设计时，根据当地环境的景观特征重现当地的历史人文景观，手法有直接的或间接的，具象的或者抽象的。

美国首都华盛顿市西部的街道中间，设计了一个按比例缩小的美国国会大厦模型，再现了现代标志性景观，路面铺装设计成具有透视效果的纹理图案，看起来和远处的国会大厦一样高大。美国赌城拉斯维加斯街头景观再现了美国的标志性纪念物——自由女神像和华盛顿纪念碑，这些属于具象的景观再现手法。位于美国费城的富兰克林纪念馆前街道，是在富兰克林故居旧址上改建成的。著名设计师文丘里用不同材料和色彩的铺地反映出原有建筑的平面，并用能反映原有建筑外轮廓的抽象构架作为街道景观的主景，运用间接再现的手法在有限的场地上创造出无限的时空效果，人们在此追忆往昔，获得了超越时空的连续感和浓郁的历史文化氛围。街道上的两个抽象建筑构架，前者表现的是富兰克林曾经生活的故居，后者表现的是富兰克林当时工作的古老印刷厂。

江阴市的人民路商业街中段北侧的场地设计，就运用了现代科学技术和景观处理手法，根植于学政衙署遗址的结构布局，凸显了江阴的地方文化精髓，营造历史文化名城风貌。商业街衍生的场地学政历史文化区是全园的中心，也是街道景观的高潮所在，加拿大筑原设计事务所通过牌坊、景墙、民居再现了当年的历史文化景观，进而打造了具有特色的宝文堂名居、科举考试博物馆、放榜墙等景点。

（二）借鉴转化

城市要发展，就会有新的建筑产生。一个民族由于自然条件、经济技术、社会文化习俗的不同，环境中总会有一些特有的符号和排列方式。就像口语中的方言一样，巧妙地注入这种"乡音"可以加强环境的历史连续感和乡土气息，增强环境语言的感染力。如，上海金茂大厦就是从传统中提取满足现代生活的空间结构的典型。其塔楼平面双轴对称，提炼"塔"的形意，外形柔和的阶梯韵律，勾出了刚劲有力的轮廓线。其应用高技术手段来表现的中国古塔的韵律是那么的惟妙惟肖，避开了从形式、空间层面上的具象承传，而从更深层的文化美学上去寻找交融点，以技术与手法来表现地域文化的精髓。其传统建筑形态语言运用与变异，在现代物质技术条件下拥有了新的活力。在此可以将其看成是对传统文脉的发展。

新建筑的产生不一定要以付出旧建筑消亡为代价，关键在于如何将简约而又复杂的语义，以传统而又时尚的语构，运用于现代艺术设计中，进而创造出个性化、人文化的新设计符号。比如，位于上海市兴业街、中共一大会址的周边地区的"新天地"街区也是一个很好的实例。"会址"对面的南地段，设计为不高的现代建筑，其间点缀一些保留的传统建筑，与"会址"相协调。而"会址"所在的北地段，则大片地保留了里弄的格局，精心保留和修复了石库门建筑外观立面、细部和里弄空间的尺度，对建筑内部则做了较大的改造，以适应办公、商业、居住、餐饮和娱乐等现代生活形态。设计师在此只不过像医生通常将"新的器官"移植给"垂死的躯体"，使其获得新生。在上海这个东西方文化冲击的大都市里，传统的里弄生活形态从来没有死过，"新天地"给予它的只是合理的变化和延续，留给人们的是更多的思索与启示。

（三）抽象表达

街道景观的创造是在研究原生场地间营造方式的基础上创作的，因此，这类景观多包含对原有建筑形式，各种标志性景观符号的再现与抽象。这种抽象表达的手法，不是简单地模仿原来街道的风貌，而是根据当代景观的功能、结构，结合新材料、新技术创造新的具有地方特色的现代形式。如，美国加利福尼亚州大学圣地亚哥分校通往图书馆的街道上，全长 400 多米，20 世纪 90 年代建成。宽广、平坦的路面用明暗相间的宽线条等距离推进，路旁用极具创意的大块混凝土预制块规则摆放，并用同种质地的高低错落的圆柱形垃圾箱点缀，使整条路具有强烈的节奏感，深受大学生的喜爱，是他们户外休息、看书的好场所。德国基尔市的商业街区，通过磨盘式的小水池和消防水龙头式的喷泉，以及座椅、露天咖啡座等，创造出一个朴实、温馨、亲切、随意的环境，是行人通行、小憩、观赏的理想空间。

著名的杜伊斯堡公园的园区的道路材料的应用体现了生态原则，使用了工业废弃地上的废材、废料，如金属、煤渣等。景观处理手法上，在路的节点处应用了废弃的 2.2 米，2.2 米正方形钢板按正方形网格铺装场地，在某种意义上来说是一种对资源的应用，并使工业废料成为独特的景观设计材料，使场地中的原有资源以新的形式得到再现，并且抽象地表达着对过去的时代的回忆，使景观的发展与社会的发展紧密联系起来。德国汉堡市湖滨绿地的抽象雕塑"死"，用最精练的手法，概括表现生命最严肃的主题，直面人生，具有一种穿透力量，使作品更接近于本质，更具深邃的内涵，更能传递情感。

（四）对比融合

将传统乡土建筑的材料、构造和布局方式与当代材料和技术结合，在质感、色彩、形体等方面取得优雅的对比效果，体现出冲突中的和谐，对比中的统一。例如，著名建筑大师贝聿铭在日本滋贺县设计的美秀（MIHO）美术馆，采用传统的建筑形体和园林式布局方式，而材料、细部等均采用科技手段处理。这种手法，不仅会带来视觉上的强烈效果，而且还能够唤起历史和现实的双重认同感。简洁的道路设计体现了"少就是多"的原则。

德国基尔市商业街道中心场地上，通过巧妙的设计和相同的石块材料，将瀑布、水池与跌宕起伏的地势融为一体，有一种浑然天成之感，为街道景观的设计提供了一种全新的概念；同样在基尔市商业街道景观一角，坡地上高低错落地点缀大块卵石，既可供人休息，同时又营造一种海滨沙滩的自然景象。自然中呈现出不经意的精致，活泼中揭示出这座海滨城市生命的历史。

（五）隐喻象征

即通过空间、形体、细部的处理，利用隐喻与象征的手法表达地域文化的内涵。例如，德国乡村教堂周围及附近的街道景观，呈规则式的草坪象征着岛屿，而白沙砾象征着水。高大的欧洲大叶椴树作行道树，配以老式路灯、铸铁栏杆，构成了一个独特的街道景观环境，从而显得历史久远，乡情浓郁。

德国基尔市海滨道路雕塑，可以在风中缓缓转动，似天上飘浮的朵朵彩云，似海上扬起的片片风帆，生动而又富有创造性的设计很好地烘托了海滨环境。柏林市街头大型现代雕塑和喷泉，以空间造型和水体处理的多趣性，着力表现柏林这一世界性大都市是融会世界多元文化的组合，雕塑上出现多种文字，在此可以看到汉字"春"。不来梅市街头的铜制群雕，小猪信在放牧着一群猪猡，这是格林童话中的一个故事情节。不来梅市是"格林之路"的起点，隐喻著名的童话大师格林兄弟当年就是从这里开始一路向南，写下了无数神奇美妙的童话。街头造型独特的美人鱼雕塑，配以半圆形下沉式水池，台阶和栏杆，是对古老传说的又一种诠释。

澳大利亚东海岸城市布里斯本市政厅街区的雕塑，用象征的手法表现澳大利亚土著居民的历史和文化，后面钟形的雕塑是可以转动的。

艺术家野口勇（Isamu Noguchi）在位于洛杉矶近郊卡斯塔美沙镇的一个商业街的中心部位设计过一个名为"加州剧本"的景观作品。作品平面基本为方形，空间较封闭。在这样一个视线封闭、单调的空间中，野口勇布置了一系列的石景和雕塑元素，并设计了众多的主题，充分体现了加州的气候和地形：地面由大块南非浅棕色不规则片石铺砌，暗示布满岩石的荒漠。园中零星散落一些石块，其中一组由15块经过打磨的花岗岩大石块咬合堆砌，称为"利马豆的精神"，源于设计师对加州富饶起源的联想。沙漠地的主题为一处圆形土堆，表面铺以碎石与砂，上栽仙人掌植物，象征了加州沙漠风光。"森林步道"是一个单坡，周边种植有红杉，以模仿加州海岸风光。园中还有一条时隐时现的溪流，象征加州主要的河流。水流从两片三角形高墙中涌出，曲曲折折、断断续续，最终没入三角锥石坡下。这个设计把一系列规则和不规则的形状以一种看似任意的方式置于平面上，以一定的叙述性唤起了人们对这些景观的联想。这些具有象征寓意的组成部分也试图创造出一种与世隔绝的冥想空间。野口勇曾经这样写道："空间需要人们发挥一定的想象力去感受。景观的设计应尽量给人们留出多一些的遐想余地，或者给人们提供一处静谧、可供冥想的空间。"这就是对隐喻与象征手段的使用，也是在设计中展开思维空间的细密手法。

（六）生态回归

生态设计文化已不是一个崭新的概念，事实上，多数结合地域特征的乡土建筑，景观设计都非常重视与自然环境的结合，这些设计本身就是一种朴素的生态建筑。当代设计师将这些方法加以提炼，用新材料、新技术表达出来，就形成了前所未有的景观形式。例如，简单地说，在湿地中架空的木栈道，是对地域特色原生态最完整的保护手段。利用地方资源，采用符合生态原理和特色的方式开发利用地域景观是对地域特色的认同与综合应用，在城市街道景观设计过程中，也越来越重视生态文化的挖掘。

上海古北黄金城道步行街，作为上海第一个大型高标准国际化社区，凭借其优越的生活氛围和人文环境，将街道家具有规律摆放，既方便穿行，又便于休息，更重要的是在建筑密集处带来一片难得的绿荫，很好地体现了生态文化、绿色文化。

上海松江大学城道路绿带设计以绿意盎然的生态片林为基调，贯穿绚丽多彩的自然视觉景观，成为可供周边人群健康休闲的休憩林荫大道。生态片林的基调带来整段道路动人心魄的绿色大背景，多绿地率、多覆盖率、多物种、少草坪、少硬质景观、少修剪色块；高乔木率弥显生态的最基本特征；首选乡土树种、低成本养护，最节约、最合理地体现生态建设内涵；绿带中垂直结构、水平结构和时间结构的合理性丰富了植物群落品种、尺度与季相的变化；相生相克原则使生物防治达到最佳效果；各种鸟嗜植物、固氮植物、蜜源植物让生态片林充满蓬勃的生机。绚烂多彩的自然视觉景观走廊中运用了自然美学、极简美学、多样性美学，以植物最自然原始的生命力，以及植物群落在汽车视觉中延绵的震撼，配合春秋的季相变化，塑造花海迎宾、芳野幽香、斑斓秋夏三段不同景致，以共同的生态主题，描绘了一幅清新隽永、美轮美奂的艺术组图。

（七）科技应用

数字化技术的应用，是街道景观设计的又一典型创新手段。无论是设计过程中数字化模型对建筑空间、形体的塑造，还是各种智能化管理、生态控制等方面，数字技术都起到了越来越重要的作用。在建筑领域中对于数字技术的应用比较明显且普遍，在景观设计中还属于初显锋芒的阶段。对于太阳能的利用，中水的循环利用，温度湿度调节的数字化控制等方面还有待于进一步深入研究。

芬兰首都赫尔辛基市火车站的商业街道中心场地上，道路表面由不同颜色的材料铺装，设计者力图用精心的冷暖调色彩的选择来体现色彩的活性。圆形大理石水池的一眼泉水是接下的雨水，可不断地听到泉水流下的"叮咚"声响。街道通过轻质的钢材和透明的玻璃组成的顶棚来连接，它均衡了较小的街道面积和周围较高的建筑表面的不协调的关系，并以此方式给空间一种新的效果。水池、台阶、地面图案均采用圆形，再加上涓涓的细流和从玻璃顶透过的自然光，促使整个环境空间显得格外静谧、柔美，富有人情味。在新加坡乌节路街头的大型音乐喷泉，里面有特殊的光纤材料、声控系统和喷雾循环系统，到了夜晚，景观效果显得更加神秘、美丽。

以上提到的各种科技应用的手法，并非各自独立，而通常同时出现、相辅相成。事实上，城市街道景观设计文化的挖掘并非若干种封闭的设计手法，它是开放和发展的动态过程，其生命力在于兼收并蓄的融合与发展，尤其是在信息和生态技术的支持下，将成为新世纪发展的重要方向。

（八）地域挖掘

地域性指某一地区由于其气候、自然环境以及长期以来形成的历史、文化、风俗等原因而造成的特有的、不同于其他地域的特征。事实上，地域、民族、地方这些概念密不可分、相互渗透，只是某种属性更加明显罢了，这里所说的地域性特色就是平常所说的地方性特色。

我国传统的街道空间的个性通常呈现出浓郁的地域特色或乡土特征，"一方水土养一方人""十里不同风，百里不同俗"，这正是地方性普遍存在的最好说明。我国地域辽阔，从南到北，从东到西，有绵延起伏的山脉，有广阔无垠的平原，也有茫茫千里的草原、戈壁和沙漠，各地的地理环境千差万别，各地人民在与自然环境的长期斗争中，因地制宜，因时制宜，创造出独特的建筑和环境空间特征，如，江南水乡的"小桥流水人家"，西北黄土高原的"古道西风瘦马"，都是具有浓郁地域性的风格。

街道的地域性特征是所在城市的宝贵文化财富，构成当地文化和城市特色不可或缺的部分。街道空间的这些地域性特征正受到世界文化趋同现象的冲击，不同地区、不同城市的许多建筑在形态、装饰、色彩等方面有着惊人的相似，街道和建筑设计的相互抄袭、"克隆"，使得许多城市因而失去了自身的特色和光泽，陷入平庸之列。这些失去地域性的街道空间，给人的感觉是冷漠、格格不入，没有生活趣味。怎样恢复街道的人文特征，体现灿烂多姿的地域文化，创造适合于居民生活的街道空间，是建筑师值得深思与研究的问题。

从历史上看，街道空间总是作为人们的信息与交流的平台，即使在今天，我们掌握了所有的交流手段，街道空间仍然起着公共论坛的作用。

从文化角度看，街道最重要的传统是它的地域性，不同历史时期不同风格的街道，是街道之间纵向的区别；不同地域不同特征的街道，是街道之间横向的区别：由于后一种区别，使得一个城市具有鲜明的可视的地方个性。

在古代，建筑师们并不刻意地去表现这种特征。他们只是遵从了那一方水土的人们的一种习惯——使用的习惯和审美的习惯。久而久之，特征就形成了，这也正符合文化生成的规律，然而地域特征一旦形成，它就成为一种个性的生命，互相不能替代。在日趋全球化的当代世界，这种各异和独自的文化个性就具有至高无上的价值。上述这种地域性，并不表现在文物建筑上，而主要表现在民居建筑上，生活的街道上。比如，北京的城市特征不在故宫和天坛、而在四合院、胡同构成的历史街区里。这些古老的民居既要保留，又要使用，使生活在其中的人们，在改造后的四合院，能够享受到现代科技带来的方便与舒适，是一件需要创造性的工作。

同时，那些具有鲜明文化特征和深厚历史底蕴的城市，还向建筑师们提出一个挑战性的问题：怎样使大量出现的新建筑，与城市街道原有的个性对话、沟通、和谐？当代建筑比较强调每个建筑个体的面孔与性格，然而一个城市的总体的文化个性必须延续、发展和加强。那就需要街道中建筑的新成员，考虑它与环境的文化关系，以及自己的文化血型。否则，未来中国的城市街道肯定是在建筑个性上不乏精品，但在街道整体上纷纭杂乱、相互雷同。

（九）色彩设计

"色彩设计"是一个新的色彩用语。20 世纪 60 年代，随着世界性城市化进程的飞速发展，众多社会学家、生态学家、心理学家、地理学家、人类学家和城市设计师们在各自的研究领域里，对人类生活形态及改善城市居住环境的问题进行了广泛的研究和探讨，发现美学中的"形"和"色"的构成是影响城市景观环境的两个非常重要的因素。于是，本书在城市街道景观设计文化研究中，提出了街道景观的色彩设计问题。

城市街道景观环境色彩处理的好坏直接影响到城市景观的文化特色的塑造。例如，加拿大煤气镇内街道上色彩鲜明的暗红色街道及建筑物组成的背景，形成了一幅非常优雅的城市风貌画卷；而澳大利亚海滨城市悉尼的街道背景由白色的建筑立面与蔚蓝色的大海共同构成了具有典型热带海滨个性的景观形象；加拿大多伦多大学生活区的街道两侧高大的色叶树种槭树所构成的金黄色的秋天景观场景。由此可见，具有景观价值的城市环境色彩是城市形象最具感染力的视觉信号。如，杭州的曙光路是以茶馆而闻名的，街道中的主要建筑物外立面漆成代表茶的青绿色；杭州的延安路以商业特色著名，把多种颜色掺入其中，利用色彩的多样性来形成一种活力，形成一种色彩的冲撞感，给人目不暇接的感觉，达到繁荣商业的目的；杭州的北山路的老建筑颇多，就应该利用其原来的本色，象青、灰、白等颜色，基本上不掺入色彩鲜艳的暖色，形成一种老旧气氛。

城市环境色彩使用不当的情况在国内也有不少。以武汉市为例，20 世纪 90 年代中期，有关部门为了改善城市建筑沿街立面的陈旧印象，又苦于经济发展水平的限制，选择了用各种颜色的涂料涂刷沿街建筑立面的做法。由于缺少整体规划和城市环境色彩设计方面的经验，完工后的城市沿街建筑立面出现了五颜六色的色彩效果，其中不少高明度、高纯度的红、橙、黄、绿色给广大市民们带来的视觉冲击是不言而喻的。这种情况引起了社会各界的强烈关注，以至几年后对沿街建筑立面环境色彩不得不做出第二次改造。

20世纪90年代以来，许多城市景观设计师们在进行城市环境规划设计的过程中，开始将色彩设计纳入其中予以考虑。北京确定了以灰色系为城市街道环境的主色调，环境色彩显得稳重、大气、素雅、和谐；东长安街由新旧建筑群外观色彩构成的城市色彩环境，就较好地体现出和谐的城市环境色彩基调。哈尔滨确定以米黄色和白色为城市色彩的主色调，以体现古朴、淡雅、明快、温暖的城市地域性格。以海派风格著称的上海城市建设，在浦东新区的环境色彩方面也结合发展的需要，将国外许多最新的设计手法用于该区的城市建设实践，如，新大陆街道城市建筑群所展现出的环境色彩设计效果，就表现出其特有的城市个性。近年来，广州市也加强了对城市环境建设的投入，短短几年就使整个城市的风貌焕然一新；特别是对珠江两岸道路进行的城市景观整治，其特有的城市环境色彩设计效果构成了南国城市的景观印象。在上述例子中，城市街道景观色彩设计均作为展示城市街道景观设计文化特色的重要因素予以考虑。

人们在漫游魅力城市街道的时候，首先感受到色彩景观的印象，科学地规划与控制街道色彩景观，是构建城市和谐与可持续发展的重要途径之一。城市景观主色调的确定，除了符合现代市民的心理之外，需要对城市的"根"文化加以深入研究，进而从传统文化中提取具有典型意义的色彩形象加以强化。

三、不同类型街道景观的设计

（一）观光街道景观设计

1. 弘扬历史文化，体现地域风格

作为体现某历史时期的风貌和地方民族特色的地区，历史文化街道是个城市的记忆。规划师无法保留所有的历史印记，然而是那些曾经亮丽的片段应当在时光的磨砺下华彩依旧。我们不能期待生生不息的生活将街凝固成永恒的记忆，但也同样不能任凭那些古旧中的唯美消逝在创造未来的激情中。于是，规划师面对这些老街，最多的选择就是保护，能留的留下，不能留的原貌复建。这对于旅游区和经济活动不算活跃的区域无疑是可行的，但并非所有的街道都具有上海新天地那样的区位优势，可以成为繁华都市中的一道风景，或者凭借旅游资源创造滚滚财源，于是更多的街道在城镇的发展中逐渐消亡，成为一段模糊的记忆。

建筑是旅游观光街道景观中最重要的元素，在城市更新的过程中，如何使历史地段的新旧建筑很好地融合，体现城市的整体风貌，目前所广泛采用的做法概括起来有两种：一种是建造仿古一条街等仿古建筑，创造局部的历史氛围；另一种是使新建建筑的风格和历史建筑相近，尽量保持城市的特色。这两种手法的宗旨都是建立在弘扬传统文化、体现地域风格的基础之上的。

杭州湖滨街道是杭州最具特色的观光街道，整个街道建筑、景观不仅整体协调、和谐一致还具有浓厚的历史风格，其中，挑台、墙门的运用起到了重要的作用。西湖周围风光秀丽，各种传统建筑多在窗外设置小巧的挑台，这些挑台，体形和形态都十分相似，体现了西湖边秀美的风格，同时在不同地段的建筑物设置的位置不同，形态、材质也有一些差异，这样，既避免了过分相似造成的平淡，又能够形成彼此呼应的整体性。与环湖山体自然要素形成一个和谐、完整的景观域，同时又成为连接各个街区的有机整体方式。杭州湖滨地区的墙门非常独特，由于建成的时代不同，风格也不相同。有传统简洁的中式墙门，这些是老杭州南宋时期古都风格的代表，有华丽的西式拱券结构门洞，这些门洞是由于在民国时期杭州对外贸易兴旺发达，在西欧传来的风格影响下建造的。还有一些中西合璧的墙门，这是老杭州风格和西欧风格长期融合下的产物。这些墙门在湖滨地区大量出现，记录了杭州由古到今历史的发展，体现了整个区域的历史延续性。这些街道景观要素在湖滨街道的广泛应用促进了不同时期、不同风格的建筑在空间和时间上的延续，使得整个湖滨街道能够在整体上体现杭州江南水乡的风格。

盛京城古文化街是沈阳市有名的古文化街区，该街道在明末时期就已初具规模。两侧建筑以沈阳故宫为中心，襟带左右，60 余栋具有满汉全席特点的古建筑，琉璃瓦舍，檐牙高啄，雕梁画栋，与沈阳故宫映衬和谐，成为全国别具传统风貌特色的"清代古文化一条街"。北京的王府井大街是一条有名的商业街，然而也是一条具有观光意义的街道，它整条街道的景观充分弘扬了中国的传统历史文化，南段老井如同聚宝盆，它在京城商圈的特殊位置，其他的街道无法取代。

建筑是如此，其他的景观元素也同样如此，吸引游人到旅游街道观光的魅力不仅仅是有着独特文化特色的建筑，还有其他的景观小品、雕塑、景墙、铺装、指示牌等元素，比如，新加坡的莱佛士街头有一雕塑系列，反映了新加坡还是殖民地时华人的生活场景。

对于具有观光意义的街道来说，有的地段可重点打造，彰显当地的地域风格特征，地域风格特征的体现内容不仅包括人文历史的，也包括自然景观文化。比如，新加坡风景区或公园内街道两侧的景观，充分展示了新加坡花园城市的绿色文化。

2. 充分挖掘当地的名人资源，展示名人街景观魅力

对于具有观光意义的街道来说，充分挖掘当地的名人文化资源、展示文化名人街景观魅力也是其塑造具有文化特色的城市街道景观的途径之一。做得比较好的有北京琉璃厂文化街，天津天后宫文化街，上海多伦路文化街等。

上海多伦路文化街应该是一个比较成功的实例了，它与京津文化街的不同之处，在于这条小街至今保留着许多名人故居，鲁迅、茅盾、郭沫若、叶圣陶、柔石、冯雪峰及日本友人内山完造等，都在这条"L"形的小街上生活居住过。更值得一提的是，这里还有以陈望道为校长、夏衍为教育长的中华艺术大学故址和中华艺术剧社故址。多伦路可以说是20 世纪 20 ~ 30 年代的"左联"大本营，中国左翼作家联盟成立大会就是在中华艺术大学召开的。

"左联"成员夏衍、冯雪峰、瞿秋白、柔石、许幸之、潘汉年、张爱萍等在这条街上留下了光辉的足迹和动人的故事。多伦路的全称应该是文化名人故居街。抗战胜利后，这

里还有汤（汤恩伯）公馆、孔（孔祥熙）公馆和白（白崇禧）公馆。台湾著名作家白先勇的童年就是在多伦路 210 号的白公馆里度过的。在一条 500 多米的小街上集中了如此多的著名人士遗迹实属罕见。岁月悠悠，鲁迅、茅盾、叶圣陶、丁玲、柔石等文坛大师皆已离去，人去楼空的多伦路的确冷落了多年。为了保存这条举世闻名的留下"左联"历史遗迹的小马路，为了使靠近鲁迅纪念馆和鲁迅墓的多伦路重新成为一条真正的文化名人街，上海市区领导经过数年筹划，终于在 20 世纪 90 年代末新中国成立 50 周年前夕，整旧如旧，并引进了十多家颇有知名度的民间收藏馆和博物馆。开发后的多伦路主要以文化景观来带动文化经营网点的形成。文化景观主要是多伦路文化街沿线的具有特色的建筑风貌与文化氛围的凸现，加之台阶石路的铺设、道路绿化、路灯等市政设施的设计点缀，展示其文化街的基本风貌。在此基础上进行诸如"1920 咖啡馆""内山书店"等旧有著名文化景观的恢复重建和"世纪钟楼""街心花园""名人雕塑广场"等文化休闲景点的建造。现在多伦路文化街二期建设工程已启动，上海文物商店、蓝印花布收藏馆等也将成为这条旅游、休闲文化街的新景点。同时这里还有弘文书店、茶楼、棋室、古玩店、教堂、钟楼等，目前上海多伦路已成为百年上海滩的缩影，它正以独特的魅力、深厚的文化底蕴吸引着五湖四海的中外游客，游人在多伦路上走一走，似乎还能聆听到这里曾经激荡文坛的震耳惊雷，仿佛还能感受到这里曾经强劲跳动的"民族魂"脉搏，似乎依稀还能呼吸到这里厚积薄发的中国近现代文化的沁人气息，从而还能领略到百年上海滩演绎的民俗风情。

3. 尊重传统民俗风情，展示民族传统

游人到每一座城市，都想领略一下该城市的民俗风情。尊重传统民俗风情，充分挖掘民族特色，展示民族传统文化也是塑造具有文化特色的街道的方法之一。

在新加坡的南部，有一条充满印度情调的街道，新加坡人把它称作小印度（Little India）。小印度街道位于中国城（牛车水）的东北边，居民多是公元 19 世纪 20 年代时由南印度迁来的，百余年以来一直固守自己的文化传统，可以说是新加坡民族色彩最浓厚的一条街道。拜神的鲜艳花串、穿着纱丽（Sari）婀娜多姿的身影、各色香料的扑鼻香味，以及特殊的印度音乐，构成了小印度区独特的面貌。在这里到处可见印度人开设的商店和餐厅，售卖印度的香料、纱丽布、首饰、糕点等。在路上来来往往的大多是穿着印度传统民族服装的男子和披着纱丽的妇女。街道两旁遍布商店，商店的建筑是融合了欧亚文化特征的"南洋"柱廊骑楼式建筑，大多商店的屋檐都向外延伸出来，二楼的落地木窗被刷成各种颜色。游人在骑楼下逛街购物，可以免去日晒和雨淋。同时又会感受到浓郁的印度民族气息，尤其是在那空气里到处弥漫着的印度香，它似乎是在空气里流淌，给人挥之不去的感受。虽然新加坡主要是以华人为主的城市，但是印度人可能是最常见的另一种族群，而小印度街道也充分展示了当地印度族群的民俗风情景观。同样的，新加坡的"中国城"牛车水城市街道景观则充分体现了中国传统的民俗风情，街头景观处处洋溢着传统的民俗风情。

（二）生活街道景观设计

1. 因地制宜，挖掘胡同文化

胡同起源于元代胡的大都，当时规定：胡同宽6步，约9米。两条胡同中心线之间的距离50步，约68米。元代的胡同十分规整。明清时对胡同的尺度要求不再像元代那样严格。由于种种原因，还出现了竖胡同、死胡同、斜胡同以至"抄手胡同"的等许多胡同类型。随着城市人口的增加和城市规模的扩大，胡同也多了起来，从而也相应产生了胡同文化，而胡同文化最为丰富的应该算是首都北京了。

由于胡同在北京的街巷中拥有特殊的群体规模，表现出作为地方特色的意义，因而常被视为北京街巷的概称与代表，从而发展为一种文化范畴。某些其他的城市，胡同的数量并不少于北京，但胡同文化却远远没有北京发达，关键就在于北京胡同的历史积淀之深厚，在于胡同还是整个北京京味文化的重要载体。几百年对于宇宙只是短暂的瞬间，然而有着这样漫长历史的城市街道却并不多见。

20世纪80年代，北京称为胡同的已有了1000余条。在北京的道路体系之中，胡同是最为细小的单元。小胡同和四合院几乎成为北京古城的代名词。北京的胡同千奇百怪，宽的有七八米，窄的则不足一米。大多数胡同是直的，但也有类似东四九道弯胡同那样十分曲折的。也有一些斜向的胡同，其中烟袋斜街就是一条有名的斜胡同，它一端开口于鼓楼前的地安门大街，一端便是什刹海旁的银锭桥。街很短，只有几十米长，却都是古香古色的传统院落。街中还有小庙宇、大浴池、裱画店，可以想见当年这里的热闹。街道甚至可以用狭窄来形容，两侧的建筑鳞次栉比，自然形成轻微的错落和曲折，石板小路把人带到昨天。

胡同在城市交通上的作用类似人的毛细血管，但传统的胡同已经超越了简单的交通功能，成为周围居民交往活动的重要空间。每当夏天傍晚，胡同就成为居民的天堂，孩子们在这里嬉戏玩耍，老人下棋聊天。胡同所具备的良好的相对安静和稳定的空间，正是胡同外车水马龙的大街所缺乏的。当然随着城市的发展，传统的居住方式已经日益不能满足人们的需要，然而胡同文化却永远留在我们的记忆中。我们建议在一些有条件的历史老城胡同可以保留改造，在老城之外的区域打造新的居住地。

2. 现代住区的廊道文化

"连廊文化"应该是现代住区街道所涌现出来的一种新的形式了，这种形式运用较早的应该是新加坡了，在新加坡小区内的廊道穿越每个住区的建筑群，被称为 Linkway 系统。Linkway 可以解释为连廊或廊道，但区别于习惯意义的是，在这里 Linkway 成为小区步行环境的一个完整系统，它不但对住宅外环境的领域空间起到分隔、限定的作用，而且与建筑底层架空空间一起构成了完善的步行路线。即使在暴雨天气里人们也可以在廊道里通行无阻，到达小区内任何一幢住宅楼或通向公共站点，而无须雨具，因为廊道不仅连接小区里的楼宇，而且一直延伸到附近的巴士候车亭。当然，在晴朗天气里它又成为颇受居民喜欢的遮阳通道，同时不必担心高楼抛物。因此，廊道的使用频率极高，并且它的设计造型各异，景观效果非常好。目前我国的新建小区尤其是南方一些城市的小区借鉴了这种形式，实质上廊道文化也有点类似胡同文化的变形，通过这些廊道，使街道空间与建筑内部空间相互渗透，形成一个内外兼顾的空间，使道路与室内空间连续起来，住区内生活的人们仿佛又回到了过去，从而使街道真正成为居民生活的场所。

"绿廊文化"也是现代居住区道路景观设计中需要挖掘的，最初绿廊应该是景观生态学中的一个概念，景观生态强调水平过程与景观格局之间的相互关系。它把"斑块—廊道—基质"作为分析任何一种景观的模式。在一个人为影响占主要地位的景观中，特别是城市和城郊，自然景观和自然过程已被人类分隔得四分五裂，自然生态过程和环境的可持续性已经受到严重威胁，最终将威胁到人类及其文化的可持续性。因此，景观生态学应用于城市及景观规划中特别强调，维持和恢复景观生态过程及格局的连续性和完整性。具体地讲在城市和郊区景观中要维护自然残遗斑块之间的联系，如，残遗山林斑块，湿地等自然斑块之间的空间联系，维持城内残遗斑块与作为城市景观背景的自然山地或水系之间的联系。这些空间联系的主要结构是廊道，如，水系廊道、防护林廊道、道路绿地廊道。后来也被引用到住区街道两侧的绿带景观设计上去，往往在新建小区内这种绿廊很宽，位于小区建筑山墙之间的街道空间中，窄的五六米，宽的四五十米，往往和当地的夏季主导风向一致，为生活在住区的居民提供了一个观赏、休闲、交往的绿色空间，久而久之，形成了"绿廊文化"。

"蓝廊文化"也是我们在住区街道景观设计中需要强调的，所谓蓝廊是指住区内的水系，就如南京江宁区的钱家渡，一条水系环绕整个社区。如今很多现代住区也很注重古代风水理论科学，把微地形和水系引入整个住区景观中去，其中水系景观也可以称之为蓝色的廊道，人在其中与之打交道的过程中就创造了蓝廊文化，这种文化深深地根植于民族文化和人类文化之中，是一种客观存在的文化形态。因此，当蓝廊文化的概念一经提出，人们就有一种似曾相识的感觉，感到特别亲切，并逐步为越来越多的人所认同。

（三）商业街道景观设计

具有商业意义的街道，因为往往过于强调其商业功能，在景观规划时忽略了它的文化内涵的挖掘。其实，一条成功的商业街道不仅仅具有鳞次栉比的建筑外立面景观、丰富的景观小品和花团锦簇的绿化景观就足够的，人们更重视的是其丰富的城市文化底蕴的挖掘。

在具有商业意义的街道中，现在比较多的是商业步行街，它的尺度往往不大，小巧玲珑，有一些骑楼、门楼、匾牌、幌子、电话亭、广告书亭等街道景观小品和绿化、喷泉等等，文化特征就是透过这些景观形态反映出来的。另外还有一种是金融商贸街，往往是人车混行街，它的功能活动比较繁杂，有商业、交通、办公等等，尺度比较大，环境要素组成主要有人、店面、人行道及道路。

1. 恢复、保护和再现历史性景观

具有商业意义的街道，如果原有区域有历史遗留建筑，那么我们可以对建筑进行整治和更新，整治规划可以以完善其原有功能，恢复原有形象为主。

苏州的观前街，位于苏州古城中心，全长 760 米，是苏州一条最繁华的商业街道，因位于玄妙观前而得名，几乎与玄妙观有着同样久长的历史。观前街是一条有着厚重历史文化积淀和特色的街道。玄妙观位于观前街中段，始建于西晋咸宁二年，是江南著名的道教圣地。玄妙观三清殿始建于南宋淳熙六年，是苏州目前保存下来最完整的宋代建筑，1982年三清殿被国务院列为全国重点文物保护单位。如果说上海的南京路步行街缺少浓厚的文化氛围，城隍庙街道的过于繁复，也逐渐淡化了文化的主体位置，苏州的观前街则脱去了尘埃过重的外衣，将它的主体玄妙观烘托于商业文化的世俗氛围之上，以其深厚的历史、蕴含的古典精神和人文气息，压住了充斥其间的市井气。观前街街道景观设计保留恢复了原有的历史景观建筑，并再现了苏州精华建筑缩影，各式建筑相互依存、兼容并蓄、独具特色。

江阴市的人民路商业街也是一条景观和传统文化结合较好的商业步行街，它最大的特色是商业街中段北侧的场地设计，致力于运用现代科学技术及景观处理手法，充分挖掘场地文脉，创造一个具有深厚历史文化底蕴，从而再现学政衙署及其后花园的完整平面布局，景观规划深受当地老百姓的好评。

商业气氛的杂沓和纷繁，遮蔽或淹没了人文景观，它就只有尘俗而少了文化意味。相反只有人文和自然景观，缺少与之相适应的商业文化色彩，那也仅仅只是一个孤立的景点，而不是有着厚重人气的闹市中心。苏州的观前街和江阴市的人民路商业街是一种文化启示，没有文化主体的辉煌即使有更胜一筹的商业繁华，也依然不是有特色的商业步行街。

2. 彰显地方风格

商业街的景观规划，除了体现传统文化特色之外，还可以体现该街道所处城市的地方特色，让游人特别是外地游客对该城市留下深刻的印象。

著名商业街道首都北京的王府井步行街，景观规划就是很好地挖掘了本地文化。它南起东长安街，北至中国美术馆，全长约三华里，是北京最有名的观光商业街道。辽、金时代，王府井只是一个不出名的村落，元代以后，人烟逐渐稠密，当时称之丁字街。明代，这里修起了十座王府，王府井也就初具规模，改称十王府街。清代废十王，改称王府街或王府大街。20 世纪初，北洋政府绘制《北京四郊详图》时，把这条街划分为三段：北段称王府大街，中段称八面槽，南段因有一眼甜井，与王府合称，就成了"王府井大街"。自 20世纪 90 年代开始对王府井进行扩建改造，如今投资 10 亿多元改造的王府井大街已经重新亮相，东方广场成为它的另一大景观；老北京一条街也从首层移至地下一层，营业面积由500 平方米扩大到 2700 平方米，完全仿照明、清的建筑风格设计装潢，共有自然店铺 40 家。这条街的一大特色是集中了一大批中华老字号名店。内联升、步赢斋的鞋，盛锡福、马聚源的帽子，瑞蛟祥的丝绸，王麻子的剪刀，戴月轩的湖笔徽墨，汲古阁的古玩玉器，元长厚的茶叶，稻香春、桂香村、祥聚公的糕点，全聚德的烤鸭，六必居的酱菜和天福号的酱肉以及传统小吃和红螺果脯等，在老北京一条街都有店铺。

特别值得一提的是，街道在一些建筑节点的地方运用了北方传统的骑楼、牌坊等景观，在商业街道的一些开敞空间还搭了戏台，上面演示我国的国粹文化——梨园京剧，让游人在观光购物之余能欣赏到精彩的表演。同样，苏州观前街也是个很好的例子，街道的东段和西段以江南园林建筑形式为主，白墙灰瓦，体现了苏州园林的地方风格。

3.凸显时代风格

具有商业意义的街道，整个环境景观设计总体构思上在满足商业街的功能要求的前提下，除了体现深厚的传统文化特色之外，还要和它商业氛围相融合，并赋予其新的时代气息，做到传统与现代兼收并蓄。城市是一本打开的书，是人类为自己编织的摇篮。当人们拜访一个陌生城市街道时，留给他们最深印象的就是这个城市独特的个性与魅力，而塑造体现时代风格文化特色的城市街道景观，正是创造这种个性与魅力的行之有效的方法之一。

新加坡乌节路是当地最为繁华的街道，它的整体街道景观就具有时代风格的文化特色，无论是商业建筑的立面造型，还是街头具有现代感的抽象雕塑景观，抑或具有现代感的指示牌，都充分显示了这一特色。

街道景观体现时代风格的文化特色，在整条街道的环境色彩方面，也可以进行统一设计，对其建筑及周围环境的色彩进行处理，使建筑与周围环境更为协调。比如，在新的重要城市景观营造方面，武汉市对城市环境色彩设计进行了一系列的探索。如汉口区中山大道，考虑到该地既是全市商业中心又是城市主要景观道路的特点，其环境色彩就设计得十分靓丽。而位于武昌中心城区的洪山广场，环境色彩则结合广场的设计效果，适当地点缀有红、褐、黑等楚国建筑的色彩，使整体效果既有时代感又呈现出浓郁的楚文化特色。城市住区的色彩则根据所处区域的不同区别处理，如，位于武昌高校区域四周的住区通常环境色彩都比较夺目，加上新颖的建筑造型，营造出既现代又具有浓厚文化气息的住区氛围。

（四）交通街道景观设计

如今，随着人们生态意识的不断增强和道路空间环境质量的急剧恶化，城市道路的绿地景观建设日益引起了人们的重视，并且成为展现城市形象和发展水平的重要方面。因此，城市道路绿地景观的建设不仅要求高质量，更要求高品位，对文化气息的渗入提出了较高的要求。

1.植物造景

中国被赞誉为"世界园林之母"，不仅有着丰富的植被资源，更有着丰富璀璨的植物文化。城市道路绿地中的各种园林植物，具有自然生长的姿、型、色、味，不仅在一日之内有不同的时相变化，更具有春、夏、秋、冬四季景色的变异，春有落英缤纷、夏有浓荫蝉鸣、秋有层林尽染、冬有苍松萧萧的季相变化给人带来分明的四时感应，使人们最直接地感触到自然的气息与时光的变迁，让久居都市的人们真正体验到回归自然的情怀。人们对植物景观的欣赏通常以个体美及人格化含义为主，有许多植物被赋予了人格化的品格或独特的象征意义，如松、竹、梅为"岁寒三友"；梅、兰、竹、菊寓意"四君子"；玉兰、海棠、牡丹、桂花表示"玉堂富贵"；桃花在民间象征幸福、交好运；翠柳依依，表示惜别及报春；桑和梓表示家乡，等等。凡此种种，不胜枚举，体现了植物造景的文化内涵，创造了意境美。这是中国植物景观留下的宝贵文化遗产，在世界上也是独具特色的，如何将丰富的植物文化与道路绿地景观有机地结合起来，是景观设计师在工作实际中要认真探讨的。

比如，做南京财大校园道路的绿地规划设计时，因该路周围均为高校区，文化教育气氛和学术气氛浓厚。为了烘托这种教育环境的特点，颂扬教师的兢兢业业、无私奉献精神，选择绿化树种时因"桃李满天下"的寓意，选用了碧桃、紫叶李。在做宿迁市威海路绿地设计时，因自古以来人们对槐树就有着崇敬、赞美之情，认为它具有高贵、忠贞的品格。因此，选择槐树作为行道树。唯宁县滨河路以柳、碧桃间植，创造了"柳浪闻莺"和"柳暗花明"的意境，其他还有诸如在道路两旁种植大片竹林可产生"竹径通幽"之意境；居住区道路选种了合欢，蕴含"合家欢乐"之美好祈愿。城市道路绿化植物的选择一般都具有浓郁的地域特色，多以当地乡土植物为主，不仅能达到适地适树的要求，也代表了一定的地域风情和植被文化。如，椰树被视为典型的南国风光，白杨树则为北方城市的代言人。中国的广州、珠海、深圳等南方城市，在道路绿化中着意体现南亚热带的地域风情，其得天独厚的自然条件和长期的园林绿化建设，选育了许多适应当地生长的颇具特色的优良植物品种，如，各类大花乔木、棕榈科植物、彩叶植物、宿根花卉地被等，充分表现了南亚热带的植被风光。深圳的深南大道则以庞大的气势取胜，大面积的规整的绿篱色块、大片满铺的亮丽的花卉地被、大丛密植的苏铁、假槟榔、椰树等棕榈科植物，给人以强烈的视觉冲击。在以北京为代表的北方城市，道路绿化多以高大挺拔的杨、柳、榆、槐为骨干树种，搭配松柏等常绿树种，点缀大量的花灌木，着意体现雄浑壮美、四季分明的北国风光。温哥华的布查花园，路边以修剪整形的不同形状、色彩的绿篱、灌木和大片缤纷的花带为主要特色。细腻的风格、优雅的造型、悦目的色彩使道路充满了温馨、浪漫的休闲情调。

此外，植物的配置形式也能传达一定的文化气息。南京江宁大学城道路绿地中灌木色块的修剪形式以方、圆为主，隐喻"不依规矩，不成方圆"，赞扬了严谨的教风和学风。大连市道路绿地中的模纹图案，多以海波、浪花、海鸥为构图模纹，充分展示了海滨城市的特点。有些城市在街头绿地中点缀了小品设施，给人们创造美观、舒适、便利、生动的环境氛围，诱发"家"的温馨，缩短人的社会距离，密切人际关系，增添许多生活情趣，是城市景观的重要组成部分，往往成为"画龙点睛"之笔。

2. 街头绿地及其他街景元素

对于具有交通意义的街道来说，道路绿地景观已经突破了"一条路两行树"的布局模式，是以线串点或以线带面连接起大大小小的绿地空间，或借景沿途的山地、森林、江海、河湖等自然风光，对于弥补带状绿地的单薄、增加街道空间的环境质量和生活情趣，从而展现城市风貌发挥了重要作用。

深圳"世界之窗"附近的深南大道上，在人行道上结合绿化设置了许多惟妙惟肖的人物写实雕塑，尺度与真人相仿，姿态、神情各异，有戏耍的儿童、热恋的情侣、蹒跚的盲人、行色匆匆的上班族等，充满了生活气息和休闲趣味，深受人们喜爱。上海滨江大道的绿地小品设计，以其优美简洁的造型、高尚典型的品位以及现代高科技的运用，着重突出了强烈的现代气息和休闲风格，展现了国际化大都市的气派与风采，让人们赞叹不已、流连忘返。

交通意义的街道中，作为街道景观的重要元素之一雕塑小品的设计也能很好地体现文化底蕴和内涵，具有交通意义的街道上的景观雕塑和其他意义的街道上的雕塑小品设计有所区别，由于它不具备驻足欣赏的条件，不能给人以较多的时间去思考和感受形体，它更多的是瞬间印象，适合于通过简洁的形体塑造、明亮的色彩，传达通俗易懂的信息，引起人们的好奇心理，调节人们的视觉感受和心灵体验，进而放慢行车速度达到舒缓心境、减轻心理压力的目的。宁波段高速路在立交区、服务区及中分带等交通复杂的节点上设置了"吉祥如意"，"托起希望""遨游""蒸蒸日上"和"开拓者"等一系列雕塑小品。

"吉祥如意"以钢管构成"中国结"的形式，表面烤红色漆，设立在服务区，一方面对环境起到衬托、点缀的作用；另一方面带有平安祝福之意。适当的雕塑设置对高速路行车有一定的积极作用，但为了确保道路的快速畅通，密度不宜过大，也不宜设在直行道等非交通节点处。青岛的东海路是条具有交通意义的街道，它的街道一侧临海，结合滨海绿地设置了"爬上岸的小螃蟹"雕塑、"童眼看世界""岳母刺字"等雕塑小品体现海滨的乐趣和寓教于乐的轻松气氛。一路走来，迎面吹拂海洋的气息令人悠然陶醉。

在国外也不乏将文化气息渗入街道空间的优秀范例。美国的凯布特思为传统的海港及捕鲸城，故市中心街道设计都以航海为主题：白色的棚架、灯柱及自由线型花台的白色边牙与灰白铺地的对比，构成航海城市的特殊形象。沿街白棚象征白帆，种花植草的花台表面隆起，被比拟为鲸鱼。日本东京世田谷区，为了弘扬传统文化，在街道的铺地上镶嵌数十首古诗及童话故事，将历史和道德的教育注入街道环境之中，提高了市民的文化素质，增强了人们对城市的热爱和自豪感。

总之，社会的进步、审美观念和趣味的改变要求具有交通意义的街道景观不仅要具备较高的环境质量、观光条件，还要注重营造文化气氛、增添人情味道。街道景观的文化底蕴可以通过许多形式和手段体现出来，因地制宜，灵活变通，合理运用，努力提高街道景观的文化品位。

第七章 城市景观特征与城市生态

当前，在人类活动对自然环境的生态影响问题上，设计师们关注的一个最紧迫的问题就是：如何去设计包括日常生活中所有人工制品在内的建成环境，促使它们对环境有益，既不会产生破坏，也不会对人类赖以生存的自然界造成环境问题。本章主要分四大部分讲述了什么是生态设计，生态设计的目标、基础、一般法则和理论基础。

第一节 城市生态相关概述

简单地说，所谓生态学设计或生态设计，指的是通过生态设计理念和策略来设计我们的建成环境和生活方式，便于与地球上生存的所有形态生命在内的生物圈友好而紧密地整合起来。而这也必须成为全部人造环境设计工作的根本依据。

一、生态设计中的若干问题

对生态设计的定义和明确描述引导着我们直面设计中至关重要的若干问题，具体如下。

（一）生态设计的基本前提

生态设计的基本前提是健康——包括人类和自然界中成百上千万的物种，为了生存而呼吸的空气、饮用的水，还有那些用于生产食物的未被污染的土地。在今后的几十年里，人类的生存将不仅依靠自然环境的质量，更要依靠维持一切人类活动的能力——包括维持建成环境而不会进一步损害和污染自然环境。生态设计的基础就是这些基本条件，简单来说，就是人类的健康有赖于自然环境持续健康的发展。

（二）人类是最具污染性的物种

在自然界中，人类是一个具有污染性的物种。人类实际上是自然界中最具污染性的物种。然而 200 多年前人类并非如此，总的来说，当时的人类也算是生物圈种群中的一个好邻居。然而现在，人类开始像"随处排泄的狗"一样把排泄物、垃圾和碎片随意丢弃到美丽的自然中在过去 200 多年里，人类对自然环境的污染和改造的程度呈逐渐上升的趋势。虽然人类数量仅占地球所有生物量的 1%，然而他们绝对应对地球上 99% 的污染后果负责，并且人类的建成环境还覆盖了 8% 的生物圈地表。

（三）不可再生资源的消耗

加重自然环境污染的还有化石燃料等不可再生资源的消耗。如果从人类生活方式中抛弃化石燃料，那么人类现有的现代工业文明就将终止。事实上，现代人类生存的每个方面几乎都来自化石燃料，由它提供动力或受它影响。根据目前的推测，可能在未来 8 ~ 18 年间，全球原油产量会达到峰值。人类正趋近一个巨大的历史交叉口。如果没有电，世界将会怎样？没有电，空调、电脑、信用卡机、石油泵、取款机都将停止工作。当电源耗尽几个小时后，很多长途汽车交通会因耗尽燃料而停止。如果人类社会的两大基础——石油、电能垮掉，人类社会将直接回到石器时代。

那么，必须用深入且广博的生态基础来设计、建成环境与生态学的紧密联系，进而反映人造环境和自然环境的密切关系。不可避免地，生态因素必会成为所有人工制品、建筑物、基础设施——即所有建成环境和设计必须顾及的考虑因素。而如何达到这一目的已经成为当前生态设计师们所争论的焦点。

二、生态设计的定义

目前，人们在什么是生态设计这一问题上仍存在误解。绿色建成环境的主题不仅是通过前沿技术就可以解决的问题。许多设计师错误地认为，一旦他们用了足够多的生态工具，如太阳能集热器、风力发电机、太阳光电和生物沼气填满一栋建筑，就会立刻形成一个生态设计。当然，事实远非如此，不可否认，这些最终可能引导我们实现理想生态产品或结构、基础设施或规划的技术系统和设备具有实验性和实用性，然而它们肯定不是生态设计的终极目的，其中很多在生态建筑中只不过是无用功罢了。那些令人钦佩的工程革新到底是什么？不过是一个伪装神圣的神话。不幸的是，建筑期刊一直延续了这种流行观点，由此导致了生态设计的许多认识误区。这种现象引出一种观点：如果将建筑师与熟悉该项工程设计的机电工程师集合在一起，他们就会创造出生态建筑——然而令人遗憾的是，他们实际上所能建造的仅仅是一个生态工具建筑，一种技术拯救的幻象而已。用光伏电池、太阳能板和低能耗结构的耐热玻璃组成的建筑形式没有什么特别引人注目的；进一步说，绿色设计不仅仅是低能耗设计。必须清楚的一点是，生态设计不是生态技术系统在某一建筑中的简单集合。这些技术可能是生态设计师的一项使用工具，然而其最终目标是通过设计实现环境整合。通常这些技术上的困扰会扰乱设计师的注意力，使他们不能从更宏观的角度去理解生物圈里的生态学和生态系统。

通过工程方法和生态方法进行绿色或生态设计，两者间有着本质区别。

在工程方法中，设计师以终为始，脑子里勾勒出预期结果，加上高效的过程控制，按既定目标进行建造，直至结束。相反，生态方法是从环境识别（即观察那里有什么）开始，受控于实现环境和谐的过程。

设计系统的形状、内容、机能必须从一开始就针对良性的环境一体化这一简单目标，以建造建成环境开始，并达到最终与环境同化的目的。

第二节　城市生态的目标与基础

生态设计的目标是良好的环境生物整合。从本质上说，生态设计是一个过程，人类的目的是通过这个过程与更大的格局、流量、过程及自然界的生物配置审慎而和谐地融合在一起。简而言之，生态设计是将所有人造环境及人类活动与自然环境紧密而友好地整合的过程。该过程包括了原材料的采集、加工、建造、拆除，以及最终重新融入自然与生态系统等各个阶段。从根本上说，生态设计的关键前提和主要问题，是所有人造系统与生物圈中自然系统过程的有效集合。

这种描述大有益处，因为它能让我们将所有设计专注于一个目标，那就是实现环境的生物整合。

这里的人造环境是指人造世界中所有项目、要素和组分。其包括：建筑物，结构、城市基础设施（如公路、排水沟、城市排水、桥梁、港口等），所有我们提取、制造、生产的物品，以及人工制品（如冰箱、玩具、家具等），实际上全都是人造物品。与人造环境相平衡的是自然环境，它由生物圈中的生态系统组成，该系统包括地球和生物圈过程中所有生物和非生物。地球生态是终极环境，是人类活动和建成环境与环境的整合。

生物圈这个词在这里指大气层、地表层、海洋、洋底或者有机生物的生存区域。它在地球表面形成一个薄层，包括：地壳表面、水圈、低层大气。这是建成环境的来源，也是最终的归宿。

一、生态设计的关键

生态设计的关键是整合。由于对整合设计、环境整合及其系统调节的强调，这种观点和对环境整合以及它系统论述的强调，正是大多数其他生态设计作品所缺少的。实际上，不管是在生态设计中，还是在人类活动中，紧密的生态整合都是我们人类必须首要解决的根本问题。如果人类能够成功地将整个人造环境、它的功能以及所有过程完全与自然以友好、紧密和共生的关系整合起来，那么就可以消除因人类活动给自然环境造成负面影响所带来的一系列重大问题。

有些设计师认为，绿色设计对自然环境产生的消极影响最低；绿色设计的建成环境对地球的索取较少，对人类的给予较多；如果将建成环境比作一棵树（即生成氧气、使用太阳能、净化水等），那么绿色设计确实包含了所有这些方法，但如果设计系统不能在它们的建造、运营（在使用）、最终再利用、循环或重整等阶段与自然环境整合，那么它们只能减缓目前环境受损的速度，而不会形成最终解决方案。判断是否成功的最终标准必须是建成环境与自然环境整合的紧密、友好和包容程度，最终的标准仍然是整合。

例如，如果我们能在生态系统的自然循环和过程范围内进行系统整合，从工业建成环境中吸收所有排放物和废弃物（固体、气体、液体）而不干扰或影响这一循环和过程，那么就不会出现废弃物之类的东西或环境污染。

如果我们能将能量利用率与生物圈中的可利用资源（无论是可再生或不可再生资源）的再生速度协同，那么就根本不会有能源枯竭，或温室气体带来的全球变暖问题了，同时也就再不用为后代的可持续发展担心了。尽管自然资源和能源使用过快，人类却放弃了可供永久利用的太阳能。在过去200多年间，人类肆无忌惮地挥霍资源，而这些资源本不应用于不必要的需求。自然资源（如化石燃料、金属和其他材料）的提取速度不应快于其慢慢降解、融入地壳或被自然界吸收的速度。同样，物质在建成环境里系统性增加或生成的速度不能超过它们分解的速度。

如果能将所有建成环境和基础设施与大气圈的生态系统加以实质性整合，就不会面临任何生境受到干扰或生物多样性消失及由此引发的相关问题。

当然，在我们强调这是生态设计所面临的至关重要的议题和设计问题的同时，仍须认识到，要以环境友好和紧密整合这一方式来深入彻底地实现上述目标很困难，然而这正是生态设计面临着巨大挑战所在。

二、生态设计的依据

为进一步阐述生态设计的依据，应当从三个独立的层面来探讨生物整合的目标：物理性、系统性和暂时性。

物理整合是建成环境在配置、地理、位置上与生态系统的物理特征和过程的整合。

系统整合是建成环境的流动、功能、运作、过程与生态系统及生物圈中的过程和功能的整合。

暂时性整合是人类和建成环境按照生态系统和生物圈中更新和再生的自然速度以可持续的速度对自然资源、生态系统和生物圈过程的使用和消耗进行整合。

每种层面的整合都必须以友好和紧密的方式实现（即无消极后果或将消极后果最小化），并且，在理想状态下对自然环境有积极的影响。这就是生态设计和规划的基本原则。

例如，对于生态整合的范围可以做如下分解：设计师必须解决支撑建成系统的材料、产品和城市基础设施初级生产（包括安装施工、现场操作以及对其相关环境的影响，如生物圈中的气候过程）的生态整合。生态整合的另一个内容则是在使用期间人类和物质在建成系统的流动和运输。建成系统自身的空间影响（还有其随后的改变和革新）冲击着当地的生态系统。最后一个组分是建成系统的排放物和输出物的影响以及在现有人造环境的再利用或再循环，还包括最终与自然环境融合和重整。这些过程组成了建成系统自身材料和设施的内容，此后在其使用寿命结束后将在别处进行处理。

因此，生态设计是一项复杂的任务。由于所有涉及自然环境的事物之间都有多重联系和影响，并且它们之间还相互依赖。建筑形式中所有这些方面的有效解决方案都变成了复杂的设计和技术上的努力。建成环境设计和创作的每一项行为都能给自然环境造成重大的消极影响，比如，来自生产、操作、运输、再循环、再利用到最终与环境重整的每个阶段。因此，生态设计应以一种友好而积极的方式，实现自然界生态系统和人造系统在物理性、系统性、暂时性上的整合。在实践中，要实现绝对的生物整合很困难。因此，生态设计成了决定将哪些生物因素优先整合的过程，而这些因素对设计方案和与某个特定场合相关的特定生态状况至关重要。

当今用于生态设计的一些技术，如 20 世纪 60 年代由景观建筑师提出的生态土地使用规划，与现实这些目标尤其密不可分。尽管不能完全令人满意，但已经为我们将建筑形式、基础设施与生态特征和场地过程进行物理与机械整合提供了更大的可能性。然而，大多数情况下，与人类所探索的生态系统过程进行系统整合相反，生态系统所能达到的整合水平本质上说仍是建筑、基础设施与场地生态特征在机械和物理上的整合。例如，在许多情况下，将建筑形式的运营系统、基础设施中的"流"与生态设计的系统整合仍不够彻底。

三、可持续设计

什么是可持续设计？广义上说，可持续设计就是生态设计。也可将其定义为确保能满足社会需求，而不会减少留给后代的机遇而进行的设计。它包括所有设计模式，只要这些模式能通过自身与自然环境的生存过程进行物理性、系统性和临时性整合，从而最大限度降低对环境的破坏性影响。

至于"后代"这个定义，问题是我们所说的将来到底指将来的什么时候。答案很可能仅仅是今后的一百年。今天的世界，即使人类对环境影响没有任何重大变化，它也可能会再延续一百年，也许到 2100 年；但如果我们不改变自己的生活方式和建成环境，之后的前景就显得并不是那么乐观我们已经看到按人类当今的消耗速度，对于不可再生资源的石油，还能持续利用不超过 50 年。

就建成结构（建筑、各种类型结构和基础设施）来说，生态设计不仅要考虑整个建成系统的设计，而且要考虑在其制造、运输、建设到其最终再利用、再循环及重整过程中的相关事宜。它包括了：从设计纲要的准备到场地选择、概念化及设计的进展、施工技术，环境美化，建筑垃圾的管理、使用和生态系统保护期间的消耗以及居住者健康的所有相关问题。在进行生态设计时，要考虑对有建筑结构施工场地加以保护，场地生态系统及其生物、非生物组分必须与结构中的过程相整合；还包括水、能源、材料以及其他生物资源的保护和生物整合问题等。除此之外，我们还必须考虑建成系统内部本身的项目、装置、产品和设备。

四、生态设计基础

（一）生态系统

生态设计必须以生态系统概念为基础进行。生态系统的概念首先由植物学家 Arthur George Tansley 在 20 世纪 30 年代进行了阐述，后经 Eugene P.Odum 发展为一套通用系统。本质上，生态系统是自然界中很小的一个单元，它由生物、非生物、它们生活的总环境以及它们之间的相互作用形成了一个稳定的体系。整个地球可以看作是一个由生物组织系统构成的生态单元。因此，这个概念是生态设计的基石，对我们来说，至关重要。

生态系统这个概念是德国生物学家 Ernst Heinrich Haechel 在 19 世纪 60 年代提出的。它对生物体，生物体与所有相关环境，生物与非生物生态系统之间的相互关系做了科学研究，并着眼于生物体对无生命环境的影响。

生态系统的一个重要特点是，它的规模可大可小。没有一个生态系统是单独存在的。因此任何等级的生态系统都是开放系统，而非封闭系统。这也说明了所有生态系统都与能源和物质的流动密切相关。每个系统都从周围系统摄取能源和物质，并且不断向这些系统输出能源和物质。在确定生态系统边界的时候，必须考虑其周围相关的流动。忽略这些联系，能源及材料的输入就会对生态系统造成损害。

（二）生态学

对设计师而言，研究生态学，并将生态学作为生态文化加以理解是十分必要的，这能使我们认识和理解构成环境的相互联系和过程，并通过设计加以保护。我们要把生态学和生态系统知识广泛应用于重新设计我们的技术、社会、经济和政治制度，并把它们应用于现有的工业生产及建成环境，从而缩小当前我们对建成环境具有破坏性的设计和技术与那些自然系统的差距。

生态学是研究动植物的自然生境（来源于希腊词语"栖所"，即"房子"）的一门科学。生态科学旨在研究所有生物与其所处环境之间的相互作用，以及有机体与其环境之间的相互作用（包括其他生物体）。生态学研究的是模式、网络、平衡、循环，而不是研究直接因果关系，以此来区分物理和化学学科。同时，它也研究自然界的功能和结构。所有规模都可以应用生态原理。

总体来说，如果一个生态系统的输入输出（能源和物质）能相互平衡而不会损失大量养分，那么该生态系统就能可持续运作，这种情形可称为动态平衡或"稳态"，尽管可能会有波动。同样，人造建成环境的设计也必须以实现该平衡或稳态为目标。强健的人造生态系统是自然生态系统在生物圈中的延伸。

因此，对生态文化的基本认识对设计师来说至关重要，设计师必须深刻了解诸多行为对自然环境产生的生态后果，并理解生态学和生态系统的概念。这一点非常重要，原因至少有两个：首先，生态知识有助于设计师清楚地理解人类发展和进步导致环境退化的深层原因；其次，对生态概念的全面领悟有助于设计师评估、衡量并合理预测设计可能造成的环境破坏。最为重要的是，它能帮助设计师基于生态原理确定设计解决办法，并基于生态拟态策略进行设计。

（三）生物圈

生物圈是围绕地球的一薄层，从海洋深处延伸 30 ~ 40 英里直到上层平流层，它包含了地球上存在的所有类型的生命形式。在狭窄垂直的带状空间内，生物和地球化学过程交互作用以维持生命。全球生物圈可划分成许多生态区，各个生态区里生活着已经适应当地气候、地形和土壤的各种特色植物、动物、鸟类、昆虫、鱼类及其他栖息物种。每个生态区域都包含诸多生态单元或生态系统。热带雨林和热带季雨林大约占地表植物面积的 20%（温带森林包括常绿林、落叶林和北方森林占地表植物面积的 19%），开阔林地、灌木丛和热带草原占 19%，温带草地占 7%，冻土地和高原地区略多于 6%，沙漠区和半沙漠区占14%。所有的潮湿生境，比如，湖泊、河流和沼泽共占 3%。耕地占剩下面积的 45% 出头。

在每个生态系统内，构成生物群落的生物体与它们所生活的环境保持平衡。例如，某个区域的整个气候和地形是决定生态系统发展类型的主要因素，然而在任何生态系统内都有着复杂的相互作用和细微的变化，它们会生成更小型的生物群落，动植物在这种生物群落中会占据各自特定的生态位。本书参考的正是生态系统的这个概念。

生态系统有很多种定义。Tansley 将生态系统描述为"地表自然界的基础单元"。其他解释还包括将它看作是一个能量处理系统，其中的组分经过长时间共同进化为动植物、真菌和其他生物体群落，并与其他生物种保持不同程度和种类的相互依赖关系，也可能进化为动植物和微生物群落构成的动态复合体，它们与所在的无机环境互动，进而构成一个功能单元。

五、生态设计的几个关键方面

下面是关于生态学和生态系统的几个关键方面，对生态设计师而言，理解它们至关重要。

（一）生态系统的组分

生态系统的组分包括。

1.层

绿化带或者自养层，有机体和植物通过它们吸收光能和简单的无机物。在这里主要将简单物质转化成复杂物质。

棕色带或者异养层，有机体通过它们利用、重整和分解复杂物质。在这里主要进行复杂物质的分解。

2.结构组分

参与物质循环的无机物、碳、氮、二氧化碳和水等。联系生物和非生物的有机物和混合物、蛋白质、碳水化合物、液体、腐殖质等。气候系统，包括：温度、降水等。

有机生产者——自养；主要是能利用简单物质和光能合成食物的绿色植物。

有机消费者——吞噬型；摄取微粒状有机物质或其他有机体的动物。

有机分解者——腐生性营养；主要是细菌、原生动物和菌类等，它们同时释放有机物和无机物，而这些有机物和无机物被植物回收，或提供能量，对其他生物成分具有调节作用。

3. 过程

能量流；食物链或营养关系；多样性模式，空间的、时间的；矿物质，除去食物的养分循环；发展和进化；控制或控制论方面。

（二）设计中需注意的生物因素

1. 生境位于生态系统之内，是有机体或种群自然存在的空间或场所

这些有机体为其他生物生产食物（例如，植物经过光合作用生长却成为食草动物的食物等）。当然这里还存在很多其他有机体，比如分解者会将物质分解成基本元素。在生态系统中有一个完整的养分循环过程（从有机体到有机废物再到有机体）和能量流动的净平衡（在生成物质和热量期间，能量输出与太阳光的能量输入相平衡）。设计师必须明白，项目现场这些复杂的过程和功能，很容易被建成系统、结构和人类活动打乱；因此，在任何拟定的人类行为活动发生之前，系统地研究那些生态系统中的诸多过程，对设计师来说是至关重要的。

生态系统的关键因素不仅仅是其规模，还包括能量流动和物质循环。地球由不同种类和规模的生态系统组成，这些生态系统是相互联系的，设计师必须将所有这些行为活动看成在生态上和环境上相互联系，它们的影响不仅是局部和区域性的，而且是全球性的。

2. 自然生态系统随着演替过程而改变

生态演替源于物种的出现，生长、资源获取和竞争过程共同促进了整体生态系统的发育。当地资源的可利用性是决定生态演替的限制性因素，之后，生态系统的成功发育取决于物质在内部再循环过程的发展。这关系到有机物的腐败、营养物的释放和再利用以及土壤有机质的活动等。因为生态系统在不断变化，设计师必须随时监控设计系统生态系统的状态，并针对设计系统对当地的长期影响做出持久评估。生态设计并非一次性的活动。

3. 生态系统内的每个生物体，不论大小，都在维持群落的稳定性中起到了极其重要的作用

其生境就是动物、细菌、单细胞生物、植物或真菌所生存的地方。每个有机体都有适合其自身生长的领土范围。对所有有机体而言，最重要的因素是其能量或食物的来源。从生态学观点看，地球上的所以物种（包括人类）是共同进化的，每个物种尽管看似不重要，却有权生存下去。在任何生态系统中都存在着类型复杂的觅食关系或食物链。在生态系统中，这种食物链通常有 3 或 4 条，5、6、7 条等出现得相对较少，食物链长度是有限的，

其主要原因是动植物体内所储存的大部分能量在食物链的每个层级都会流失。设计师必须意识到这种模式的脆弱性，并警惕人类活动对食物链的干扰和破坏。

4. 植物是所有生态系统中最主要的食物和能量来源

它通过光合作用利用阳光、水、二氧化碳、矿物质等环境元素来获取能量。然后，食草动物再通过食用这些植物来获取食物。同样，食草动物又被肉食动物捕获，而该肉食动物又可能成为另一种肉食动物的美餐。动植物的废弃物在生境内被微生物分解，然后又转化成环境的原材料。作为设计师，应注意到生态系统内的这个过程是可循环的，而在我们当前的人造建成环境，生产过程却是单向的，末端的排放物会破坏自然的循环过程，从而导致环境破坏。

生态系统中的生命形式完全取决于环境内的敏感性平衡，人类对局部、区域和全球范围内任何改变都可能进一步造成灾难性的后果，从而影响人类的生活。对生态学独特的理解和洞察不仅对其自身意义重大，对环保主义的发展也起到了至关重要的作用。

5. 所有物种在进化时都会在身体上和行为上相互作用

例如，授粉昆虫和鸟类分别进化出适合生存的喙和鸟嘴，被授粉的花已适应这种合作关系，会促进、鼓励昆虫和鸟类的授粉行为。因此，昆虫和鸟类在觅食过程中成为高效的授粉者。世界万物都会对气候和大气的变化以及当地的土壤化学做出反应，并同时改变其生境。如果人类想永远生存下去，那么我们的生境（建成环境）也必须适应自然环境过程，比如，根据特定区域的生态和气候进行建设和生活。

在生态研究方面，设计师研究的并不是每种个体生物本身，而是个体生物如何在其他生物所处群落中的生存。在与其他生物共处的群落中，生态设计是对建成环境的设计，它着重于自然界中与其他构筑物之间的关系，与整个自然群落生命的关系以及与生物圈中生态系统的关系。

也许对许多人来说，对他们影响最小的是自然界中构成复杂生物群落的动物和植物。群落不仅确保了上述物质和能量转换进行有序的循环，而且可以调节湿度，帮助地表缓冲剧烈的地貌变化，并且促进土壤的形成。简言之，人类依赖这些生物体生存，此外还依赖于其维持人类生存所必须具备的其他栖息条件。这些生物体的改变由人类所致，无论是因为人类荒唐破坏环境或是自然过程间接促进，这种改变对人类来说，甚至比与人类行为无关的"自然变化"更加严重。因此，设计师必须意识到每个项目现场的生物群落，并确保维持这些群落的生态完整性。

总体来说，自然系统的基本特点是生态系统和整个生物圈是相对稳定和富有弹性的。这种弹性可以抵制干扰，并能从长期"冲击"（如人类行为）中恢复过来，对保持生物圈的生命及维持系统的正常运行是必要的。在生态系统内部，保持物种、功能、过程网络的完整性，以及联系不同系统的网络，对确保稳定性和弹性是十分关键的。如果生态系统变得简单化，其网络之间失去联系，那么生态系统将变得更加脆弱，面对灾难性和不可逆的退化将会变得更加不堪一击。人类活动导致的变化，例如，全球气候改变（显著变暖），臭氧层破坏、生物多样性匮乏、渔业崩溃、越来越严重的洪灾和干旱等充分证明，生物圈的弹性正在减弱。我们目前和将来的设计决不能再进一步破坏这种弹性，而应在生态系统能力范围之内进行设计。正是由于这些原因，生态设计方法对建成环境和行为活动才显得至关重要。

6. 生态系统的组成

生态系统的组成成分（生物体、群体、物种、生境等）、过程（营养循环、碳循环、生态连续性等）、特征（弹性、健康、完整性等）为我们提供了维持生命的环境。然而由于自然弹性随着时间的推移逐渐降低，生物圈中的生态系统演进受到更多约束，并随着生态系统减少和消失，因此我们设计系统和行为活动的生态影响就变得越发重要。因此，就生态系统的影响而言，我们在设计时越发需要关心环保和进行监控。

与地球生态系统相关的所有设计努力都应适应未来的发展；因此，它们应当具有一定的预兆性和期待性。为了避免将建成环境再次设计成具有单向生产能力的系统，在设计建成环境时，应提前对其组成成分（如材料和组件）的潜在回收、重复使用和再循环能力加以考虑；这才是生态系统的需要和基础。

每个地域生态特征的独特性和唯一性都会通过设计系统的特点反映出来。适用于某个特定场所的设计体系却并不一定适合另一个场所，即使它们表面上看起来相似。正是由于这种唯一性特征，每个地方都必须对各自的生态组分加以评估，即使其生态组分看起来没有任何特征。甚至每个地方都有自己特有的地下水状况、表层土壤、树木等要素，它们都可能对人类破坏行为产生不同的反应。

7. 地球实质上是一个质量有限的封闭物质系统

地球上所有的生态系统和物质及化石能源资源，形成了对人类行为活动的最终限制。承认这种局限性对理解生态设计的可持续性至关重要。一切设计不可避免地受这种限制的约束。例如，地球上最早的生态系统的功能之一是数十亿年前的光合作用，它产生了氧气，这使人类等呼吸氧气的生物得以存活。而未来则取决于生态系统能否保持大气，如，氧气、二氧化碳的适当平衡。我们必须承认，没有任何人造技术系统可以替代这些自然提供的必不可少的服务；同时，确保在目前和未来的设计中不要耗尽或失去这些服务的弹性对我们来说至关重要。

8. 生态设计是对生态系统的过程和不可再生资源合理和审慎地安排及使用

（NB "资源"这个词在这里指自然组分，即使它的语境通常还是意味着要被开采。）这与过去设计师建筑、制造和生产不同，就好像自然环境本质上有无穷的能量一样——为人造环境提供资源以及作为废弃物处理的最终下水道或垃圾场的能力。人类必须清楚，这样的观点再也站不住脚了。一个对生态负责任的设计师在设计时，必须考虑到生物圈真正的局限性，以及生态系统有限的恢复能力。这既包括从资源损失中恢复的能力，同时也包括汇集废弃物的能力。

了解生态系统概念的设计师会充分意识到生态设计是一个以保护为目标的途径。谨慎而持续地利用不可再生资源对于生态设计至关重要。设计系统在其整个使用周期内的生产、运行和最终处理会消耗大量的能源和物质，设计师必须意识到这一点并加以量化。同时，设计师还必须知道不可再生资源被利用或重复使用的程度，即要知道建成系统的资源消耗率。就建成环境而言，一个因素是设计师纳入设计系统的空间容纳量（如建成区）可能已经超出了建筑使用者的要求。倘若提供的空间和物理容纳量区别显著增大，那么它会致使建筑结构对能源和资源的使用率降低，并且这种区别也会在其中反映出来。同时，也可以量化这种区别，将其作为衡量建成系统对生物圈的影响以及消耗地球资源的指标。生态设计实际上涵盖了暂时性整合设计：谨慎使用不可再生资源和可再生资源，使用率不要超过它们的自然再生速率；通过设计使不可再生资源的使用达到最佳化。

9. 生态系统同样也是动态系统，并且总是在不断变化

它们的生物体、数量和相互关系以物种演替过程的方式不断变化。当前物种生存的环境决定了它们演替的类型、速率和局限。当受到周期性或灾害性干扰时，即使最稳定的生态系统也会发生变化。在很多较小的生态系统中，他们的累积性变化可以对一些较大的生态系统产生显著的影响。由于自然环境的这种不断变化，设计师必须加以持续监控，这也包括人造环境发生类似变化的后果。

10. 生态过程的作用广泛而持久，并随着时间而改变

一些过程几乎是瞬间发生，比如新陈代谢功能，然而一些过程又长于人的寿命，比如，分解、树木生长、土壤和化石燃料的形成。生态系统也是随着季节和年份的变化而变化的，同样会受到气候改变和干扰的影响。随着生态系统的持续演变，生态过程同样也在不断变化。人类的破坏性行为给生态系统造成了广泛的损害，并通过生态系统改变了生物、化学和地文流动。人类干扰生态系统的某些影响需要很长时间才会逐步显露。

生态系统的特征是系统嵌套：系统之间相互依靠、变化和循环。通过设计加强生态联系对生态设计十分有益。生态系统中，特定物种或某些物种之间的联系可能对其功能产生重大影响。生态学研究中的两个关键概念是使用指示物种和关键物种。指示物种是评估一个特定生态系统的一种方法。经过精心挑选后，指示物种可以为设计师提供特定的生境信息，特别是有助于解决物种保护问题的必要信息。指示物种的定义是"一种存在于特定场所的生物体（通常是微生物或植物），可以通过它来衡量环境情况"。例如，设计师可能会注意到，藓类植物的存在表明土壤呈酸性，颤蚓蠕虫的存在表明土壤缺氧，滞水表明不宜饮用；某些植物物种的存在可以表明其他物种是否能生长茂盛等。

了解生态系统的构成方式，包括哪些物种与其他物种有内在联系，以及了解它们的地文和土壤因素，对设计师评估生态系统健康状况工作大有裨益。设计师可以把特定物种当作生态系统生境整合的指标。例如，在海洋生态中，蝴蝶鱼被用来监测珊瑚礁的健康状况，作为全体珊瑚礁健康或多样性的指标，如果某个特定珊瑚礁中蝴蝶鱼的数量和种群多样性下降，那么可以看作是珊瑚礁的健康状况已经在大打折扣的信号。内潮生态系统中，筛选的供给者（同样是其物种多样性和动态性）的抽样化学分析可以指明其生境被污染的范围。

　　另一方面，关键物种对生态过程的影响比单纯按物种的丰富程度和生物量估计的影响要大。关键物种通过竞争、共同作用、传播、授粉、改变栖息环境和非生物因素等方式影响生态系统。关键物种通常在它们的生境中影响着生物多样性。例如，海星（Pisaster ochraceus）能保持潮带间群落良好的平衡状态。一旦这种捕食物种发生迁移，群落中所有其他物种的种类及群体密度将发生极大变化。而其他物种的迁移却不会引起这种变化。昆虫的授花粉器是关键物种的另一个例子，由于超过三分之二的开花植物要靠它们授粉进行繁殖。土地转为单一农业用地或城市扩张引起授粉物种减少，会致使繁殖成功率下降，进而会影响那些以种子或果实为生的其他物种。关键物种在生态系统中的地位是如此重要，以至于有人提出将它作为努力保护世界生态系统生物多样性的基础。设计师必须意识到单一物种对生态系统影响的重要性。为管理、理解、恢复生态系统，设计师必须理解和考虑个体物种的角色。

　　土地使用类型的变化对关键物种的影响会远远超越人类使用土地的范围，并且这种影响难以预测。不幸的是，人类通常只会在关键物种迁移或消失从而给生态群落中其他物种带来显著变化的时候，才会注意到它们。

　　关键种的减少可以用同样的方式影响生态群落，引入新物种可能对生态系统过程有着同样显著的影响，它们会成为掠食者、竞争者、病原体或疾病带菌者。例如，在美国西部引入盐雪松作为防风林，因种植物种类减少、蒸腾作用增加、地下水位降低以及盐雪松侵入河岸和湿地生态系统引起土壤盐分增加而导致土壤腐蚀。它对生态系统中的养分循环的负面影响并不难观察到。

　　物种相互作用同样也体现在营养层面上，即发生在食物链的流动和不同阶段，如生产者（或自养、初级生产者）、食草动物、分解者和其他异养生物。在同一个营养级上的某些物种或生物群的大量变化会影响到其他营养级，甚至导致物种多样性、群落乃至整个生产力发生显著变化。因此，设计师必须意识到，在设计和规划某个特定场所用地时，建成结构或基础设施的布局模式会改变自然物种的平衡，还会对生态系统的生产力造成长期的影响。

　　与生态学家一样，设计师可以用指示物种来衡量我们建成生态系统内的环境条件和变化情况。如果我们能在同一生态区找回到我们所设计的建成环境中的物种，那么我们的生态设计就算成功了。例如，设计师应当在任何建筑活动干扰某个区域前，先了解该区域自然生存的物种（因此是生态）；然后通过设计来保存这些物种的生境，并通过生态廊道等使这些生境与其他更大的生态系统相联系，设计时可以将它们作为设计的一部分。在整个过程中，用生态监控来评估所发生的变化是必不可少的。也不以使用指示物种开始，以破坏生境的出现结束。生态研究表明，对破碎的生境有一些适当指标（例如红斑水蜥、环颈蛇、灰树蛙消失）。爬行动物和两栖动物的区域灵敏度可以让它们成为生境破碎的指示物种。

（三）设计中需注意的生态过程因素

除了上述生物因素，设计师还必须意识到生态过程同样依赖于当地的气候、水文、土壤及其他地理因素。

1. 生态系统关键过程（初级生产和分解）

是由土壤因素（土壤养分、温度、湿度）决定的，这些因素的暂时性模式取决于所在区域的气候。土壤因素在平衡生态养分循环中尤其起到了关键作用。土壤中含有大量的分解者，它们以细菌、霉菌和菌根的形式存在，这些分解者最终会影响土壤的生产力和呼吸率，而这正是生态系统能量流动的基础，同样应将它们看作生物体的关键组群。这一点强调了土壤在生态系统中所起的作用。改变特定场所的设计时，设计师必须将生态系统的土壤因素作用考虑在内，必须保留所在区域的表层土。

2. 生态系统结构和功能

生态系统结构和功能的自然模式为引导可持续性土地使用的规划和设计提供了模型。物种种群要适应所在区域的限制条件。一个地方如果超出生态约束的范围使用土地，则必须长期投资，并且会造成大范围的影响。因此，设计师必须确保所采用的土地使用、开发、建筑或园林设计类型能与当地条件兼容。这一点强调了了解当地生态过程的重要性，以及在当地生态系统被破坏前必须对生态系统的清单进行备份。

3. 人为干扰

可以明显塑造和改变生态系统过程和功能的类型、强度、持续时间、频率和时间选择。人为干扰能从根本上改变生态系统的特征，由于它同时影响着地上和地下过程以及物种成分、养分循环和生境结构。例如，建筑施工活动就类似于对生态系统的大规模干扰行为，能够改变生态系统的过程。

生态系统过程还会受其景观格局、规模、形状和模式特征的影响。随着生境面积减少，或如果两个生境区域之间的距离增大（比如，由于人类干预），物种成分和数量就会蒙受损失。对于较大的生境区域，由于具有更高的局部变异性，会比小生境区域容纳更多的物种。生境区域边缘和内部所生存的物种有所不同。设计师在设计时应当加强生境区域之间的连接，提升生态连通性。

不同生境区域之间所需的连通量也随物种的不同而有所差异，这取决于主要物种的数量，空间安排和迁移能力。设计师在某地方设计新的生态廊道时，有必要先确定该生态廊道要实现的目的或功用。此前对"廊道"一词认识模糊，致使对它的界定有诸多矛盾之处。因此，设计师在设计时，应当解决廊道的所有可能功用问题。对生态廊道的正确设计和管理将取决于在开始阶段对它可能的生态功用的准确评估。

4. 生境区域生态重要性

要比它的规模和分布的重要性大得多，比如河流沿岸植被，可能生长在小溪边或小块湿地边相对狭窄的地带等。即使这些地块面积小而且不连续，它们的生态功能却超出了它们的空间范围。这种不连贯的通道具有重要作用，可以储存过多的养分，否则这些养分只能进入水体，导致水体富营养化或酸化。有一种很普遍的危险是，设计师可能会过分设计，而忽视这些看似不重要的生境。从生态角度讲，其他生境可能第一眼看起来很重要，但却是棕地，是城镇或城市景观中常被忽视的土地区域。

建成环境的物质和形态由可再生和不可再生能源以及物质资源构成，而所有这些都来自地球地幔和它周边的资源。换句话说，我们的建成系统依靠地球提供能源和物质资源才能持续健康存在和得以保存。因此，生态设计是对这些资源使用的一种节俭而谨慎的管理形式。我们的人造环境不应当再被设计成具有单向生产能力的系统，而应设计为封闭或循环的系统。

设计师必须意识到生态系统为我们的建成环境提供的"服务"。这些服务包括物质流动、能量流动和信息流动，它们来自人类赖以生存的生物圈。生态系统提供的这些自然服务至关重要，没有它们，人类这个物种就不可能生存。

现就这些"服务"总结如下：初级生产力——光合作用、制造氧气、去除空气中的二氧化碳，并在植物上固碳，从而形成食物链的基础；授粉；害虫和疾病的生物控制；生境和庇护所保护（维持食物、抗病性、医药的遗传资源）；水供给、水量调节（即洪水控制——相比裸露的山坡而言，有植被能显著降低径流量）和净化水资源；废物循环和污染控制（由大批分解者进行）；养分循环；原材料生产（木材、草料、生物燃料）；土壤形成和保护；生态系统干扰调节；气候和大气调节。

人类若想用可持续和经济上能承受的技术体系和替代品，而不用不可再生能源资源来替代自然界提供的免费"服务"是行不通的。基于这个简单的原因，生态设计应当尽可能多用被动式和非技术性手段，由于这种设计模式不需使用不可再生能源资源。为确保自然界中这些生态系统服务持续存在，必须恢复和维持生物圈中生态系统的环境健康以支撑人类生存，这对人类来讲，至关重要。

第三节　城市生态的一般法则和理论基础

一、从系统到环境的互动矩阵

这里以互动矩阵的形式来介绍生态设计的理论依据和基础。这是一种分类矩阵和互动框架模式，便于让设计师明白在设计时必须考虑哪些方面，进而使设计尽可能全面。总之，要考虑如下因素：设计系统的环境；设计系统本身以及所有活动和过程；输入设计系统的能量和物质（包括人在内）；输出设计系统的能量和物质（包括人在内），以及在设计系统整个生命周期内，上述所有因素作为一个整体时它们之间的相互作用。

确定生态设计的理论基础至关重要，由于对什么是生态设计至今还没有一公认和有用的界定。此外，符合要求的绿色设计理论要能体现一整套被普遍公认的原则，但目前这种理论仍未建立。在对生态设计还未做出符合要求和公认的界定及理论框架之前，这一情形还会继续，还会有针对生态设计合理性的进一步批判。一旦生态设计不再是人们讨论的话题，或不能在关键和紧急情况下再为这种矛盾和误解提供令人满意的解决方案，最终甚至可能导致生态设计遭到否决或搁浅。

为了避免这种最坏情形的发生，有必要制定生态设计的基本法则。如下所述的互动矩阵实际上就是生态设计的法则和理论在确立研究领域时，理论是理解和完善该领域不可或缺的一部分，因此，确定生态设计的理论依据至关重要。这种理论提供了框架，涉及该领域的知识不但可以通过该框架逐步形成体系，还可以通过该框架得到检验。

这里所说的法则需要设计师关注设计系统的构成元素（输入、输出和内外关系），理解这些元素之间随着时间的推移如何互动（静态和动态），每种元素都代表分类矩阵的四部分。实际上这可以让设计师知道设计系统的哪些生态影响要优先关注，哪些在设计时要予以考虑或调整。

我们应该承认生态设计是复杂的，甚至比许多生态设计师目前对它的认识复杂得多。互动矩阵更具体地告诉设计师，生态设计涉及与环境相应的一系列相互依赖的互动关系或联系（全局与局部），必须将其视为动态的活动（即随着时间而变化）。它为生态设计的预期特性提供了整体结构。且不足之处在于它们没有充分体现对生态至关重要的环境整体特性（如互通性），而这是分类矩阵的固有特性。

必须明白，生态设计的基本前提是人造环境和自然环境的互通。因此，任何设计方法只要没有考虑这种互通性，或未考虑在本框架中因此产生关联的全部互动关系，都不能视为具有整体性，因此也不是生态设计，充其量就是一种不完整生态设计的方法。

同时，环境可持续目标要求最大限度降低（并做出响应）互动关系对地球生态系统和资源造成的负面影响。在这种情况下，每种互动关系（在框架中）都可能是使用时要考虑的生态原因。当然，我们应当意识到，生态设计不是遏制行动，设计系统可以对环境做出有效贡献（通过使用光伏电池产生能量），同时通过生态系统复原和生物多样性增强机制可以恢复和修复被破坏的生态系统。

我们的需求很简单，就是一个将设计系统的一系列生态互动与地球生态系统和资源进行组织、整合和统一的综合框架。该框架必须确定生态设计可能造成的影响，便于设计师评估哪些不合要求，哪些需要通过设计组合将影响最小化或做出改变。生态设计的理论基础必须使结构化和组织原则简单、易行。可以是开放式结构形式，这样选定的设计限制因素（如生态考虑因素）就可以作为一个整体同时得到组织和确认。此外，开放式结构必须能够促进我们在接下来的组合中，对设计目标进行选择、考虑和确定。

这种开放结构可以只是一个概念上或理论上的框架。但它能让设计师决定哪些生态因素要在设计组合中加以考虑，同时确保对其他相互依赖的因素进行全面检查时有据可依，这些相互依赖的因素会影响设计，关键是要能证明它们的相互关系，最后它们也是生物圈中所有生态系统互通性的一种基本特性。

为构建生态设计理论，我们可以考虑使用一般系统理论方法，要考虑我们的设计作为一个存在于环境中（包括人造环境和自然环境）的系统（即设计系统或建成系统）会带来的结果。生态系统和一般系统的概念在生态学中都很重要。通常，在分析系统和它所处环境的关系时，不会对用于分析或描述设计问题的变量加以限制。事实上，这也适用于所有设计。我们在选择输入输出范围来描述系统和它所处环境时，不管有多幸运，它也不会是一个完整的描述。同样的，设计和理论概念化至关重要任务是在设计决策阶段中选择正确的变量。

通过将开放式结构当作一种设计图来使用，设计师在寻求设计解决方案时也可以将其他任何与环境保护问题相关的行为准则（如，废物处理、资源保护、污染控制、应用生态学等）包括进去。这些相互作用行为对于生态设计来说，是生态设计理论必不可少的特性：它必须包罗万象，还要开放。

由于生态设计有预兆性，也有预期性（如上所述），本质上，设计过程就成了对环境影响和效益的预期，以及它实际所能实现的程度的一种陈述。从先前对生态学和生态概念的检验中我们发现，任何建成系统的环境影响程度都可以根据其对地球生态系统和过程，以及地球上的能源和物质资源（如某一特定产品或服务）的依赖程度（需求和贡献）来测定。这种依赖性既包括整体层面（不可再生资源的利用），也包括局部层面（局域生态）。因此，如果设计师意识到了设计对生态环境的影响（有利影响和有害影响）；那么，这种意识实际上代表了这些环境影响的累积效应，设计师已经认可和预料到了。

不管怎样，以这种方式来定义设计不能让人类在生物圈中扮演剥削者的角色。相反，这种方法进一步强调了人类及其在生物圈中的建成结构对地球资源的依赖程度，从这一观点出发将帮助我们把注意力集中在设计系统具有生态意义的那些方面，同时注明不利于影响可能会被消除、降低或弥补的重要领域。

环境的各种功能和方面与人类对它们的使用相互关联和重合，并会合于转换点，设计系统和周围生态系统在这里进行互动；同时，在这里进行友好和紧密的生态整合至关重要。这些转换点对生态设计极其重要，因为如果转换点没设计好，那么频繁的交换会导致生态系统受到破坏。因此，设计系统直接或间接依靠生物圈的特定要素和过程将通过如下几方面得以验证：一是使用包括矿物质、化石燃料、空气、水和食物在内的可再生和不可再生资源；二是使用生物、物理和化学过程，如分解、光合作用以及矿物质循环；三是作为人类活动产生的废弃物和排泄物处理的终点，包括生命过程和人造系统的运作（如垃圾填埋场废物处理）；四是作为人类生活、工作和建造的物理空间。

正是在这些领域，生态设计必须实现对环境有效的、无危害的整合。

然而我们必须记住，设计系统的转换点不会对生态系统造成任何影响的设计是不存在的。正如我们所见，通过设计，仅建筑物和产品实体就造成了生态系统的空间位移（即占据空间）、还占用了土地，即减少了生物圈的空间。我们必须清楚，既然有了上述最基本的环境影响，就不可能实现绝对的生态兼容。然而，我们可以建立和制造这样的设计系统和产品，促使它们最大限度降低对环境的破坏，甚至还会带来一些益处。生态设计的目标是让负面影响降到最低，同时让建成系统和自然生态系统之间有益的互动作用最大化。

从生态学家的观点来看，建筑物作为一种建成形式的设计结果，代表了对实际与潜在的需求和对生态系统及地球资源的影响。要确定这些需求和影响，我们务必从获得这些能量和物质的环境源头到对设计系统的依赖性，直到其使用寿命末期来追溯设计系统中使用的能量和物质模式。如果我们认可这种原理，就意味着设计系统所有属性（不管是功能上、空间上、经济上还是文化上等）都要从它在全生命周期内与地球生态环境的关系背景上来看。因此，生命周期概念对生态设计来说至关重要。然而在生态设计中，生命周期包括了从开采到加工一直延续到重复使用、循环与环境重新整合。其原理是，只有确定每种设计方案的相关性，才能评估对生态系统造成的不利影响，并将其降至最低和采取预防措施。在实践中，不可能完全确定或量化，不过可以采用指数和广义理论框架来说明这种相关性。

二、生态设计的理论框架

建筑物、设计系统，或产品都有实体（形式、选址和结构）和功能（即在生命周期内，维持其生存的系统和运作），两方面都涉及建成结构和自然环境的关系，这种关系是随时间的推移逐渐形成的。设计系统就像生物体一样，然而消耗的不是食物而是能量和物质，同时向环境输出。因此，我们的理论框架结构也应该模拟所有这些交换过程。

对设计系统的生态模型而言，三个要素必不可少。我们的理论框架必须对建成系统本身进行描述，对环境进行描述，包括周围的生态系统和自然资源，以及用图例表示这两者之间（即建筑物和它所处的环境之间）相互作用关系。

第一步要系统地考虑设计系统的内部过程。第二步则根据对建筑物的物理和功能要求的全面了解，以施工活动和建筑物持续运作从环境中获取能源和资源的形式，测量与地球生态系统的相互作用。同时还要测量由于建筑物内部系统运作而回到自然环境中的物质和能量的数量。就建成结构而言，它包括将人和货物从建成结构往返运输的影响。

还有一个补充问题，即建成结构作为一种生态要素在环境的空间构型中的关系。建成结构作为建成环境存在于自然环境中，意味着会与生物圈进一步互动，并造成进一步影响。而对这种影响的分析也必须纳入理论框架中。可用开放式一般系统框架来建构设计系统和它所处环境之间的"互动作用组合"。

在一般系统理论中，开放式系统和它所处的环境保持接触的概念大有益处。基于对建成环境和自然环境间的基本互动作用关系的分析，这种互动作用可以分为以下四个组合：组合一：外部相互依赖性，指设计系统和外界环境的相互关系；组合二：内部相互依赖性，指设计系统内部的相互联系；组合三：由外至内进行物质和能量交换——即系统输入；组合四：由内至外进行物质和能量交换——即系统输出。

这四个组合有效地阐述了建成环境和自然环境间的转换点。生态设计必须考虑到这四个组合以及它们之间的互动作用。这样，每当我们进行设计时，从而就可以通过系统框架来确定设计系统会如何影响陆地生态系统和自然资源。

生态设计师构建的"分类矩阵"将这些互动组合以单个符号形式统一起来。我们可以用数字将设计系统和它所处环境的关系概念化，并加以演示（"1"代表建成系统，"2"代表环境）。如果字母 L 在系统框架里代表相互依赖性，那么这四种互动作用就可以确定。在分类矩阵中，将它们分别标记为 L11，L12，L21 和 L22。这个数字抽象地描述了设计系统和它所处环境间的关系。

记住，1 代表建成系统，2 代表它所处的环境，我们可以将这四组互动作用关系绘制到分类矩阵上。L11 代表系统内（内部相互依赖性）的活动过程，L22 代表环境中（外部相互依赖性）的活动，L12 和 L21 分别指系统 / 环境以及环境 / 系统间的相互交换。因此，内外关系和互动依赖性都一一得到解释。实际上，"LP"是指生态设计，它是同时考虑这四个组合（及 L11，L12，L21 与 L22）在设计系统整个生命周期间，彼此互动作用关系的概述。

分类矩阵本身是一个完整的理论框架，它体现了生态设计需要考虑的所有因素。比如说，设计师可以利用这一工具全面地检验欲构建的系统或产品与其所处环境之间的互动作用，同时考虑到上述四个组合中环境的相互依赖性。

这样，从概念上讲，根据如下四组互动作用关系，我们就可以对设计系统进行分解和分析：

（一）L22

这些相互作用描述了设计系统的外部相互依赖性或"外部联系"。这代表了周边生态系统的整个生态过程，就像我们看到的那样，它与其他生态系统相互作用。因此，L22 不仅完全包括了局域环境，也包括了陆地资源。同时它还包括了地球资源的创造过程（比如化石燃料，以及不可再生资源的形成），这些过程可能会与建成结构的运作相互影响。建成系统的建立或运作会改变、耗竭或是增加这些外部资源。

（二）L11

内部相互依赖性是指建成系统的内部环境关系。即建筑物内部的所有活动，包括所有运作和功能。建成结构内部的新陈代谢作用影响更明显，这种影响会从建筑场地延伸至生态系统，并通过连接性反过来影响其他生态系统和生物圈的所有资源。L11 的影响贯穿建筑物整个生命周期。

（三）L21

矩阵的该项限描述了进入建成系统的总输入量，包括所有进入其结构的交换物质和能量（包括人在内）。设计系统的系统输入包括构成其组分的资源及其运作过程所需的物质和能量。获得这些让建筑物运行的资源（从地球中开采基建材料和能源）通常会给生物圈和生态系统造成破坏。

（四）L12

很明显，生态设计师最关注的是从建成环境进入自然环境的全部输出物，然而这些输出物仅占全部互动作用的四分之一。然而，它们不仅包括建筑物施工和运行过程中排放的废物和废气，还包括建筑结构本身的实体物质。很明显，如果自然环境不能吸收这些输出物，那么它们就会造成生态破坏。

任何声称是生态保护的设计方法，只要没考虑这四种因素以及它们之间的互动作用关系，都不能说是完整的生态设计，由于互通性是生态系统至关重要的特征，未考虑这个因素就是非生态的设计方法。

如上所述，整体的生态设计必须考虑局部和整体环境的互动作用：设计必须有预期性和前瞻性。同时还得是动态设计，因为不管是建成结构还是产品，在设计系统整个生命周期中都必须考虑它的影响。还有一点，绿色设计本身要求非常苛刻。它既要考虑本身对环境的影响，同时也要设法消除对生态系统和陆地资源的负面影响。

设计时，生态设计师必须遵守这些原则，设法最大限度地提高设计的实用性和有效性，降低建筑施工和运行带来的负面影响。因此，设计师应尽可能采用"平衡预算"方法，权衡环境成本，进而以破坏性最小、最有利的方式使用全球资源。

生态设计框架提供了确定环境要素间联系的基本结构。生产建筑材料、搬迁建筑住户、运行建筑设备和系统，以及建筑物生命周期中其他过程中消耗的能源，生成的废弃物和使用的资源，这些都与环境要素的数量或质量的不断变化有关。这些变化的瀑布效应可以用来追踪它们对生态系统和特定群落的影响。作为对环保关注的终点，在群落里进行生物整合必不可少。评估这些影响能让我们准确判定它们对动植物群落生产力的重要性。

生态设计师在考虑特定环境影响时，应当着眼于和该环境相关的整个生态链，避免只关注到中间影响。各种影响之间并不是简单的线性链关系，而是复杂的网状联系；每次排放或使用自然资源都会导致空气、水和土壤及资源存量发生质量或数量的变化。反过来，空气、水和土壤及资源在质量或数量上的这些变化也会影响到生态链的不同终点。

从应用生态学的观点来讲，生态设计实际上与集中精力管理某一特定区域（如建筑工地）的材料和能源、管理某个特定项目或装配件（如产品设计）相关。也就是说，设计师实际上已经将地球上的能源和物质资源（生物和非生物组分）从开采管理、装配直到临时的人造形式上都纳入考虑，不管它是建成结构还是产品（以为物品都有使用寿命）。到了使用寿命末期，它们在建成环境里不是被重复利用就是被循环，或是被吸收到自然环境的其他地方。但是，无论这种模式看起来有多么机械，我们都必须清楚，生态设计远不只是对能源和材料进行简单的管理。设计系统必须塑造一个生物与非生物组分平衡的生态系统，或者最好是塑造一种从局部到整体与自然环境有着多产甚至修复的关系。当然，我们还必须考虑设计建成系统的其他常规因素：设计方案、成本、美观性和场地等。

这里的理论框架提醒设计师，设计系统不仅是一个空间对象，它还有内部功能（L11）和外部联系（L22），这些同样都是设计系统的组成部分。在设计过程中，必须随时考虑环境的互动作用，这种互动作用不仅指结构的物理实体及其组分，同时也包括建筑物的功能方面、使用寿命期间的输出物以及后来对结构本身的处理，这些也都是分类矩阵的构成要素。

设计师可以将分类矩阵和上述互动作用关系组合分解，以核实设计系统的环境互动作用和影响，并将其概念化。同时，设计师还可以利用框架来分析或"拆析"设计，将设计系统要素间的互动作用分开，分别放入矩阵的四个项限中：资源输入（L21）和输出（L12）；内部功能（L11）；以及外部环境关系（L22）。值得强调的是，设计师的职业道德要自始至终贯穿矩阵的各个环节（即包括全部相互联系），设计时必须考虑到这点。从狭义上讲，设计时除了必须履行这些责任外，还有一个重要任务，那就是随时牢记"绿色"原则，包括持续发展的总体目标（即人类干预后，生态系统必须还能持续），最大限度地降低人类活动对环境导致的破坏性影响，同时最大限度提升对环境有益和可补救的影响。

因为矩阵具有系统性和全面性，可以用矩阵对环境影响评估进行核查。这提醒设计师在设计时要注意预期影响和互动作用的范围。比如，设计师在设计时可能会忽略掉某个互动作用，或为了强调某一因素的重要性而忽略另外一个因素，进而造成设计不平衡。

如果设计师一味地关注建成系统造成的污染（负面输出），努力减少这些输出物，那么即使这种设计是以"绿色"为目标，也会导致过多的能源输入，从而消耗更多的地球资源，还可能给其他生态系统（可能不是局部生态系统）造成压力。利用分类矩阵可以防止这种"跷跷板"效应，设计师只要牢记，任何设计在建筑物的整个使用周期内，只要未考虑到整个环境互动作用和后果，这种设计都不全面，因此从环保角度讲都不符合要求。

同时，矩阵框架要求设计师将设计系统及其组分与周边的生态系统进行整合，这种整合或同化方式能确保对生态友好，甚至可以实现共生。一旦设计系统开始运行，它的输出物对环境或多或少都会有影响，这种影响会降低生态系统提供输出物和自然资源的能力。有一种更全面和复杂的模型，它由反馈环构成，但相比目前的框架，这个模型还需进一步完善。

这一理论的主要特征是具有全面性。之前对生态设计的定义也应用到了某些设计方法中，虽然不是很精确，这些设计方法对环境有一定的关注，然而不能核查它们的有效性和全面性。因此，这种理论框架可以用作分析工具，来评价其他设计师设计方法的敏感性和检测它的全面性。从多方面讲，由于生态方法是框架的删节版，由于没有考虑矩阵项限，或未注意到某些环境的相互依赖性，因此不是真正具有整体性、前瞻性和"绿色"的设计。如上所示，一个不完整的生态方法和非生态方法一样，会对生态系统造成破坏，事实上还会使那些力图避免的问题死灰复燃。因此，这里所说的矩阵和框架的功能也取决于它们的全面性。

综上所述，互动作用框架有以下四个主要功能。

一是设计师利用概念框架来组织和设法解决设计系统的生态分歧。在确定结构和生态之间的全部互动作用后，设计师就能根据各种因素（如所用材料）将这些材料组装到建成结构上，把对环境的负面影响降到最低。

二是这个模式可以共享，即设计师和其他用来评估设计系统的生态影响的行业人员都可以将它作为参考标准。这种通用性提升了"多重全面性"，由于对相互关联的环境问题的审查自始至终是以持续、和谐的方式进行的。

三是随着时间的推移，通过这种模式建立一个共同参考标准使进一步进行理论阐述成为可能。为了解决人们关注的环境问题，之前相互独立的具有相似问题的领域应该联合起来。比如，保护自然资源或提供替代方案可能对设计过程有所帮助。

对环境承诺和原则的真正考验是人类活动的程度（即在开垦土地时），这个模式提供了一个全面的框架，便于认识建成系统和生态系统的相互关系，让各领域的人通力合作，一起为生态设计理论做出贡献。

四是这里所说的相互作用理论是独一无二的统一理论，它将过去未经协调的环境科学和保护统一到一个理论之下。

正如理论能统一不同学科一样，这种设计模式也可以扩展到其他领域。设计师可以用该框架描述、预测设计系统的环境影响，而其他理论家和实践者可以用它来模仿多种有生态影响的广泛的人类活动。例如，用于旅游业以及对自然场地有影响的其他娱乐活动。

最后，这里构建的理论结构指出了该主题的其他设计原则和研究的差异。若要全面探索生态设计，需要某些数据，如果暂时没有可用的，就必须获得相应数据并将其量化。这种全面的设计框架提供了一个参考标准，设计师可以用它来评估任何设计，或在设计间进行相互对比。

以上前提为生态设计提供了广泛的理论基础，可以应用到我们设计系统或其他建筑类型中。从这一点开始，生态设计的应用策略，首先应该强调保护能源和物质的设计（即L21和L11）；或更精确地讲，在设计系统整个生命周期内，对能源和物质进行管理。很明显，这只是设计过程的开始。

我们必须清楚，相互作用框架并不能替代设计创造。在任何设计方案中，设计师都必须通过设计将选定的因素合成为一个实物形式，尽管很明显这是基于有依据的决定。在这一设计组合的过程中，这里所说的结构模型对确定生态的相互作用和意义很有帮助。就建筑物而言，这种设计决定毫无疑问是附加物，然而也应该优先于通常需要做的建筑和工程决策并对其予以指导。

分块矩阵同时还指出设计决策和材料的选用会对工程现场外的生态系统带来影响。每个设计问题都代表了设计系统主要元素和形态需求间相对重要性的特定生态平衡：不管哪一种情况，与这种平衡相关的设计组合都成了设计生态响应建成环境最有效的方式。

不同设计方法都可以当作备选方案，它们或多或少都有自己的优势，最终选择哪一种设计方法取决于眼前的设计问题（对某一特定的设计师而言）。我们不要试图预先为设计定一套标准的解决方案、由于没有任何单个或成套的草拟解决方案能解决所有的环境问题。这样做不是为了提供"万能药"（鉴于设计和解决方案多种多样，根本不可能实现），而是举出实例并提供备选方案，让设计师洞察建成系统对环境多方面的破坏。在某些情况下，可能根本不需要合成实体系统就能解决问题。这里讨论的技术问题只是现状。

设计系统最终影响将反映设计师在设计过程中，对整个范围环境影响的容忍程度。然而，分块矩阵虽然是一个全面的框架，但不具有纲领性。也就是说，它涵盖了所有可能出现的问题，但很明显，它不包括某些特定状况和情形。它可以作为生态设计守则，然而把这些守则应用于实际设计的是设计师个人。目前能预计的是可能会碰到的设计问题类型，在生态系统互动作用和影响领域尤其如此。从一开始就必须构建绿色设计框架，因为最初的选择很大程度上决定了对环境破坏的程度，影响设计系统反馈效应的大小以及进行纠正的可能。

即使在设计成形前，设计师也应该根据分块矩阵和绿色设计框架分析策略选择。分析结果可以缩小解决方案的范围，清楚表明在解决设计问题时需要了解的相互关系。各种因素和关系可以通过图表表示，以便于强调它们最重要的特征；同时这种概要性图解还可以用于许多其他情况，即用于现实设计和项目中，而不仅是一种理想化的概念。这样，设计问题的异同便一目了然。

到目前为止，互动作用模式和矩阵让那些遵循绿色原则的生态设计师对设计问题有了大体的认识。其实，这就像一张地图，从认识问题到最终解决，有很多条路可选。在设计中，设计师如何成功越过这些"地图"上的障碍和限制是他们个人的事情，这既与设计师的个性有关，又与所选用地点的特定环境和其他因素有关。重要的是，建成体系在适应自然环境时，设计师并没有忽略分块矩阵中确定的互动作用；但至于到底如何处理，完全是个人选择的问题。

通常就理论而言，互动作用矩阵作为一种理论建构，对该领域研究的不断发展起着重要作用。在科学方法中，它是提出假设的首要焦点，然后在实践中经受检验。

根据分类矩阵的四个因素来整体考虑生态设计。很明显，生态设计是跨领域的，它不仅涉及建筑设计、工程设计及生态科学；还涉及环境控制和保护的其他方面，如资源保护、回收实践和技术、污染控制、蕴含量研究、生态景观规划、应用生态学及气候学。分类矩阵演示了各个学科之间的互通性，而在生态设计时，必须把这些学科整合到一起。设计系统的形态层出不穷，融合了各种各样的特征、子系统和功能，而这些都是跨领域影响的结果。

输入管理，或 L21；输出管理，或 L12；环境现实与建筑相结合的管理，或 L22；与其他三类因素相关的建筑的内在操作系统的设计与管理，或 L11；以上所有几类与生物圈内自然系统（以及其他人造系统）共同起作用的相互作用。

为实现最后一个（也是最宏观的）目标，即对我们的人造建成环境共存的各层面、生物圈自然周期以及生物圈中其他人为结构、群落和活动（即全部输入、输出、运行活动和环境影响）进行整体监控、同步化和整合，起初看起来可能有些幼稚和理想主义。但是，这对实现生态设计及可持续性的整体效力至关重要。然而，要实现这个目标需要借助数字和卫星全球信息系统（DIS）技术。它们能提供全面的、前瞻性的全球经济政治决策的统一，这些技术将对生物圈生态系统和过程与人造环境的共存进行持续监控。（比如，可能会利用超高效率的纳米生物传感器，光纤设备来感测污染，从而迅速而准确感知和检测对环境的损害；再比如，用来感知生态系统中食物、空气和物体表面上的病原生物体和细菌毒素，以及查明生物多样性的损失等）。设置这种全球生态感知系统在技术上是可行的，政府和国内外机构应将它作为首要目标。

第八章 城市景观生态旅游规划设计

旅游业已经成为一种时尚产业，随着人们环境意识的增强，生态旅游受到人们的追捧，成为一种潮流。关于城市景观生态旅游规划设计，本章将从生态旅游与生态旅游系统、城市景观生态旅游规划理论、景观生态旅游规划主要内容、生态旅游开发影响这四个方面进行详细的介绍。

第一节 城市旅游与城市旅游系统

一、生态旅游

（一）生态旅游的基本功能

生态旅游迅速发展，是人类在旅游开发领域中对可持续发展主题的积极响应和深刻理解的结果，生态旅游的发展正好与可持续发展所倡导的生态文明建设的精神相一致，这主要体现在生态旅游的基本功能上。

1. 旅游功能

生态旅游是高品位的旅游，它首先能够满足人们对旅游的基本需求，更重要的是能使人得到传统旅游没有的体验，它已经超出了传统意义上的吃、住、行、游、娱、购等内容，特别是强调旅游者自身的责任和义务，生态旅游需要人们共同创建一种新的时代——生态文明时代。它既能满足人们松弛身心之需要，又能使他们回归自然、亲近自然，找到"回家"的感觉；同时，旅游者也是家的主人，对家园的保护有一定的责任。

2. 扶贫功能

客观上，生态旅游地多是自然风光较好、生态环境保护较好的地方，同时也多是经济相对落后地区，发展生态旅游是把生态环境作为一种资源来利用和保护，为人们亲近自然提供场所，带来直接的经济效益，同时以发展生态旅游为契机，拉动旅游地社会经济发展，许多风景名胜区社会经济发展明显快于周边邻近地区就是一个例证。通过发展生态旅游让人类改变传统的资源观、消费观，从而认识到生态环境不仅是一项资源，而且它的价值比其他资源价值更高、更宝贵。

3. 保护功能

发展生态旅游业给旅游地带来了社会经济效益，一部分居民从土地上解放出来，减少了对自然的索取；另一方面，在发展生态旅游建设过程中，加强了旅游者、旅游地居民、旅游经营者的环境意识，促使生态环境保护建设成为人们自觉行动。很多风景旅游区都有旅游者参与生态保护建设的事例。生态旅游要求在保护生态旅游环境的基础上开展生态旅游活动，保护的首要任务是做好保护规划，防患于未然。

4. 环境教育功能

生态意识将是 21 世纪人类个体的基本特征，是人类赖以生存的第一意识，在人口众多的中国提倡生态意识尤为重要，生态意识的普及依赖于公民教育，在发达国家已开始意识到生态问题，并把生态意识普及纳入公民教育中。增强生态意识，加强生态教育已成为生态文明建设的主旋律，发展生态旅游，客观上起到对参与生态旅游的人增强生态意识和生态教育的作用；通过生态旅游使人们增强生态保护的责任感和使命感，树立"天人合一"的观念，通过生态旅游促进旅游地社会经济发展，改变人们的资源观、价值观，而自觉地加入保护生态环境的行列中来。

生态旅游成为新生事物，是综合功能的旅游，它是旅游可持续发展的一项战略活动。生态旅游涉及社会、经济、环境、决策等众多系统支持的一项生态系统工程，这项生态系统工程的核心在于融合协调旅游者、旅游地居民、旅游经营者和政府部门与生态环境保护建设之间的关系。

（二）生态旅游的特点

1. 普及性

生态旅游是建立在传统大众旅游基础上的，随着社会经济的发展、大众环境意识的提高，到大自然中呼吸新鲜空气、修身养性的生态旅游将成为人们如吃、穿、住一样的基本生活需求，生态旅游者的队伍还将不断扩大。由于生态旅游将成为全球性旅游时尚，中国于 20 世纪 90 年代召开了第一次全国生态旅游研讨会。短短几年的时间，生态旅游在全国各地的广泛开发就充分说明了普及性是生态旅游的一大发展特点。

2. 保护性

和传统的旅游相比，生态旅游的最大特点就是其保护性。生态旅游的保护性体现在旅游业中的方方面面。对于旅游开发规划者来说，保护性体现在遵循自然生态规律和人与自然和谐统一的旅游产品开发设计上；对于旅游开发商来说，保护性体现在充分认识旅游资源的经济价值，将资源的价值纳入成本核算，在科学的开发规划基础上谋求持续的投资效益；对于管理者而言，保护性体现在资源环境容量范围内的旅游利用，杜绝短期经济行为，谋求可持续经济效益协调发展；对于游客，保护性则更多体现在环境意识和自身的素质。

3. 多样性

生态旅游建立在现代科学技术基础上，满足大众的多样旅游需求，旅游活动的形式多种多样。生态旅游在发达国家和地区的多样性已表现出来，除了传统大众旅游的观光、度假、娱乐等旅游活动方式外，根据现代人的精神需求出现如滑雪、探险、科考等一系列特种生态旅游。随着生态旅游的发展，生态旅游活动的形式将日益丰富多样。

4. 专业性

生态旅游活动内容要求具有较深的科学文化内涵，这就需要活动项目的设计及管理均要有专业性。生态旅游活动的专业性，首先源于游客的旅游需求，游客到大自然是整个身心的回归，开发出来的旅游产品应使游客在短暂的旅游活动中融入大自然，能够享受大自然、感悟大自然、学习大自然，进而自觉地保护大自然。这样的旅游产品的开发没有专业性知识的人是难以完成的。生态旅游活动的管理也需有专业性，否则生态旅游特有的旅游对象的保护，四大效益的协调发展将成为一句空话。

5. 精品性

生态旅游产品或商品应该是高质量、高品位的精品。生态旅游产品的精品性首先体现在"真"上，游客追求的是原汁原味的旅游真品；精品性也体现在质量上，游客追求的是货真价实的高品位的产品；精品性还体现在其利用价值上，精品能经受时间的考验，不会由于时间的变迁而降低或丧失其价值。

（三）中国生态旅游发展的新导向

1. 生态文明导向的旅游发展观

生态旅游作为一种旅游业发展理念，也是一种旅游业可持续的发展模式。它是随着人们环境意识的觉醒，绿色运动及绿色消费活动兴起而产生的。生态旅游界定为在一定自然地域中进行的有责任的旅游行为，为了享受和欣赏历史的和现存的自然文化景观，这种行为应该在不干扰自然地域、保护生态环境、降低旅游的负面影响和为当地人口提供有益的社会和经济活动的情况下进行。其核心是"回归大自然旅游"和"绿色旅游"，或者是"保护旅游"和"可持续发展旅游"。

随着中国旅游业逐步走向大众化，旅游业作为综合性战略支柱产业全方位提升，尊重自然、顺应自然、保护自然的生态文明发展理念确立，生态旅游也从过去一种"生态文化"在旅游业中植入，进而逐步演变成旅游业主导的区域社会经济中"五位一体"协调发展的绿色实践和绿色经济发展模式。

2. "大生态"导向的旅游资源观

生态环境包括原生态、半人工半自然生态和人工生态三部分。早期生态旅游倾向于以大山、大水、大沙漠、大冰川、大草原等有"原生态"或者"蛮荒"环境的核心生态旅游区为基础展开。

· 随着城市化进程的加快和旅游方式向休闲度假化的转型，距离城市较近的半自然半人工或者人工生态景观受到更多的关注。对传统自然型生态景观综合改造，形成山岳、湖泊、河流等半人工生态为主导的生态度假旅游，以及以农村田园景观为基础的人工生态休闲旅游成为重要依托。所有优美的自然生态和人文生态环境都成为未来生态旅游重要的资源基础，这与乡村转型和农业区域化、特色化和产业化发展模式相适应，生态旅游从"上山"到逐步开始"下乡"，传统大平原、大乡村生态旅游崛起值得期待。

3. "生活化"导向的市场观

已有生态旅游体现的是一种人与资源和谐共处的旅游活动形式，对人类与旅游相关的行为模式有严格规范和要求。新阶段，由于城市化进程加快和城市群崛起，城市生活更加拥挤，城市生态空间被逐步压缩，城市居民对于外部生态空间需求更加强烈。以城市或城市群近郊区为核心的生态休闲度假旅游将成为主流的生态旅游市场。这种以城市生活延伸为主导的大众化、家庭化、个性化和自驾车化等为主要形式，以享受"生活化"，提升幸福感为导向的生态旅游市场将为成为生态旅游的主导类型。

4. 品牌化导向的多尺度产品观

生态旅游市场的形成与壮大更需要品牌化生态旅游产品，其实早在20世纪90年代末的中国生态旅游年，已推出了生态旅游的类型就包括了观鸟、野生动物旅游、自行车旅游、漂流旅游、沙漠探险等十大类专项产品。如今适应自驾车时代，高速交通网络以及全域旅游时代的到来，生态旅游多尺度模式产品形式不断凸显。以各级各类的国家自然保护区、国家森林公园、国家地质公园、国家湿地公园、国家风景名胜区等"散点式"生态旅游产品为基础，以全域生态旅游目的地创建为终极目标，通过自驾车风景廊道的串联，生态旅游产品逐步呈现向"点、线、面"多尺度旅游产品联动发展的态势转型。

5. 全域化导向的空间观

全域旅游是未来区域旅游发展模式和重要的发展理念，对于生态旅游空间而言，呈现两种导向：其一是"生态旅游功能区"建立。这种趋势以国家主体功能区中的部分限制开发区和禁止开发区为基础，重点强调在严格保护基础上，保障生态功能区完整性，协调生态功能区域和其他空间区域的关系，协调处理好作为城市群生态空间与生活空间和生产空间的关系，探索建立生态旅游功能区旅游"主业化"推进模式，并推进特定生态旅游目的地"景区""城区""社区""园区"的联动发展；另外一种以完整生态功能单元为主体的"流域化"和"疆域化"空间扩展模式。主要以长江国际旅游带建设和"一带一路"国家战略推进为基础，从而逐步向自然"流域"（长江、黄河）和疆域（"一带一路"）全面扩展。

6. 融合化导向的产业观

俗话说"绿水青山就是金山银山"，然而，绿水青山变成金山银山需要以生态环境为基础的生态产业的大力发展。在生态产业体系中，以生态旅游产业将具有特殊重要的地位。这涉及两个方面：其一，传统生态型旅游目的地的"旅游+"综合提升，这主要以传统山岳生态景区，湖泊生态景区以及森林生态景区等为主。其重点通过丰富和完善相关旅游业态，进而形成旅游产业集群集聚，推进旅游功能区的建设，实现传统生态旅游目的地的转型升级。其二，非传统生态旅游活动的"+旅游"转型发展，这种主要以生态旅游业发展与相关行业或者部门的融合发展，特别是旅游公共服务体系的建立为重点，以譬如水利风景区、国家森林公园以及传统乡村旅游以及等休闲度假转型，并成为推进生态旅游产业发展重要导向。

7. 多要素支撑的产业推进观

从生态观光到生态休闲和生态度假，需要越来越多的传统要素和非传统要素的支撑。从早期的生态资源依托型模式（主要依托传统精品旅游景区），向自然生态（人文）环境＋资本依托型发展模式（主要依托城乡的休闲度假区）。生态旅游发展对资源、资金、土地、人才、信息、科技、文化、管理、产权等发展要素的支撑更为迫切。

8. 现代化导向的综合治理观

强调社区参与是生态旅游业发展最主要的特点之一，也是生态旅游与其他旅游业发展模式最为显著的差异之一。这本质上也是在探索协调、共享原则基础上，建立生态旅游业发展社会综合治理模式。当然，各地生态旅游实践中社区参与方式不尽相同的，然而都涉及政府、非政府组织、社区居民、旅游企业等多个利益主体，差异在于各利益主体在模式中的地位和作用不同。

因此，要根据各地生态旅游发展实践，强调政府部门在生态旅游开发、建设、保障、监测等方面的政策法规和制度设计；企业应加强在生态旅游产品开发和生态旅游经营管理人才队伍的培养；社区应加强教育培训，积极探索参与模式与路径，从而形成合理的旅游利益分配机制等，最终探索建立现代化的生态旅游综合治理体系和治理能力。

二、生态旅游系统

（一）生态旅游系统组成要素

从系统的角度出发，根据生态旅游活动得以实现的基本条件，可归纳出生态旅游系统是由主体——生态旅游者、客体——生态旅游资源、媒体——生态旅游业和载体——生态旅游环境等四大要素组成。

1. 生态旅游者

从旅游学的角度看，生态旅游者是旅游活动的主体；从经济学角度来说，则是消费者，是旅游业赖以生存和发展的重要因素，是生态旅游业的核心；从范畴的角度考虑，有广义和狭义之分，广义生态旅游者是指到生态旅游区的所有游客，狭义生态旅游者是指对生态旅游区的环境保护和经济发展负有责任的游客。与传统大众旅游者比较，生态旅游者除了具有一般旅游者的目的地的异地性、经济上的消费性、时间安排的业余性和地域的差异性等共同点外，还有三个显著特点：一是自然性即其旅游对象和服务的自然性；二是责任性即旅游活动具有促进环境保护和社区经济发展的责任；三是特定性即其自身素质要求的特定性，包括：身体素质、道德素质、环保知识及文化修养等方面。

生态旅游者形成的客观条件涉及社会生活的各个方面，其中经济能力、休闲时间、身体状况和社会经济环境等最为重要；主观条件主要指旅游动机，这是直接推动人们进行旅游活动的内部动因。

2. 生态旅游资源

生态旅游资源是吸引生态旅游者回归自然的客体，是旅游活动物质基础。生态旅游资源是指以生态美吸引游客来进行生态旅游活动，并在保护的前提下，能够产生可持续的生态旅游综合效益的客体。它包括四个基本点：吸引功能、效益功能、客体属性、保护需要。在经济、社会、生态和自然等方面具有自己的特征。从资源特征分析看，生态旅游资源可以分为自然生态旅游资源和人文生态旅游资源两大类。

3. 生态旅游业

生态旅游业是沟通生态旅游主客体的媒介，从旅游组织和营销管理角度看，生态旅游业涉及许多经济和非经济部门。如，旅行社、旅店、餐饮业、交通等企业；商场、通信等辅助性服务企业；旅游机构、培训机构等开发性组织。生态旅游业是为生态旅游者的旅游活动创造便利条件并提供其所需旅游商品和服务的综合性产业。

4. 生态旅游环境

生态旅游环境是生态旅游活动得以生存和发展的一切外部条件的总和。其内涵包括。

生态旅游环境是在符合生态学和环境学基本原理、方法和手段下运行的旅游环境，以维护和建立良好的景观生态、旅游生态系统良性运行为目的，使其自然资源能继续繁衍生息，使人文环境能延续和得到保护，从而创造一种文明的、对后代负责的旅游环境。

生态旅游环境是以旅游区的旅游容量为限度，使生态旅游活动不破坏当地的生态系统，从而达到旅游发展、经济发展、资源保护利用、环境改良协调发展的目的。

生态旅游环境包括自然生态旅游环境和人文生态旅游环境。

生态旅游环境是运用生态美学原理与方法建立起来的旅游环境，既是培养生态美的场所，也是人们欣赏享受生态美的场所；还是一种考虑旅游者心理感知的一种旅游环境，是生态旅游活动的载体。

生态旅游环境是由自然生态、社会文化、生态经济和生态旅游气氛环境四个子系统所构成，生态旅游环境具有多维性、生态性、经济性、系统性、有限性等五项特征。

环境容量是一个从生态学中发展起来的概念。与它相近的一个概念是环境承受力。旅游学者和旅游管理学家将环境容量的要领引用到旅游的领域，提出了游憩容量的概念。里蒙（Lime）和斯坦基（Stankey）认为：游憩容量是某一地区在一定时间内维持一定水准给旅游者使用，而不会破坏环境和影响游客体验的开发强度。通过生态旅游环境构成研究分析并借鉴其他学者关于风景区环境容量概念的阐述，可以归纳出生态旅游环境容量概念，即在特定时期内，确保旅游区资源与生产的连续性、生态的完整性、文化的连续性，发展环境质量的前提下，生态旅游环境所能承受的旅游者人数或旅游活动的强度。

（二）生态旅游系统的三大功能

生态旅游系统是一个以旅游目的地的吸引力为核心，以人流的异地移动性为特征，以闲暇消费为手段，是具有较稳定的结构和功能的一种现代经济、社会、环境和景观的边缘组合系统。旅游系统通过旅游者、旅游区资源与环境、旅游业四大要素连接成为一个有机整体，具有运转、竞争和增益三大功能。

1. 运转功能

运转功能包括：人流、信息流、物质流、能量流和价值流"五流"等。其中，信息流分为自然信息流和人文信息流两大类。自然信息流即各种自然要素之间的信息流，如，地貌信息、生态群落信息、景观信息等；人文信息流即人类文化活动所产生的信息流，包括：历史资源信息，艺术、科技、人居环境景观等文化符号信息，风俗、礼仪等生活符号信息，促销、旅游指南，交通食宿等经济信息，物质流中废弃物质流，能否控制、降解或转移，与旅游系统的持续发展具有密切的相关性。价值流包括经济、环境、社会及景观价值流，价值流的流动状况决定着旅游系统的运行。

2. 竞争功能

生态旅游系统是一个风险性高、替代性强的社会经济环境边缘组合系统，在交通、信息和商品经济高度发达的现代社会条件下，生态旅游系统的竞争风险越来越高，竞争功能也必然要随之增强。竞争的内容至少包括：特色、区位、竞争环境、资金、技术、管理、内在质量和效率、发展时机等八个方面，它们通过旅游系统的生存与发展来显现其优劣和强弱状态。

3. 增益功能

生态旅游系统不仅要正常运行，还要求最终的价值增值。除了经济增益，环境价值、社会价值及景观价值的增值也是维持旅游系统所不可或缺的组成部分。其中通过对环境建设的必要投入、景观信息的加工，当地居民社会福利的提高，促使生态旅游系统价值流动并增值，从而实现地方社会经济的可持续发展。

第二节　城市景观生态旅游规划理论

一、旅游规划的理论与方法

体现生态旅游部分思想的旅游规划早于生态旅游概念本身，主要表现是旅游规划引入了生态学的思想，在著名的专家和学者对旅游规划的研究中，较成熟的技术理论有：旅游区演化理论，即旅游区生命周期理论，有时也称为旅游产品生命周期理论；旅游地资源优化配置理论，即门槛理论或门槛分析方法；旅游区社区和谐发展理论或社区方法等。

概括出生态旅游开发规划的十大原则：承载力原则、原汁原味原则、社区居民参与原则、环境教育原则、依法开发原则、资源和知识有价原则、清洁生产原则、资金回投原则、技术培训原则、保护游客原则等。这些研究尽管有一定的理论深度，但仅对生态旅游规划的基础性和原则性的问题进行了探讨，可操作性不强。

（一）生命周期理论

目前，被学者公认并广为引用的是 20 世纪 80 年代由加拿大地理学家巴特勒（Butler R.W.）建立的旅游区生命周期理论，认为旅游区的发展和演化要经过六个阶段即。

1. 探索阶段

只有很少的探险者进入；目的地没有公共服务设施；吸引来访者的是当地的自然吸引物。

2. 参与阶段

当地居民间有一定的相互作用，并且旅游业的发展能为旅游者提供一些基本的服务；不断增加的广告作用触发了特定的旅游季节变化；从而开始形成一定的地区性市场。

3. 发展阶段

旅游设施的开发在增加，促销工作也在加强；旅游贸易业务主要由外地商客控制；旺季游客远超出当地居民数，进而诱发了当地居民对游客的反感。

4. 稳固阶段

旅游业成为当地经济的主体，但增长速率正在下降；形成了较好的商业区；一些颓废的老旧设施沦为二流水准；当地人们力争延长旅游的季节。

5. 停滞阶段

游客的数量和旅游区的容量达到高峰；已经建立了很好的旅游区形象，但是该形象已不再具有优势；旅游设施移作他用，资产变动频繁。

6. 后停滞阶段

有五种可能发展选择，极端情况是或者迅速衰落，或者快速复兴。

该理论主要用于：对旅游区发展过程和历史的解析；预测旅游区的发展走势，指导市场营销；诊断和分析旅游区存在的问题，指导旅游区的规划和对策的制定。当初的理论是从单一产品旅游区得出的，对多产品组合的复合旅游区，在实际应用时要注意不同阶段的主导产品作用，以及其他主要产品的相对地位和对旅游区贡献度的变化。这些会对旅游区的发展和演化方向产生强烈影响。此外，对影响旅游区或旅游产品演化因素的复杂性要有充分的认识。在分析影响旅游区发展和演化因素时，要抓住不同发展阶段的主要因素，充分考虑各个阶段的时代发展背景因素的影响，因为在不同的时代背景下，旅游发展的政策环境，社会经济状态，对外开放政策，人们消费能力和旅游意识等差异很大。

（二）门槛理论

20 世纪 60 年代，区域和城市规划专家马列士（Marris.B）在南斯拉夫南亚德里亚沿海地区的旅游发展规划中，首次将门槛分析方法直接应用于旅游区开发。他从门槛分析的角度把资源分为两大类：一类是容量随需求的增加成比例渐增；另一类是容量只能跳跃式地增加，并产生冻结资产现象。同时他把旅游业中资源按功能特征分三种：一是旅游胜地吸引物。指风景、海滨、登山和划船条件、历史文化遗迹等。二是旅游服务设施。指住宿和露营条件、餐馆、交通、给排水等。三是旅游就业劳动力。指服务于旅游业的劳动力。

认为以上三种旅游资源中住宿条件可随需求的增加，容量逐渐增大，属于第一类型；而给水条件属于第二类型，由于给水量在不超过现有水资源条件下可渐增，但增到一定限度后需要大量投资开辟新的水源，这一限度便是供水量发展的门槛。在跨越门槛后如不再继续增容利用，便会产生剩余容量，导致资产的冻结，极大降低了方案的经济效益。经过不断的实践和总结，终极门槛（EET）方法随之产生，即为生态系统的应力极限。超过这一极限生态系统就不能恢复原状和平衡。门槛分析方法已不局限于具体设施项目分析上，已被应用到整个旅游区的开发规模上。

（三）社区方法

这一思想的主要倡导者为墨菲（Murphy P.），他在《旅游：一种社区方法》（The Ecotourism Society）一书中较为详细地阐述了旅游业和社区之间的相互影响，以及如何从社区角度去开发和规划旅游。他把旅游看作一个社区产业，作为旅游目的地的当地社区类似于一个生态社区。社区的自然和文化旅游资源相当于一个生态系统中的植物生命，当地居民被看作是生态系统中的动物，他们既要生活又要为社区发展服务，旅游业类似于生态系统中的捕猎者，而游客则是猎物。旅游业的收益来自游客，游客关心的是旅游吸引物即自然与文化旅游资源以及娱乐设施和服务，这是"消费"的对象。这样吸引物和服务、游客、旅游业以及当地的居民便构成了一个有一定功能关系的生态系统，其比例关系是否协调，直接关系到旅游区系统的健康和稳定。根据这种思想去认识和组织社区旅游业便称为社区方法。

社区方法强调社区参与规划和决策制定过程，并把旅游区居民作为规划的重要影响因素，同时考虑居民在当地旅游业发展中的作用。这个理论还把旅游业整合到当地社会、经济和环境的综合系统之中，有利于当地旅游业走向可持续发展的道路。

二、景观生态旅游规划的基本理论

景观生态旅游规划是一门实践性学科，涉及面宽，但其一系列实践活动是建筑在一定的理论基础上的，并以理论为指导的。其主要基础理论有经济学理论、区位论、美学理论、系统论、地域分异规律和生态论等。

（一）经济学理论

旅游规划是把旅游资源转化成旅游产业的技术过程，同时也是一种反映市场调研、资源开发、产品设计、项目建设、设施配套、产品形成、经营和管理的旅游经济的活动过程。遵循规划经济学的一般原理，为建立或完善不同大小区域内完整的旅游产业体系，满足旅游者的需求，产生较高的综合效益、旅游规划必须进行产业投资机会分析、旅游市场调研与策略研究、旅游供给与需求研究及旅游效益评价。产业投资机会分析主要是：首先分析某一区域是否适合旅游业发展、旅游业与其他产业相比较的优势及它们之间的合理结构，以便确定以最小的资源耗费使需求得到最大限度满足的投资方案。它是决定某一地区是否应发展旅游业的最初经济分析过程与行为。其次，需就旅游业内部具体优先发展哪些产业部门的投资机会进行分析，以最终确定旅游开发中合理的旅游产业结构。旅游规划必须依托市场的存在，才能使资源优势转化成经济优势，进而促进产业的形成与完善。因此，旅游市场调研是第一位的。它是以旅游者为核心，综合分析旅游者产生的社会与经济基础、个体特征、需求状况、旅游产生地与接待地的空间相互关系、客流量大小及流量时空分布规律和发展趋势，最终进行市场定位。在此基础上，利用旅游市场中的竞争机制、价格机制等确定旅游市场经营的策略，达到争夺旅游者、争夺旅游中间商、提高旅游市场占有率的目的。此外，旅游规划应使需求与供给相平衡或大体平衡。旅游供给研究首先要分析旅游资源与设施供给状况，确定旅游供给指标，如，旅游设施总接待能力、旅游容量、旅游资源开发利用率等。总之，运用经济学的原理与方法可以使旅游规划立足市场，面向消费，合理开发资源，优化产品结构与项目，体现旅游规划的经济性与市场性。

（二）区位论

旅游区位论的研究始于 20 世纪 50 年代，克里斯塔勒（Christaller）首先对旅游区位进行研究。他从旅游需求出发，却忽略了旅游供给等因素，最终没能建立起一个旅游应用的理想空间模式。直到美国学者克劳森（Clauson）提出旅游区位 3 种指向和德福（Delf）在提出旅游业布局 5 条原理后，旅游业的区位理论研究才有了实质性进展。他们认为旅游规划的区位研究应侧重于以下几个方面。

1. 区位选择

主要指选择什么样的地域，旅游区地理位置如何、有哪些区位优势、面向怎样的客源地，接待地与客源地之间空间相互关系是互补性还是替代性，可达性如何。其目的是为旅游活动确定最佳的场所。区位选择是一个动态过程，有次序性、等级性，进而形成范围不同、等级有异的旅游区域。

2. 旅游交通与路线布局

旅游交通与路线是联系旅游区与客源地的旅游通道，其布局研究与实践是实现游客"进得来、散得开、出得去"与物资及时供应的前提和保证。

3. 产业规模与结构确定

主要指旅游活动中"六大要素"的空间布局，最终确定合理的空间结构和规模。

4. 地域空间组合结构研究

主要包括区域分析与区域模型研究、旅游区等级系统划分与功能区分、旅游项目与基础设施的空间安排、旅游基地建设及它们在一定空间范围内的最佳结合，最终形成以旅游基地为中心、有不同等级空间组织结构的旅游区。

5. 位置选择的方法研究

位置选择，不仅要依赖区位理论，而且要依赖研究者、规划者、经营者的经验。通过可行性研究，包括：投资的销售策略，市场区位的社会特征、经济特征、交通设施，所选择位置的自然适宜性等，确定分析法。

（三）美学原理

旅游是现代人对美的高层次的追求，是综合性的审美实践。旅游规划的任务就是在现实世界发现美，并根据美学的组合规律创造美，使分散的美集中起来，形成相互联系的有机整体，使芜杂、粗糙、原始的美经过"清洗"，变得更纯粹、更精致、更典型化，使易逝性的美经过创造和保护而美颜永驻、跨越时空、流传久远。美的最高境界是自然的意境美、艺术的传神、社会的崇高和悲壮美，这也是旅游规划中所追求的最高目标。旅游空间和景物学特征越突出，观赏性越强、知名度越高，对旅游者吸引力就越大，在市场上竞争力也就越强。旅游规划实践就是创造出人间优美的空间环境和特色景物、使旅游者在美好事物面前受到感动和激励，得到美的陶冶和启迪，促使视野更加开阔、品格更加纯洁，在精神上得到最大的满足和愉悦。

（四）系统论

旅游规划的研究必须从建立旅游系统工程出发，以系统方法指导生态旅游规划，坚持整体性原则、结构性原则、层次性原则、动态性原则、模型化原则和最优化原则。这些正源于生态旅游规划的特征。

1. 整体性原则

整体性原则要认识到旅游业是个产业群体，同社会、经济、环境景观联系极为密切。产业中各部分、产业与环境之间存在着相互联系、相互制约和相互作用的关系。在规划中既要看到产业整体功能与效率，又要让各个部门在整体中得到发展，成为地区经济中新的增长点。

2. 结构性原则

旅游业各要素间的排列组合方式多样，有多项、双项、单项之分。产业结构的研究，可增强产业之间的联系，从而获得最优的整体性能。

3. 层次性原则

旅游规划是在一定空间范围内进行的。空间大小不同，内部组成产业也不同，从而构成不同空间层次、产业层次的网络体系。层次性是旅游开发的一大特点。

4. 动态性原则

旅游产业系统受内部要素和外部环境的影响，有其发展、变化的过程。在旅游规划时，要根据旅游业发展的不同阶段，确定不同的发展目标、规模和手段。同时，还要掌握旅游业今后的发展趋势，使旅游规划具有超前性和预测性。

5. 模型化原则

旅游系统是开放的系统，受多种因素的制约和干扰。为了更正确地认识和分析该系统，有必要设计出系统模型来代替真实系统，进而掌握真实系统的本质和规律。模型化的系统研究方法，不仅能使研究做到定性，而且有可能通过定量来达到研究目的。

6. 最优化原则

由于旅游系统具有综合性、复杂性的特点，旅游规划时可采用多种途径设计出多种各具特色的旅游规划方案，从中选择出最优的系统方案。

（五）地域分异规律

旅游环境的空间差异和旅游资源分布不均匀性是客观存在的，受地域分异规律制约，其主要表现如下：

1. 不同地貌部位空间分异

例如：山水组合的地貌部位，可分为水域—滩地—阶地—山麓—山坡—山顶，山坡有坡向和坡度的差别，地貌部位的差别可导致水热条件的重新分配，形成不同小气候，进而影响光照、温度、湿度、导致植被、土壤的差别。区域自然条件差异造成内、外动力过程不同，会形成不同的自然景物。

2. 同一地貌的空间分异

在同一地貌地区，由于岩石性质、土质状况和排水条件的不同，又会造成空间进一步分异。坚硬的岩石受节理、断层和风化作用会形成陡壁或象形石柱，松软岩层形成和缓或平坦的地面。

3. 人类活动导致空间分异

人类在生产、生活的活动过程中，给人居环境打下了人类文明差异的烙印。人文的遗迹，在古代基本同自然环境相一致。进入工业化的现代，人类创造了超越环境的景物，如，摩天大楼、游乐园人造园林、人造主题公园等。

研究旅游环境与资源的空间分异的意义，在于按照自然规律和客观实际划分地域空间，便于旅游产业布局；突出各空间的资源特色，形成自身形象，并利于设计游览顺序和路线，形成各具特色又有联系的网络，发挥旅游区域的整体效应。

（六）生态学原理

生态学是探讨生命系统包括人类与环境系统相互作用规律的科学。生态学 ecology 一词，源于希腊文 oikos，意为栖息地，logy 意为论述或学科。19 世纪 60 年代，德国博物学家海格尔首次定义生态学为"研究生物与环境的相互关系的科学"。这一概念一直沿用至今，其中，生物包括：动物、植物、微生物和人类本身；而环境则指一系列环绕生物有机体的无机因素和部分社会因素之总和。有机体可以影响其生存环境，生存环境又反过来影响有机体的生存，二者相辅相成。生态学的各个层次如个体、种群、群落、生态系统、景观和生物圈等，无论以何种形式存在、发展都可以认为是生命与环境之间协同进化，适应生存的结果。因此生态学的实质是适应生存问题,生态适应与协同进化是生态学各个层次的特点。

20世纪50年代以来,以研究宏观生命环境综合规律为方向的系统生态学,得到迅速的发展,逐步成为现代生态学的研究中心。60年代末,世界环境问题日益突出以后,系统生态学又成为环境科学的理论基础之一。从生态系统的观念来进行环境影响的现状评价,预测评价和指导环境规划,已成为全球范围的生态学的主要应用领域。

一个平衡的生态系统,应当具有良好的稳定性、恢复力、成熟性、内稳定和自治力。现代生态学认为:所谓平衡的生态系统,是系统的组成和结构相对稳定,系统功能得到发挥,物质和能量的流入、流出协调一致,有机体与环境协调一致,系统保持高度有序状态。生态系统的平衡是动态的平衡。保持生态系统的平衡,实际内容是保持系统的稳定性。生态平衡存在于一定的范围并具有一定的条件,这个能够自动调节的界限称为阈值。在阈值以内,系统能够通过负反馈作用,校正和调整人类和自然所引起的许多不平衡现象。若环境条件改变或越出阈值范围,生态负反馈调节就不能再起作用,系统因而遭到改变、伤害以致破坏。一个生态系统的结构功能愈复杂,其阈值就愈高,也愈稳定。这就是"多样性导致稳定性定律"。由于生态系统所能提供的食物能量是有限的,因此一定区域范围内生态系统所能维持的人口数量也有一个上限。这就是生态系统的人口承载力。对于旅游环境而言,它主要表现为旅游区的土地承载能力。运用生态学原理来指导旅游环境的生态系统规划,具有重要的实际意义。

(七)可持续旅游的研究和共识

随着可持续旅游概念的产生,世界各国开始从可持续旅游的各个方面进行研究。一般认为,可持续旅游与旅游环境容量、生态旅游、可持续旅游政策、资源利用与保护之间的平衡关系,可持续旅游与社会和区域可持续发展有密切关系;将自然、文化和社会经济环境作为旅游规划的核心要素;重视社会文化规划、旅游开发,要将地方文化的保护置于重要地位。

与传统旅游研究相比,可持续旅游不仅具有明确的经济目标,而且具有明确的社会和环境目标,旅游业发展必须成为有益于当地社区协调发展的行业。可持续旅游规划将文化看成是旅游资源的重要组成部分,规划不仅强调自然、经济的可持续性,而且强调文化的可持续性。可持续旅游强调在旅游业发展过程中建立和发展与自然及社会环境的正相关关系,激活或消除负相关关系。但是旅游业经济利益与环境保护和传统文化保护需求之间的矛盾是客观存在和不可避免的,旅游规划需要在社会、经济和环境方面做出抉择,进而确定最佳方案。

三、旅游规划理论的结构

生态旅游规划理论的研究是系统认识与科学指导生态旅游规划实践的充分必要条件,

也是目前旅游规划领域的薄弱环节。面对激烈的旅游市场竞争形势，旅游规划研究时不我待。生态旅游规划理论的发展，迫切需要突破各传统学科之间的专业壁垒，建构学科理论的结构，改善理论研究的布局，把握主线，少走弯路。

（一）理论形式

生态旅游规划理论要发展成为学科的理论体系，须通过概念、变量、原理、陈述这一系列抽象的形式建构。概念作为科学研究的思维工具，是旅游规划理论体系的形式要素。旅游规划理论的形成通常以概念的完善为基础。变量与公式用于科学反映旅游规划理论要素间的关系，它是建构旅游规划理论体系、科学描述和谋划旅游发展动态的必要条件。公式则是概念与变量通过建构数学模型而形成的数量关系，它是理论走向科学化的核心标志。如20世纪80年代末世界旅游组织（WTO）召开的各国议会联盟大会通过的《海牙宣言》，所提出的"自然资源是吸引旅游者的最根本力量"，代表了现代人类的一种强烈的价值判断，加之它出于权威的世界旅游组织所通过的国际宣言，因此，这一理论命题具备了公理的性质。

（二）内容

生态旅游系统的边缘组合性，决定了生态旅游规划理论的范围涉及经济、环境和社会诸多理论领域，如，旅游经济学理论、旅游心理学，还有闲暇与游憩学、旅游社会学、旅游政策学、旅游区域学、旅游生态环境学和规划理论等。上述诸多旅游规划理论范畴可概括为经济、环境、人文三部分，它们通过科学规划把生态旅游连接成有机整体。

其中，经济部分主要研究在旅游资源分配、旅游生产、旅游加工与旅游服务的过程中，各类人与人相互作用的效益和效用关系。进而使规划能科学地把握旅游者与旅游企业的关系，改善旅游资源的开发利用，旅游行业的结构优化、旅游市场划分、旅游产品定位和营销。

环境部分涉及旅游地理学、旅游生态环境学、旅游工程学、城市规划学、风景园林学等领域。其重点研究旅游在地球表层的分布规律；旅游者与旅游资源、基础设施、服务设施、旅游项目的关系，使旅游者的空间环境行为规律与组织旅游空间的关系获得科学依据，并为资源调查与评价，资源配置、资源保护、资源利用、旅游目的地布局、工程建设、项目开发提供依据。

人文部分涉及旅游政策学、旅游社会学、旅游心理学、旅游文化学、历史学、考古学等领域，还关系到旅游价值取向和旅游产品品味的塑造。它通过研究价值和意义体系，树立人生或社会理想的精神目标或典范，塑造文化内涵，从文化层面激发旅游者的智慧、正气或创造性，从而引导旅游者去思考目的、价值，去追求人的完美化。

旅游政策学，还在高一层次上调节旅游发展的规模、结构与质量，调节旅游者之间、法人之间、旅游者与法人之间的行为关系，保障旅游系统和谐地运行。人文理论研究为旅游规划的人文资源评价、发展预测、旅游项目优化、线路选择、游览经历优化、社会关系协调、特色与品味的塑造等方面提供不可或缺的思想、理论和技术。

（三）逻辑关系

生态旅游规划理论众多的内容，只有沿着哲学—科技—实践的转化关系和理论的升华，才能形成完善的逻辑体系，进而使众多的生态旅游规划理论整合成为一个成熟的科学理论体系。

生态旅游规划理论的哲学层面主要研究旅游规划最一般本质及其基本规律，它包括：关于生态旅游规划的认识论、价值论和实践论。通过认识论，能科学地把握规划知识的来源及其发展过程，解答规划理论发展的最一般规律等重大问题；价值论的任务是科学地把握规划与游客需要的关系及其基本规律，解答规划的价值内容，规划与评价的关系，价值评价与科学认识的关系等一系列价值论问题，并指导旅游规划；实践论的作用在于科学地把握规划与生态旅游发展实践的关系本质及其最一般规律，促使旅游规划与发展实践相互结合，最终通过较小的发展代价、较快的进化过程，将旅游发展引向更符合游客需要的客观状态，从而改善主体与客体的需要关系，旅游发展实践作为客观的价值尺度和手段，是评估和解决旅游发展理想与现实之间矛盾的最终手段。

生态旅游规划理论科学层面揭示旅游规划范畴内所涉及的众多内容及其关系的本质、过程和规律，实现对规划本体及其逻辑的描述、把握和预见，其内容包括：关于生态旅游系统及其发展的理论，核心课题是动态规划；关于生态旅游系统规划的理论，该理论领域至少包括旅游规划理论、预测理论、模拟理论、决策理论4个部分；关于生态旅游规划实施的理论；关于生态旅游规划方法的理论。

生态旅游规划理论的技术层面是指导哲学层面、科学层面的理论物化为技术。技术层面的任务包括：解答规划技术的来源、区分规划技术的类型、处理不同技术间关系、认识规划技术发展的规律、鉴别规划技术的优劣、确定规划技术标准、预测规划技术的发展方向，直至规范旅游规划的技术操作过程。

上述逻辑关系，使生态旅游规划理论所构成的秩序与人类认识自然，改造自然的一般过程同构，与科学技术研究体系的发展过程也趋于一致，这将加速规划理论的操作性、科学与需要性相结合的进程，建构旅游规划理论的结构，能使相关的理论、技术、方法得以相互贯通和转化。其中，哲学层次的旅游规划理论，为理论体系的发展及其本质特征提供根本方法和最一般的理性认识，科学层次的理论，为旅游规划理论体系的发展提供了环境、形式和内容范畴的理性认识；技术层次的理论则提供把握旅游发展的实践与途径。毋庸置疑，生态旅游规划理论体系的多层次和开放性，将提示旅游规划理论研究的机会与风险，促进旅游规划学科的发展。

四、景观生态旅游规划体系的建立

由于生态旅游系统规划涉及的内容繁多，规划人员需要从大量的基础素材中挖掘出地方特色，确定优势市场，进行项目设计，制定科学、合理的总体发展目标，并把它们以一种清晰、简洁的方式表述出来，使旅游规划的程序和核心内容高度概念化和层次化。生态旅游规划体系可以分为四个层次，基础层次、核心层次、辅助层次和目标层次。各层次间存在着内在的依存制约关系。

（一）基础层

主要是对资源、环境和客源市场的研究。资源是基础的基础，因此首先要对它的类型、质量、数量、分布进行分析和评价。资源的特色和环境特点决定区域特征，其中资源特色是主要因素，同相邻地区资源环境条件进行分析比较，找出自己特殊性资源、优势资源。只有这样，旅游产品才有竞争力。基础层次的另一方面包括客源市场的需求。由于资源的开发、产品的设计受市场制约，只有符合市场需求的开发才是合理的开发，只有按市场需求设计的产品才会产生效益。基础层次决定核心层次的开发。

（二）核心层

核心层是由无形产品和有形的项目组成，是规划工作中的核心内容。旅游产品的生产和销售是旅游产业的经济特征。旅游企业向市场出售的不是实物产品，而是无形的综合性服务产品。这种产品只有旅游者到了旅游区才能实现购买和消费。旅游规划的中心任务，就是从市场和资源出发，设计出有特色、有新意、有竞争力的产品。产品的物质保障是项目，项目是产品的载体，产品与项目结合，才能使区域有吸引力。为了使旅游产品在市场有竞争力，所规划的项目必须是特色项目、垄断性项目、精品项目和规模项目。由于项目的建设要投入资金、人力和物力，所以项目建成后需要较长时间的管理，而建成的项目是固定的。因此，项目的确立和建设应慎之又慎，要经过相关的科学论证与主管部门审批。

（三）辅助层

旅游项目建设离不开配套设施的支持，该层次是旅游规划体系的辅助层次，其内容包括与规划地区旅游项目建设相关的交通、通信、金融、能源、供水、排水、环保等配套设施。

（四）目标层

旅游规划目标是对规划地区的总体设计和形象的策划，是规划的最高层次，反映规划地区旅游发展的方向和总体特色，受各层次内容研究的深度、广度制约。目标的确立又对产品开发、项目建设、设施配套等具有明显的指导和宏观调控作用。

通过以上四个层面的规划，可使规划项目的内容和程序易于把握，也可使重点、难点突出出来，使规划的思路清晰，从而达到结构合理、特色突出，有较强竞争力的目的。

第三节　景观生态旅游规划主要内容

一、区位

旅游区区位主要指旅游区在区域环境中的位置与地位，属于宏观空间环境，它与客源市场共同构成了旅游规划的基础。

（一）旅游区与依托城市的关系

旅游区与依托城市之间的关系主要是指两者之间的距离及依托城市本身的重要性。经济发达、消费水平高的国家与地区，主要偏重旅游区旅游资源的类型、品位、功能特征，与依托城市间的距离往往不被视为重要因素；而经济落后的欠发达国家与地区，区位是旅游区开发的先决条件，并直接影响到旅游区的投资规模、开发导向、经济效益和成本回收率等。这些地区或国家对旅游区的开发首先要考虑其经济效益如何，没有充分的客源市场，没有便捷的交通条件，没有理想的可进入性，再优美的环境和价值再高的旅游资源类型，也无法得到经济收益。这也就失去了旅游开发的意义。中国在考虑区位条件时，对于旅游区与依托城市的距离有一个大致的限定，通常是以依托城市为中心，以150km为半径的范围内首先考虑旅游区的开发；其次是交通条件，有无主干公路从旅游区通过，或者与旅游区非常邻近，有支线公路进入；其三考虑旅游资源本身的优势。对于开发规模则要考虑依托城市的经济基础和背景，人口密度和消费水平。目前中国一些旅游区与依托城市之间的关系有以下几种情况：

1. 资源优良、区位条件与区域经济基础好

这种情况以中国沪、宁、杭地区和北京市及其郊区最为典型。比上述地区稍微差一些的旅游风景地有西安地区、广州及珠江三角洲地区等。

2. 资源品位高、区位条件与经济背景较差

这种类型在中国占有很大比例，如，安徽黄山与九华山、湖南张家界、长江三峡与宜昌、南岳衡山、中岳嵩山、东岳泰山、北岳恒山、贵州黄果树、四川峨眉山等。其共同的特点是依托城市经济基础稍差或距依托城市较远，其经济条件不够优越，交通也欠发达。这些情况在一定程度上制约了旅游区的开发和旅游业的大发展。

3. 资源品位较差、区位与经济条件好

这类地区主要有湖北武汉、四川成都等地－武汉和成都本身的旅游资源较少，邻近的周边地区资源类型单调，档次不高，而一些有名的风景区又距这些城市较远。通常是游人来到这些城市，匆匆一游便很快离去，交通很方便，航空、水运、公路都很发达，这反而成了送走客人的方便条件。

（二）区位选择

新开发或待开发旅游区首先要考虑区位选择问题。一方面要分析旅游资源品位及其使用的功能和效益，另一方面就是旅游区的区域背景。区域背景因素有客源市场及旅游需求倾向，以及邻近旅游区资源特色、功能与本区的异同关系等。比如，墨西哥政府选择坎昆（Cancun）作为旅游度假区的最佳地点，正是考虑到坎昆地区的区位优势和资源优势。

其一，坎昆具有优越的海滨环境，包括气候条件、海水及其功能特征，海滩和海岸带地形地貌特征和海岛岩礁等；其二，该区具有世界级的人文旅游资源——玛雅文化遗址；其三，该区邻近加勒比海地区客源市场，可以有效地吸引和分流加勒比海地区的客流。

因此，在旅游区区位选择时，可以考虑以下原则。

1. 社会经济原则

旅游区区位选择要有利于当地社会文化的进步和发展，提升当地居民的经济收入和生活水平，由此带动全社区的经济发展。

2. 环境与生态原则

所谓环境指区域背景、生态特征、地理位置与地形地貌，以及旅游资源的居住质量等，环境对社会与经济具有制约的效力，环境选择要考虑与周围旅游资源的关系，如，资源类型、品位方面的异同，从而找到自己的优势，在旅游专项设施方面应具有自身的特色和主要风格，要选择自然环境优越的地带，山、水、植被俱佳的区域，少污染源，这是当代旅游者所追求的理想旅游区。

3. 区域资源类型的反差度

有些新开发的旅游区本身社会、经济条件比较落后，开发能力低，交通不方便，然而资源类型较全面，特别是自然资源类型中的山林、水体等比较优美，与所依托的城市地区具有完全不同的特征和面貌。这一因素也将有利于旅游资源的开发。

二、旅游市场

简单地讲，市场即客源市场，也就是旅游者的集合体，有了旅游者的到来，才会产生经济效益，为其服务的旅游业才会兴旺起来，这反映了旅游业典型的市场经济特征。此外，旅游开发与否，开发方向、规模、产品、配套设施建设等，都要看市场现状和发展潜力。因此，在编制旅游规划时一定要搞好市场定位和预测。

（一）旅游市场的新形势

旅游业经过最近 50 多年的发展，市场已进入较成熟阶段，旅游者需求呈现出新的特点。

1. 出游决策的理性化

旅游者对旅游有了新的认识，把它作为现代生活的一部分，追求物质和精神享受。游客每次旅游活动的目的性、计划性明确，按照自己的经济能力和时间状况安排活动，那种随机性、冲动性的消费人群渐少。这就要求在规划中将产品设计作为重点，以适应市场的需求。

2.旅游需求的精致化

随着教育、科技的发展，旅游者中文化层次也在不断提高，通常观光满足不了其需要。这就要求在旅游规划中作旅游产品深加工，增加生态文化含量，设计出内涵丰富、外观新颖、反映时代潮流和地区文化特色的旅游项目。目前，知识性生态旅游产品和项目已成为时尚。

3.旅游形式的两极化

旅游形式出现动、静两极分化。动的方面向参与型、娱乐型发展；静的方面讲究崇尚自然，返璞归真，游客对生态旅游、文化旅游越来越青睐。

4.出游方式的多样化和个性化

最初的旅游活动多为大众性的观光旅游，客源市场比较单一，而今单一的市场已被各种细分市场所代替。每一细分市场都有一定特点，并且需求各异，进而构成总体旅游需求多样性和每一个细分市场的特殊性。散客成为当今市场的主体，游客多以个人、家庭、亲友组成的小单位形式出游。

（二）客源市场定位

对既定的客源市场，要从分析其群体背景如经济发展速度、人口特征和政治制度以及个体特征如，收入、职业、带薪假期、受教育水平、生活阶段、个人偏好等入手。这些特征，决定了旅游区开发的规模、结构和方向。对出游能力的定性与定量研究，目前尚无统一的标准，但大都选择人均收入、交通可达性、人口规模等指标。有人认为出游能力由客源地若干与旅游行为有关的社会、经济、心理和生理等变量决定的。通常来说，人口规模越大，与目的地交通可达性越好，人均收入高的旅游潜在市场，其出游能力越大，并利于旅游目的地的开发与规模的扩展。

1.市场定位依据

客源地与旅游区距离、交通条件和交通费用；客源地的社会经济发展总体水平、人均国民生产总值、人均国民收入和可自由支配收入及居民旅游意识；客源地与旅游区历史的、现实的政治、经济、文化、民族、宗教等联系；旅游区旅游资源与产品对客源地居民的吸引力大小。

2.市场分级

市场一般定位为一级市场、二级市场和三级市场。

一级市场也称核心市场，一般为区位条件好、经济发展水平高、与旅游区现实的和历史经济及文化联系密切、被旅游区旅游资源和产品强烈吸引的地区，是旅游区旅游业发展的基础和市场开发的首要目标；二级市场是发展市场，是不断开拓的市场；三级市场占的份额小，被称为机会市场或边缘市场。

在规划中，旅游市场除了定位为一级、二级、三级外，常常还要对它们做进一步的细分，以明确产品开发方向。可以按地域、旅游者年龄、性别、职业、宗教、种族、文化程度、生活方式、家庭结构以及旅游目的等个体特征进行细分。划分越细，市场定位越准确。

（三）客源市场预测

客源市场预测的目的是了解未来市场的发展速度和方向，以便及时把握未来市场动态，制订市场营销策略，根据需求适当地调整旅游供给。旅游需求具有不稳定性和可选择性的特点，给规划中客源市场预测带来极大的难度，如何进行科学、合理的市场分析与预测，掌握旅游者时空流动的特征和地域分布规律，从而建立旅游市场发展演变模式，是当前和今后旅游规划研究需要解决的问题。

1. 预测依据

（1）旅游业自身发展规律

旅游业的发展通常经历初创期、发展期和成熟期。

初创期的特征为：高投入、高速度、低质量和低效益；发展期的特点为：中投入、中速度、中质量、中效益，处于从速度向效益型转换的阶段发展模式；成熟期特征为：低投入、低速度、高质量、高效益，体现为效益型发展模式。

（2）客源市场扩大的制约因素

全国、省、市旅游规划有关预测指标以及对本区旅游业发展提出的要求；旅游基础设施和重大项目对客源地居民的吸引力度；区内第三产业发展形势、速度对旅游业发展速度的要求；区内推出旅游产品类型、数量和规模，将影响旅游者数量和增长速度；客源地社会经济发展趋势，人均收入和消费习惯。

2. 预测内容

入境旅游者人数，年均增长量；入境旅游者人均停留天数和日消费水平；旅游外汇收入及其年均增长量；国内旅游人数、收入及其年均增长量。

3. 预测类型

客源市场预测、根据年限的长短，可分为短期预测和中、长期预测。

（1）短期预测

指预测1年或1年以内旅游客源市场的动态，为下一年制定旅游产品销售计划和经营策略提供基础。

（2）中、长期预测

指3年到5年，甚至10年、20年以上的预测，是为制定旅游发展的中长期计划、各种设施和项目建设提供依据。

由于预测是根据现有或过去的发展情况来揭示未来市场走向的，任何突出性的、不可估计的因素都有可能影响预测的准确性。因此预测年限越大，受其影响的概率越大。

4. 预测方法

（1）时间序列分析法

时间序列分析法是根据时间序列的变动方向和程度，对客源市场进行外延或类推，依此预测下一时期或以后若干时期可能达到的水平。该方法常见的有简单移动平均法、趋势分析法等。简单移动平均法也称算术平均法。

简单移动平均法在客源市场预测中可以消除某几个季节、月份和年度客流量的大幅度变动，进而得出一种较平滑的发展趋势。其缺陷是：将远期和近期客源量相同看待，没有考虑近期市场情况的变化趋势，因此准确度往往不是很高，最好与其他方法协调使用。

（2）指数预测方法

指数预测方法是根据初始期流量，按照一定的指数发展，得出预测期客源流量的一种方法。根据指数的高度，可以设计出高、中、低几种方案。此法没有考虑到客源流量发展中受交通的瓶颈因子、旺季旅游区容量等限制因素的影响，也未考虑到发展中的一些促进性因素的作用，如，带薪假期增加，因此数量预测值可能与以后的实际客流量有较大差距。这种方法常常在客流量原始数据积累很少的情况下采用，有时也作为其他预测方法的参考。

（3）综合预测方法

影响客源市场流量的变化因素很多，尽管可以通过运动的数据积累来揭示一些未来发展的方向和趋势，但没有任何一种方法可以精确地预测未来。因此，在很多客源市场流量预测的案例中，常采用多种预测方法，最后将这些数据汇总平衡，即在定量的基础上，预测者根据未来市场可能的影响因素而做出定性平衡，从而力求得出同未来实际客流量最吻合的预测值。

三、规划布局

规划布局是将旅游项目在空间上合理安排，使产业在空间上循序扩展，并与经济、社会、环境、文化相协调，共同发展。从大的区域到小的景区都要做好统筹布局。

（一）总体布局

1. 影响因素

旅游总体布局必须遵循旅游经济发展的客观规律，又受政府宏观调控制约。从这些年中国旅游业区域发展分析来看，影响总体布局的因素有。

（1）经济基础

旅游业是满足经济富余者物质和精神消费的产业，要求有基本的接待条件，因此近些年来中国发展起来的旅游区大都分布在沿海东部经济较发达的城市。例如：中国 7 大旅游区中，5 个分布在东部沿海地区。

（2）资源特征

旅游者的追求目标是特色突出、级别高和知名度高的景点，以满足求新、求知、求奇的需要。中国 7 大旅游区中，北京长城和故宫、西安秦兵马俑、苏州园林、杭州西湖、桂林山水、海南亚龙湾等名贯中华，世界少有。黄山、峨眉山、九寨沟、张家界、长江三峡、千岛湖等地旅游业发展也很快，都以资源取胜。

（3）区位和交通条件

旅游业是旅游者空间移动的产业，因此，客源地与旅游区的空间距离和交通条件就成为旅游业生长的重要影响因素。例如，广州、深圳、珠海等城市就是依据区位优势和交通条件发展起来的。

（4）宏观调控

中国旅游业是政府主导型产业，各级政府从宏观经济发展出发，对旅游业有统筹安排和布局。中国广大重点旅游区的提出和政策倾斜，就是政府宏观调控的结果。因此，这些城市的旅游业如果能很快地发展起来，将对中国旅游业发展和布局起着带动和辐射作用。

2. 区域布局模式

旅游业都是在一定的区域按照不同模式布局发展。根据这些年来中国旅游业的发展规律，大体可分为点、线、网络状发展模式。

（1）点状扩展模式

国家旅游局从全国旅游业发展全局出发，并结合各地实际，在 20 世纪 80 年代制定的《旅游事业发展规划》以点的形式布局全国 7 大重点旅游区和二级重点旅游区或旅游线。例如，北京重点旅游点的扩展，可形成几个旅游圈层。中心点是第一圈：故宫、八达岭、十三陵、颐和园、天安门、北海、香山等；第二个旅游圈：十渡、周口店、龙庆峡、白龙潭、卢沟桥、慕田峪；第三个旅游圈：清东陵、清西陵、潭柘寺、雁栖湖；第四圈：金山岭、承德、山海关、北戴河、野三坡。

（2）线状开发模式

点与点之间通过交通干线连接成线状开发模式。如，山东省以泉城济南为中心，沿津浦路和胶济路呈"广"形线状模式开发。南北线：济南（泉城）——泰山（名山）——曲阜（名人），为山水圣人旅游线；东西线：济南——淄博（齐文化）——潍坊（民俗）——青岛（山海、名城）——烟台、威海（海滨），为齐文化、民俗、海滨旅游线。这两个条带相连接，互动开发，带动山东旅游业发展。

（3）网络状模式

在区域经济和旅游业较为发达地区，多景点相集聚，形成较为合理的旅游网络系统。例如，长江三角洲地带旅游区域即是中国经济发达、旅游业活跃的地带，以上海为中心，以南京、杭州为两翼，凭借两江（长江、钱塘江）和四通八达的公路，将 15 个国家级风景名胜区和 12 个历史文化名城连接起来，从而形成中国最大的旅游经济区。

（二）功能分区

旅游规划按功能进行组团划分，每一个组团常被称为功能区。综合国内外学者的观点旅游区通常按功能分为入口区、度假中心区、康体健身区、户外活动区、文娱活动区、度假别墅区、维修区。其中入口区、度假中心区和维修区三个功能分区统属于综合服务区，度假别墅区是服务社区的外围地区，也可一并归入服务社区。康体健身区、户外活动区和文娱活动区属于旅游度假区中的吸引物集聚区。其中，康体休闲活动功能在旅游度假区中具有极其重要的作用。

1. 功能分区要点

（1）旅游区必须进行功能分区

景观项目与配套设施有机结合，合理布局，秩序井然，这是旅游区规划设计的一项重要原则。

（2）功能分区需要考虑的内容

首先应该考虑旅游吸引物的构建和保护；其次要考虑交通及服务设施的便利性；此外，要考虑旅游区的滚动发展问题，不能在客源市场不足和建设资金没有到位的情况下在所征地上全面撒网，要预留一定用地用于未来的发展建设。

（3）旅游服务社区的位置

一般考虑两大因素：核心旅游吸引物和对外交通。核心旅游吸引物通常位于旅游活动集中的地方，其附近安排住宿设施便于旅游者的活动，更能吸引旅游者；对外交通的便利性有利于旅游区初期的开发建设以及后期疏散人口。

（4）不同规模类型的旅游区

功能分区应具体分析：大型旅游度假区的康体休闲设施分区所占的比例要大一些，如，高尔夫球场、网球场、跑马场等在整个旅游度假区中占有较大面积；小型旅游区一般不设置这些高档的康体设施，只是在度假中心酒店中设置一些康乐设施，如，游泳池、室内网球场等，康体设施分区所占的面积比例要小一些。

（5）不同区位类型的旅游区

功能分区情况也有所不同：客源型旅游区由于资源条件不是太好，要适当增加康体休闲活动设施的比例；资源型旅游区由于资源条件较好，康体休闲设施的比例可以少一些；客源—资源型旅游区处于二者之间。

（6）资源易于破坏的旅游区

服务设施分区应建立在离资源较远的外围地带，严禁在核心旅游资源附近建立服务设施，并且按资源品级进行分级设置保护区。

2. 空间布局的平面模式

（1）考虑核心吸引物

①围绕核心天然吸引物或消遣设施的规划布局模式

通常一处天然吸引物，如湖泊、沙滩以及山间滑雪地可以被选为规划布局中心。这种类型的旅游区，娱乐、休闲是第一位的，居住是第二位的。占地广阔的核心娱乐、休闲设施被安排在这一天然吸引物所在地或在其周围。进而构成规划布局的中心地，其他设施包括住宿、餐饮、购物、交通、停车场以及辅助性服务设施，则被安排建设在这一核心设施的周围。

②围绕接待服务中心的规划布局模式

在缺乏具有特色的自然要素的情况下，一座服务周全的接待中心，也可作为规划布局的核心；购物、餐饮、娱乐、停车及辅助设施安排在中心周围，通常需用花园及人工造景来提高建筑的吸引力，同时接待中心建筑本身必须颇具吸引力，建筑构思要具有创新性。

（2）考虑基地特点

规划人员在实际操作过程中，还要根据不同类型基地的特点布置功能分区。旅游区的地貌形态与活动设施的地域配置决定了空间布局的形态，归纳起来有带状、核式、双核式、多组团式等。这些模式的共同特点是以自然为核心，游憩活动安排在辅以适量人工设施的自然背景中。位于海滨和湖滨的旅游区布局，通常原则是平行于海岸或湖滨岸线，这种布局的规律是由其资源条件和地貌背景决定的。核式布局的旅游区建立中心区，集中布置商业、住宿、娱乐设施和其他吸引物，附属设施围绕中心区分散布置，其间有交通联系，这种结构有利于节约用地。双核式布局的旅游区一般依托于城镇，在旅游区内建立辅助型服务中心，这种结构适合于风景名胜区或自然保护区周围的旅游区。多组团式结构的旅游区是目前规划和开发常用的结构，适合城市周围地区，多采用面状的开发方式，然而要有充分的开发资金以及注意避免出现"摊大饼"现象，造成土地荒芜、水土流失。

四、景观规划

旅游是人与环境进行感应和交流的活动，有效的景观规划对于保持旅游区的景观特色、景观质量来说是关键，通常我们遵循景观生态学原则和空间尺度原则进行旅游区的景观规划。

（一）景观规划的原则

1.景观生态学原则

景观生态规划是后续的总体规划、详细规划等落实的基础和指导性纲领，根据景观生态学分类形成的不同类型区，应根据其结构和功能的互动关系，进行合理的可持续开发。

（1）以景观生态学原理为指导的旅游规划原则

①系统优化原则

即把景观作为系统来思考和管理，实现整体最优化利用，旅游规划是对旅游区生态系统及其内部多个组分、要素进行规划，密切协调宏观和微观之间的关系；规划者从整体的高度上，强调生态系统的稳定性和自然规律。

②多样性原则

多样性的存在对确保景观的稳定，缓冲旅游活动对环境的干扰，提高观赏性等方面都起着重要的作用。著名生态学家奥德姆认为，作为人类既富裕又安全和愉快的环境，应该是各种生态年龄群落的混合体，而城市化生活的水泥和钢筋主体的单调城市景观，促使人们渴望返璞归真，贴近自然。因此，旅游区规划重点是景观多样性的维持，旅游空间多样化的创造。

③综合效益原则

即综合考虑景观的生态效益和经济效益，规划改变景观并可能带来副作用，了解景观组成要素之间的能量和物质流的联系，注意生态平衡，结合自然，协调人地关系，体现自然美，生态美及艺术与环境融合美。如，将观赏、游乐与林业、养殖等生产结合，集约管理，减少废物压力，取得综合效益。

④个性与特殊保护原则

景观规划设计尽可能展现个体的魅力，旅游区内有特殊意义的观景资源，如，历史遗迹或对保持旅游区生态系统具决定意义的斑块，都需要特殊保护。

（2）景观生态学的宏观规划

①调查阶段

是旅游规划的基础，包括工作区范围和目标的确定及旅游区内自然社会要素等基础资料和相关资料的调查收集，便于获取区域的背景知识，为进行景观生态学上的分析做好基础信息的准备。

②分析阶段

主要包括旅游区景观形成因素分析、景观分类和对景观结构功能及动态的诊断，为规划提供科学的依据。景观从空间形态上，可分为斑、廊、基、缘。斑代表与周围环境不同，相对均质的非线性区，如由景点及其周围环境形成的旅游斑。廊道指不同于两侧相邻土地的一种特殊带状要素类型，旅游区内主要的廊道类型是交通廊道，分区内外廊道和斑内廊道三层次；此外，有动物栖息廊道、防火道等，旅游规划侧重交通廊道设计。基质指斑块镶嵌内的背景生态系统或土地利用类型，分为具象和抽象两种，对基质的研究有助于认清旅游区的环境背景，有助于对核心保护区的选择和布局的指导，也利于分析确定保护旅游区的生态系统特色。缘是指整个旅游区的外围保护带，或是旅游斑的外围环境。例如，寺庙区，应有外围的缓冲区，以保护其原有的宗教氛围。

③规划管理阶段

从整体协调和优化利用出发，确定景观单元及其组合方式，规划包括功能分区、典型景观设计和工程示范。景观管理运用景观生态学的原理及方法，追求结构合理功能协调，促进系统内的互利共生与良性循环，管理包括硬件系统如各类监测站点及有关职能部门，对景观变化的管理监督控制体系等，软件系统如管理法规处罚办法等。

（3）景观生态学的微观设计

旅游区的主要功能是为人们提供旅游活动，同时为生物提供栖息地和基因库。规划结合生态因素，可以使这两功能均得以实现。影响旅游区景观美感及舒适的因素很多，在规划中可重点考虑地质地貌、生物、水文、气候等生态因素。

由于地质地形形成旅游区的骨架，在规划时重点工作：调查地质断层、断裂带及地貌滑坡等灾害，分析建设项目的可行性及防护工程必要性等；保护有特殊意义的地质地形，形成具有科学意义的旅游资源；规划中的建筑道路尽量依山就势，不搞大型的破坏性工程，总的思路是预防、保护和保持原有地形。

结合生物规划，创造良好多样的植被景观，研究地带性植被分布，保护自然群落，经营绿色大环境，改善小气候；针对区内植被不同的水土涵养、防护、风景、经济等功能，对植物合理开发，提高风景建设的美学欣赏价值；保护珍稀植物资源，创造多样性环境，提高旅游吸引力；依托植被环境，创造野生动物栖息，活动、迁徙、保护和观赏的区域。

结合水文因素规划，保护水体和湿地，尽可能保持天然河道溪流，注意瀑、潭、泉或具漂流条件的河流段开发利用时的环境容量；利用植被——土壤系统形成的过渡带，保护渗透性土壤，进而保护地下水资源。

气候因素不是人为容易控制和改变的，规划时要充分利用气温差异和天然风等条件，因利乘势建设舒适的旅游接待设施；建筑等建设项目的布局尽量不干扰天然风向，反之以适宜的布局形成，扩大风道，降低污染，丰富立体视觉；一些特有的现象如佛光、云海和海市蜃楼等，可以作为气候旅游资源，然而在未完全揭示其形成机制之前，要保持原有的自然环境状况；针对气候灾害如暴雨、霜冻等，建立应有的预防系统。

2. 空间尺度的规划原则

（1）区域旅游规划

随着旅游业对区域社会、经济、环境影响不断深入，强调环境与经济并列为规划目标的大旅游规划越来越受到重视，内容包括：旅游业服务与设施的规划，旅游吸引力的规划。其规划原则具体为：第一，旅游吸引力依赖于特殊的区位，即拥有丰富和高质量的自然与人文资源，并与附近客源市场有良好的通达性；第二，旅游规划要反映旅游是由供求两方构成的；第三，区域旅游规划的核心是整个区域中最有旅游投资和开发利益的区域。总之，区域旅游规划特别适用于制定有关旅游交通运输、市场营销、组织间合作及旅游环境和社会方面的政策。

（2）旅游区规划

旅游区的构成主要包括三个部分：一是旅游资源吸引区；二是具有足够的基础设施以支持旅游接待服务业发展的社区；三是连接客源市场区的可达性交通。因此，城镇或居民点及其周围地区就可能构成一个旅游目的地，该尺度的旅游规划主要是实体规划，即对规划区范围的土地利用进行综合规划。

（3）景点规划

旅游项目不再被强调为单独实体，而是环境整体的一部分。对一个设计的检验与接纳已不完全是设计师与委托人之间的协商问题，同时还要得到游客的满意和认可。

（二）景观规划的内容

旅游景观内涵丰富、形态多样，有非物质性的景观，如节庆、商业等；也有物质性的景观，即人们普遍认识的景观。本章所探讨的景观重在物质性景观，它既是旅游区形体环境的核心，更是旅游规划设计领域内日益受到重视的新课题。建立良好的旅游景观体系，是构筑旅游新形象、满足旅游新发展的重要基础。

1. 规划理念

旅游景观规划必须坚持在保护环境的基础上以人为本的指导思想，创造富有特色的并能体现旅游的区域特征、民族风情文化和时代精神的旅游环境景观，从而为游客提供舒适、宜人的旅游生活和休闲空间。

2. 景观构成要素

景观构成因素可以归纳为自然和人工两大类。

（1）自然要素

指旅游区一些特殊的自然条件，如，山川丘陵、河湖水域等，它是构成特色的基本因素，也是景观体系规划的基础。自然要素包括以下内容。

①山体

山体是景观的组成部分和构筑景观的重要载体。山体通常成为景观的焦点和核心。

②水系

河湖水域既是旅游区的命脉，也是景观的焦点，同时又是环境的净化器。

③植被

形态各异的树木、四季交替更迭的花开叶落，不仅美化了环境，使环境生机盎然，也为环境生态系统的稳定性和多样性提供了保证。

④田野

现代都市快速的生活节奏、封闭的环境，使人们更加渴望接近自然。旅游区周边甚至楔入城市内部的田园风光都可能成为良好的自然景观资源。

（2）人工要素

旅游区内因山就水的道路、独具特色的建筑，以及其他人工设施形成了景观重要组成部分。

①建筑物

它是旅游区文化和历史的浓缩和积淀。具有时代性、民族性和地方性的建筑物，是旅游区特色的重要组成。不同地段所布置的标志性建筑、对景建筑、窗口建筑等，突出了旅游区空间特色，强化了其指向性和标志性。

②构筑物

它是景观的重要因素，有的甚至成为景观体系的核心，如，观光塔、水库风景区的大坝等。

③道路广场

不仅具有交通的功能，也是形成景观特色的文化空间。经过精心设计、富有地方风格的绿化景观路、建筑景观路、民族风情景观路等特色街道和反映旅游区面貌的主题广场、特色广场，代表着旅游区风貌和文化品位。

④园林

它融入了众多的自然植被、自然山水，是与自然最接近的人工景观。世界各城市普遍重视园林建设，尤其是旅游城市及以自然资源较差的旅游区，精心构筑更为原始、自然的园林，从而成为旅游区景观的一大特色。

⑤环境小品

它是景观的点缀构件，包括：雕塑、碑塔、花坛、水池、栏杆、灯柱、广告牌等。具有时代精神和地方特色、布置得当的环境小品，对美化旅游区、展示文化和陶冶情操都具有重要作用。

3. 景观设计导则

景观体系规划的目标还在于引导旅游区建设和规划实施。景观设计应致力于创造充满活力和吸引力的景观；形成安全优雅而又有秩序的旅游区空间环境。它通常以设计导则的形式表现出来，包括人工要素的设计和自然要素的保护和改造两方面。

（1）人工要素设计

①建筑设计

从建筑的尺度、形式、材料、色彩等诸设计要素入手，规定共同遵守的准则，以确保建筑的彼此协调，强化旅游区总体特征。

②街道景观设计

从街道作为重要的公共活动空间的观点出发，通过规定断面、地面铺设、沿街建筑、交叉口等街道空间构成要素的设计，创造舒适宜人的街道景观。

③开放空间设计

规定旅游区点、线、面相结合的开放空间系统中不同性质开放空间的设计导则，以形成丰富多彩、民族文化气息浓郁的空间环境。

④砌化系统设计

旅游区绿化系统由公园、街头绿地、基地绿化、道路绿化及隔离带绿化组成，是景观体系中最活泼的景观组成要素。规定各空间景观的植被类型、配置要求、设施内容、景点主题等，以创造系统的绿化环境。

⑤环境小品设计

对环境小品的布置地点、形式、尺度、色彩等提出系统的设计要求，创造宜人的休闲氛围，丰富美化旅游区的景观环境。

⑥其他景观设计

城市夜景灯光设计，桥梁、涵洞等构筑物的设计，也应结合景观体系的布局要求，进行设计引导和指标控制。

（2）自然要素的保护与改造

在景观体系总体框架的指导下，对自然要素按规划需要进行不同的处理。对良好的植被、独特的山体等，要进行形象和质量方面的保护，提出保护措施。其他自然要素，应结合其在景观体系中的地位，从而进行适当的改造，以适应总体景观格局。

五、产品策划

（一）产品特点

旅游产品属于服务性产品，它们有不可以贮藏、不能转移、生产消费同时性、购买者必须亲身前往而无可替代的共同特点；旅游产品又与服务产品有区别，其独有的特点是：

1.综合性

旅游产品涉及旅游活动中的吃、住、行、游、娱、购六大要素，是有形物质设施与无形服务的综合性组合综合性是它区别于其他物质产品和服务的重要特征。因此，旅游产品的生产经营难度大，要求更高，在规划中必须从开发产品出发，对各要素进行综合考虑、全面安排。

2.信息性

旅游产品是抽象的、无形的，没有固定形态，只有旅游者到了目的地亲身接触，才能完成购买过程。旅游者在出游之前，所得到的不同渠道的各种信息会直接诱导或压抑其决策，这说明旅游者在购买前得到的信息是十分重要的。因此，对于旅游产品的包装、商标、广告等信息策划的资金投入应高于其他产品。

3.共同性

一地旅游资源开发形成的旅游产品，既可为区内外各企业共同利用，又可以在各地被其他企业复制。因此，旅游产品同其他产品不同，它无专利、无产权、无商标。在规划和经营中，应将特色产品、垄断性产品和创名牌产品的项目作为开发重点。

4.附加值高

对各种孤立的资源和设施，只要编排、组合得好，就会形成高附加值的产品，尤其是垄断性产品。故而，旅游规划产品设计中一项重要的原则就是创新。一个从区域特色出发、冲破常规的设想，可使某个旅游区成为倍受注目的旅游热点。美国迪士尼乐园、深圳的锦绣中华和中华民俗村就是大胆想象创新的代表作。

（二）产品构成

国家及省市的旅游业要想得到稳步、健康的发展，旅游产品必须有一个合理结构，才会吸引更多的旅游者。20世纪90年代国家旅游局向世界旅游市场推出生态旅游产品；以改变中国目前旅游产品结构，提高旅游品位，增强市场的竞争力。

1. 观光生态游产品

观光是旅游者依赖于优美环境和景物进行的一种文化性美学观赏活动，它使人赏心悦目、流连忘返。观光旅游是人类萌生旅游动机的第一选择，它给予人的刺激最直观、最深刻、最容易被各层次人所接受，也是开展其他旅游项目的基础。这种旅游是长期历史形成的，并有美好的未来。

2. 度假生态游产品

休闲度假是现代人追求较多的短期旅游生活方式。它是利用海滨、湖畔、温泉、山林等高质量生态环境开展休闲度假、健身康复等旅游活动的产品。例如，黑龙江省伊春有亚洲最大的红松原始林，被称为中国最大的天然氧吧，在原始森林里，游客可以漫步、漂流。随着世界经济的发展，城市化和工业化的速度加快，休闲度假已成为大众的需求，也是提高社会生产力的一种重要手段，再加上该产品主要是吸引海内外停留时间较长、消费水平较高的旅游者，因此能充分发挥旅游设施的综合作用，从而提高经济效益，已成为各国、各地区积极重点开发的旅游产品。

3. 特种旅游产品

特种旅游产品在中国刚刚引起重视。它是有特殊兴趣和强烈自主性的旅游者借助人力或自驾机动交通工具，在特殊的旅游目的地或路线上实现其带有参与性、探险性或竞技性的个人体验，而进行的旅游活动及其产品的总称。其主要内容有探险、科学考察和体育竞赛等项目。特种旅游产品的开发主要在偏远山区、沙漠、戈壁、海岛、大江大河和远海区，其市场面虽窄，然而具有产品功能、宣传功能、经济功能和引导功能。产品功能即它填补了中国旅游产品的空白，满足了有特殊偏好的旅游者的需求，丰富和完善了中国旅游产品的内容和结构，增强了中国旅游产品在旅游市场上的竞争力和吸引力；宣传功能即一部分特殊旅游活动具有艰巨性、风险性、刺激性，常引起公众和社会名流、新闻媒介的关注，成为新闻的热点，产生轰动效应；经济功能即特种旅游有较高的经济附加值，垄断程度高；引导功能即此产品有示范性，进而有利于带动其他产品的开发和升级换代。因此，有条件的地区，在规划时要对特种旅游产品给予关注，充分发挥"特"的作用。

（三）产品设计

依据旅游区的自身特点和合理功能结构，设计旅游产品要求。从区域资源优势出发，设计出有地方和民族特色的产品系列，优化旅游产品结构。

发挥创造性，设计出新奇产品。旅游产品设计是科学、艺术、经济、环保四位一体的创造。因此，设计要从地区文脉的发展和资源特色出发，提出科学设想，在"异"字上下功夫；设计师要有艺术家的想象力，大胆创造，使产品由无名到有名，从投入—产出角度出发，考虑建成实体后在市场上能否有吸引力和竞争力、能否有经济效益。这是建筑在知识、信息和环保基础上的设计，是现代知识经济在旅游规划中的典型表现。

在设计产品系列中要突出拳头产品，发挥主导和带动作用；本着"你无我有，你有我优，你优我新，你新我奇"的原则筛选具有垄断性、能发展成规模的名牌产品，即"金字塔"尖上顶级产品。使其进入旅游市场后，能产生轰动效应和较强的竞争力。

旅游产品的设计要把点串成线，再延伸成面，特别是中心城市在产品设计中要发挥接待基地作用和辐射作用。

总之，旅游产品设计要以观光、度假、特种旅游产品为依托，改进产品组合，更新换代，使重点旅游产品突出、系列产品多样，从而使旅游区形象鲜明，富有活力。

六、旅游组织

旅游规划中设计出的旅游产品，还必须通过旅游组织来实现。而旅游线路的设计与销售直接关系到旅游点、旅游设施等的利用程度和旅游业的兴衰。

（一）旅游线路概念

所谓旅游线路，是指专为旅游者设计、能提供各种旅游活动的旅游游览路线。它按旅游者的需求，通过一定的交通线和交通工具与方式，将若干个旅游城市、旅游点或旅游活动项目合理地贯穿和组织起来，进而形成一个完整的旅游运行网络和产品的组合。

旅游线路与游览线的区别：第一，旅游线路涉及面广，通常指一个较大的空间范围内各种旅游点、旅游项目与旅游交通路线的空间组合；游览线涉及面小，指在一个旅游区内串联各景区、景点的观览线；第二，旅游线路与游览线都有"旅"与"游"的功能，但侧重点不同，旅游线路侧重"旅"，游览路线侧重"游"。前者在"旅"的过程中强调旅游交通的合理安排，后者则是在"游"的过程中强化"旅"的乐趣与观感，并且"旅"的过程很薄弱。

旅游线路与交通路线也有区别：旅游交通是旅游线路组织的生命线，旅游线路需要一定的交通路线和交通工具与方式作依托。交通路线只涉及旅游活动"行"的部门；旅游线路则涉及旅游活动中的"吃、住、行、游、购、娱"六大部分，还需要各部门密切配合，合理安排旅游日程。

（二）旅游线路的分类

1. 按空间范围分类

通常分为洲际旅游线路、洲内旅游线路、跨国旅游线路、国内旅游线路和区内旅游线路等。大尺度的旅游线路多选择著名的、最有价值的风景区和旅游城市。为迎合游客出游的"最大效益原则"，旅游规划者在旅游线路的安排上基本不走"回头路"。小尺度的旅游线路多呈节点状，旅游者选择中心城市为节点，向四周旅游点作往返性短途旅游。

2. 按性质和内容分类

通常分为观光游览型，休闲度假型，会议、商务、探险等专题型、综合型等。

（1）观光型旅游线路

一般串联多个旅游点，可满足游人观览、猎奇的需要。由于游客重复利用同一线路的可能性较小，因而旅游路线成本较高。

（2）休闲度假型旅游线路

多用于满足游客休息、度假的需要，旅游线路串联的旅游点少（只有 1 ~ 2 个），而游客停留时间长，旅游线路重复利用的可能性高，旅游线路的设计要简单、经济得多。

（3）专题型旅游线路

多围绕一个主题，串联多个内容相似的旅游点，以满足旅游者深层次、单项旅游的需求。该旅游线路针对性强，尽管客流有限，但主题设计可多样化，因而旅游市场前景较好。

（4）综合型旅游线路

是根据游客需要，把不同性质的旅游点或城市串联在一起，巧妙配合。

3. 按交通工具分类

旅游线路按使用的主要交通工具可分为航海、航空、内河大湖、铁路、汽车、摩托车、自行车、徒步及混合型旅游线路。

4. 按旅游过程分类

旅游线路按旅游过程可分为全包价旅游线路、小包价旅游线路。

（三）旅游线路的设计

生态旅游区的交通规划主要是旅游线路的规划设计，目前科技发达、交通载体和交通方式日益多样化，交通规划必须形成为实现旅游功能而有机联系的交通系统。旅游产品销售最终都要落实到具体的旅游路线。在当今买方市场条件下，旅游路线规划设计主要针对两方面情况：一是区域旅游路线规划，连接依托中心与旅游景区（点）；二是旅游区内部的路线，即游览线的组织，通常以环形路线为最佳模式。

旅游线路可由开发者、经营者根据旅游者个人意愿确定，也可以根据旅游市场需求开发，还可以在大量旅游者自由选择、有一定客流规模后再由旅游开发者、经营者加以完善。旅游线路的组织与设计是旅游规划的重要内容，直接关系到旅游规划地区宣传重点及旅游产品能否实现。旅游线路的组织与设计应该侧重于以下几个方面：

1. 主题突出

为了使旅游线路具有较大的吸引力，在路线设计时，应把性质或形式有内在联系的旅游点有机地串联起来，形成一条主题鲜明、富有特色的旅游线路，并在旅游交通、食宿、服务、购物、娱乐等方面加以烘托。不同类型的旅游路线，应设计不同的主题，体现出各具特色的吸引力。如果是一条观光旅游线，则应尽量安排丰富多彩的游览节目，在有限的时间内让游客更多地参观和领略该国、该地区代表性的风景名胜和社会民俗风情。

2. 层次丰富

规划者应充分利用规划地区或周围的旅游点，设计出沿线景点多变的多层次旅游路线，以最大限度地满足旅客的需求，并可根据旅游市场的变化，却灵活地推出不同的旅游线路。小范围的旅游规划也可充分利用规划地区范围内及周围旅游点，组成各具特色的旅游线路，以适应市场需要。

3. 秩序井然

在旅游线路设计时，要预先筹划线路的顺序与节奏点，使旅游活动做到有起有伏、有动有静、有快有慢，有游览又有参与娱乐，既要使游客的整个旅游活动始终保持在兴奋点上，又要考虑旅游者的心理和生理、精力状况应做到有张有弛。只有这样，旅游者才能获得心理、生理上的满足。旅游线路如同一部艺术作品，有序幕、发展、高潮和尾声。

4. 热冷点兼顾

在旅游规划设计和游线组织时，还必须从规划地区乃至周围地区出发，抓住旅游热点，带动温点和冷点，充分发挥区域旅游功能的优势。游客对旅游线路选择的基本出发点是以最小旅游消费和有限的旅游时间获取最大的旅游收益，旅游线路上的选点多是著名的、最有价值的旅游点，旅游设计者在旅游线路带动性的设计中应该做到：首先，选择的旅游冷点与温点要特色突出，可游性、可观性强，互补性强、可达性高，设计要利于增强主题思想；其次，应加强开发力度，提高其文化品位，使其真正地充当旅游热点的辐射点、分流点。总之，只要设计者了解旅游者心理及其变化趋势，独具慧眼，大胆创新，不断开拓新线路、新景点，可以使"冷"点通过扶植变成"热"点。

5. 线路创新

由于旅游市场具有不稳定性和可选择性，因此，旅游线路的设计要随着市场的变化而不断创新和更新换代，才能使旅游点（地）具有强大的吸引力和生命力。更重要的是规划设计者要有超前意识，深厚的文化知识涵养、旺盛的创新感。

（四）旅游线路组织

旅游线路组织需精心安排全程的交通方式、工具以及它们之间的相互衔接，要求做到。

1. 安全、舒适、便利、快捷、经济、高效

这是旅游者选择旅游交通线路与工具的首要条件，也是游线组织中首先要想到的。因此，旅游规划者必须对规划地区交通的现状进行深入调查，并制定具体的线路计划，使线路合理、形式多样、衔接方便。在确保安全的同时，尽量缩短交通旅游，增加游览时间，降低旅游费用。

2. 多样化、网络化、配套化、等级化

游线组织除了解决游客旅游中"旅"的问题外，还可增加"游"的交通设计，丰富旅游内容，增添游兴。这就需要从旅游的主题思想出发，根据旅游规划地区实际情况，尽可能安排一些丰富多彩的旅游交通节目，如，骑马、骑骆驼、乘船、坐马车、乘索道、缆车等，并将它们有机地组织到旅游项目中，起到调节旅客情绪的重要作用。建立区域旅游交通网络是旅游规划和布局的重要问题。从规划地区看，便捷的交通线可以使规划开发者根据旅游资源的空间地域结构，把若干各具特色的风景区（点）、旅游城市连成一体，组成旅游网络体系，促进旅游线路的生产与销售，使旅游者得到满意的旅游效果和旅游经营者获得

最佳效益。可以说，旅游交通网络化是实现旅游线路多层次化和多样化的前提与保证。旅游交通网络化组织要以规划地区现有水路、公路、铁路、航空等交通网和工具为基础，依据其旅游发展的规模、结构与趋势，合理布局，完善交通路网和工具，加大投入，使旅游交通配套化、高质量化及等级化。

七、容量规划

（一）环境容量特征

环境容量是表征环境自我调节功能量度和判断旅游持续发展依据的重要概念，是衡量环境与生态旅游活动之间是否和谐统一的重要指标。环境容量有以下几个重要特征：

1. 综合性

生态旅游环境容量这一概念体系包括：自然生态、社会文化生态、生态经济、生态旅游气氛等四个系列的若干环境容量指标，并组成具有时、空、功能和多组分的多维结构。

2. 反馈性

生态旅游活动行为与环境之间存在着正、负反馈作用。良好的生态旅游环境在一定程度上往往吸引生态旅游者。而一旦旅游活动过度或其他活动导致环境质量恶化，就会降低或损害生态旅游者兴趣，导致该区域环境容量降低；若旅游者和当地居民注重保护环境质量，与环境关系和谐，则可能致使环境容量适当扩大。

3. 可变性

生态旅游环境中某一或几个要素或者整个系列发生了变化也会导致其容量发生变化，如水质发生了污染、森林遭受病虫害或火灾，则其容量会减少；相反，如原来遭受破坏的植被得到恢复，引进了新的生物品种、增加了新功能生态旅游产品等，可能会导致容量略有增大等。

4. 可控性

环境容量的可变性、反馈性告诉我们，生态旅游环境容量按照一定的规律变化，人们认识并利用其规律，可以对生态旅游环境容量进行调控。

5. 有限性

环境容量概念本身就是一种限度值，通常有最大值的存在，达到这一数值即为饱和，超过这一数值即为超载。为了达到生态旅游环境系统良性循环，往往在实际运用中应用其最佳容量或者叫最适容量，以使生态旅游环境既达到最佳利用，又不受损害。

6. 可量性

生态旅游环境容量表现出为一个具有一定范围的值域，这一值域可以通过一定的手段或方法来进行把握和计算。现在所使用的方法多半是通过实地观测和调查研究来得出生态旅游环境容量的经验值。

（二）环境容量量测

生态旅游环境容量具有可量测量，其主要原因是生态旅游环境系统具有一定的稳定性，其变化于一定的阈值范围之内，它是生态旅游研究的难题之一，至今没有较完善的定量方法。

1. 指导思想

生态旅游环境容量量测涉及生态旅游的主体、客体、媒体等诸多要素多个信息群或多个信息群的组合，要解决如此广泛的复杂关系，必须要用唯物辩证法来进行指导，即宇宙间的一切事物都是发展变化，对立统一，相互依存、相互制约的。在认识生态旅游环境容量与生态旅游经济、生态环境等协调关系时，既要认识到旅游资源来源于旅游环境，是旅游经济发展的物质基础，又要认识到旅游经济发展会促进资源的开发，进而使更多的环境要素成为资源，还要认识到资源的过度开发、环境容量长期超载会造成旅游环境的恶化和资源枯竭等，从而制约旅游经济的发展，这就是生态旅游环境容量研究中的辩证思想。

2. 量测方法

借鉴目前旅游环境容量量测的一些方法，生态旅游环境容量量测方法主要有。

（1）经验量测法

通过大量的实地调查研究而得出其经验或经验公式的方法，主要有：

①自我体验法

调查者作为一名生态旅游者，体验生态旅游所需要的最小空间，体验在不同旅游者密度情况下的感受，进而感受旅游者数量和活动强度对生态旅游环境的影响等。

②调查统计法

在不同的生态旅游区域、社区、路段等，分别对不同的生态旅游者进行调查，了解其对生态旅游环境容量各方面的认知、感受与需求，并进行统计处理。

③航拍问卷法

通过航拍了解生态旅游者人数和分布状况，同时采取问卷形式调查生态旅游者的看法，经分析得出生态旅游环境容量的经验值或相关结论。

（2）理论推测法

理论推测法往往在调查研究或经验量测的基础上，对生态旅游环境容量进行推算，以求得更合适的生态旅游环境容量，主要有单项推测法和综合推测法。

①单项推测法

对生态旅游环境容量体系中某一方面的容量进行推测。

②综合推测法

对生态旅游环境容量的各个方面做出综合推测。综合推测通常遵循最小因子限制律，即生态旅游环境容量的大小往往取决于最小的分容量，该分容量或因素决定了整个生态旅游环境容量。

值得说明的是，生态旅游环境容量的确定与量测，在理论容量推测中，很难全面地逐项定量量测，如，生态旅游政治环境容量、文化环境容量等，未来随着研究的深入可能会逐渐找到定量量测方法。目前生态旅游环境容量，研究要注重定性与定量方法相结合，尽量做到环境容量推测的科学性。

（三）环境容量调控

生态旅游环境容量的调控是生态旅游区实现可持续发展的重要手段之一。在生态旅游开发与管理中，实施环境容量调控主要有以下几项内容。

1. 饱和和超载的调控

生态旅游区域承受的旅游人数或活动量达到其极限容量为饱和，超过极限容量为超载。

（1）饱和和超载的类型

①短期性饱和和超载

包括周期性、偶发性饱和和超载两类。周期性饱和和超载根源于旅游的季节性，并与自然节律性有关，如，北京香山的红叶季节、候鸟迁徙至该地的季节等；偶发性饱和和超载起因于生态旅游区或其附近发生了偶然性事件，在短时间内吸引了大量旅游者，如国际性博览会等。

②长期连续性饱和和超载

多发生在城市郊区的国家公园或郊野公园内，而且主要发生在一些知名度较高、生态环境较优良的场所。

③空间整体性饱和和超载

指的是该地域所有景区以及其设施所承受的旅游活动量均已超过了各自的生态旅游环境容量值。这种情况通常较少出现。

④空间局部性饱和和超载

指的是部分景区承受的旅游活动量超过了景区的生态旅游环境容量，而另外的景区并未饱和。在大多数情况下，整个旅游区承受的旅游活动量未超过旅游区的生态旅游环境容量。这种现象通常会造成"隐蔽式"的破坏。

（2）饱和和超载的影响和破坏

①对生物的影响与破坏

生态旅游环境容量饱和或超载对生态旅游区的生物影响颇大，仅仅因旅游者脚踏量急增就会导致重大压力，导致土壤压实等，这将影响植物的生长发育，也损坏了动物赖以生存的环境，造成生态系统的失调等。

②造成水体污染

水体的净化能力是有限的，假如生态旅游环境容量饱和或超载，绝大多数情况下会导致对水体的污染，有时可能是导致水体污染的间接原因，水体污染会造成难以预料的后果。漓江的水体污染就毁坏了桂林山水的形象，滇池的水体污染影响了昆明旅游业的发展即是佐证。

③导致噪声污染

生态旅游环境容量饱和或超载，使生态旅游者感觉到拥挤不堪，不能获得应有的"回归自然"的感觉气氛，造成体验质量下降。一些动物也由于发生恐吓等原因不得已迁移，会造成不良的生态后果。

（3）饱和和超载的调整

①供求平衡与适当分流

针对整体性或长期连续性饱和或超载，适当地采取分流措施：一是通过大众传媒，向旅游者陈述已发生的饱和和超载现象及由此带来的诸多不便与危害，促使旅游者改变旅游目的地的选择决策；二是替代性开辟生新的生态旅游区，选择一个总体旅游效果近似，而在时间上、价值上更节省的生态旅游区；三是选择本身具有较高吸引力、区位适中、价格较低的邻近生态旅游区，通过强大的传媒促销吸引大量旅游者。总之，主要是靠扩大旅游供给能力和延长旅游季节如，抑制旺季、促销平季和淡季来增加分流。对局部性饱和或超载的生态旅游区，一是在饱和和超载的生态旅游景点、景区入口处设置计流设施，一旦景区达到饱和，则停止进入；二是对旅游者进行空间上和时间上的划区引导；三是对一些生态敏感景区实行申请许可证制度来控制。

②休养生息与环境补给

对短期生态旅游环境饱和或超载的生态旅游区，由于在旅游旺季，生态旅游环境系统的物质、能量、信息等消耗过量，在旅游淡季时，就不能仅靠环境本身的调节能力去休养生息，而需要人工补给大量物质、能量和信息等来促使生态旅游环境尽快恢复，从而保持其容纳能力。

③轮流开放与分区恢复

局部性饱和或超载的生态旅游区关闭一段时间，让受损的生态旅游环境系统有一个恢复阶段，以期可持续发展。在轮流开放时，要注意开放的景区类型的搭配，不要同时将同一类型、同一功能的景区或景点全部关闭，以免影响游人游兴和影响整个旅游区的形象。

④治理环境与环境恢复

对受干扰严重的自然生态环境要靠人工干扰恢复其生态平衡；对未受污染的水体等要采取相应的措施加以治理，若造成生态旅游者与当地居民关系紧张，则要多做疏导、宣传教育工作，以使生态旅游环境保持其较佳的容量。

2. 疏载的调控

（1）疏载的含义

旅游流量过于稀疏，旅游者数量或活动强度远离生态旅游环境容量的最宜或极限值，造成生态旅游资源和生态旅游环境容量闲置，而导致资源和设施等的浪费。

（2）疏载的原因

①开发特色不突出

特色是旅游开发的灵魂和生命线，无论是国际指向性、国内指向性、区域指向性的生态旅游资源开发，其开发一定要有特色，没有特色也就无法吸引旅游者，无法达到较理想的生态旅游环境容量。

②地域开发方式单一

有的生态旅游区域虽然旅游资源质量高、吸引力大，然而由于开放方式单一，产品单调，可游览、可享受的景观或可开展的旅游活动项目少，旅游通达性较差等也会导致旅游资源闲置，生态旅游环境容量疏载。

③宣传促销力度不够

不少生态旅游区资源上乘，开发已有一定程度，项目也可以，但宣传促销力度不够，不为广大民众所知，难以激发旅游者前往，导致疏载，从而旅游投入产出达不到预期目标。

④产品周期律的影响

旅游产品和旅游区开发上都具有其生命周期。随着时间的推移，旅游产品和旅游区都有一个初创期、成长期、成熟期、衰退期，到衰退期就会出现旅游者数量减少，造成疏载。

（3）疏载的调控

疏载虽然不会导致旅游环境的破坏，但会影响生态旅游资源价值的实现，影响其旅游经济效益，从谋求经济、资源、环境协调发展的旅游可持续发展观点出发，也可以说是一种环境问题，因为它从经济上否定了环境的价值。因而有必要重视疏载的调控。

①充分挖掘资源特色

以市场为导向，以资源为基础，开发项目为支撑，突出特色为目标，完善旅游功能，抓龙头产品，实施"名牌"战略，吸引游客。

②大力实施综合开发

世界旅游产品开发日趋多样化和综合化，因此，为实现生态旅游资源和环境的价值，应开发多种多样的生态旅游产品，增加对不同层次的游客的吸引力，从而扩大旅游流量。

③重视旅游宣传促销

通过各种传播媒介，尤其是结合国家旅游促销主题，以及举办各种与生态旅游有关的节庆活动等，加大旅游促销投资，灵活运用多种促销手段，使信息及时传播给广大民众，激发其旅游动机，吸引旅游者前往。

④注意产品的更新换代

一些开发较早的生态旅游区因其产品逐渐进入衰退期，对游客吸引力下降，旅游开发应不断推出新的生态旅游产品，延缓其衰退速度，重新激发旅游者的旅游动机，实现生态旅游资源和环境的深层价值。

⑤以热带冷全面发展

生态旅游开发中往往是热点、热线出现环境容量的饱和或超载，而冷点、冷线则出现疏载，要想办法吸引旅游者前往冷点、冷线，适当分流游客，实施冷热搭配，以热带冷，推动区域生态旅游环境容量相对均衡，进而促进生态旅游的全面发展。

第四节　城市旅游开发影响

生态旅游的发展对当地经济、社会及生态环境的影响是两方面的，即积极和消极并存。

一、经济影响

（一）积极影响

1. 促进经济发展

外地游客在当地旅游，构成了一种外来的新的经济"注入"。旅游促销和游客的流动，会提高当地的知名度，逐步产生旅游区名牌效应，从而增加了无形资产，为经济联合和吸引外地资金进入创造了条件。

2. 增加区域收入

旅游开发为区域带来比较明显的经济效益，还可带来若干间接效益。特别是在一些贫困地区，发展旅游业可帮助当地脱贫致富，从而带动区域经济发展。

3. 促进经济转型

旅游消费是一种高水平消费，要求更新换代的建设高于一般耐用消费品，这就刺激了有关行业在生产方面采取技术、新材料、设备等来配合旅游消费结构，调整区域经济产业结构，较明显的是交通、通讯、轻工、建筑、农业等直接提供消费资料的部门。另一方面，也促进旅游区向开放型经济转化，激发旅游区域经济活力，并成为区域重要的支柱产业。

4. 促进基础设施建设

旅游的发展可以促进旅游区的交通、市政等基础设施建设，如，促进交通多样化、网络化、快速化和高质量。同时，交通发展也能促进旅游发展，为旅游区方便快捷地输送更多的游客。

（二）消极影响

1. 引起物价上涨

通常情况下，外来旅游者的消费能力高于当地居民。当有大量外地游客进入时，有可能引起当地物价上涨，同时随着旅游业的发展。地价也会上涨，这势必造成对当地居民生活的重大影响。

2. 影响产业结构

原先以农业为主的地区经济，由于从个人收入看从事旅游服务的工资所得高于务农收入，因此大量劳动力弃田从事旅游业，其结果是一方面旅游业的发展扩大了农副产品的要求；而另一方面却是农副业产出能力下降，形成不正常的产业结构变化。

3. 影响国民经济的稳定

作为现代旅游活动主要成分的消遣度假旅游有很强的季节性，淡季时会出现劳动力和生产资料闲置或严重的失业问题，进而直接影响当地经济和社会问题。旅游开发在当地经济定位上要慎之又慎。

二、社会影响

（一）积极影响

1. 增加就业机会

旅游的开展为当地提供了较多直接就业机会，按国际惯例，旅游业直接就业与间接就业比例是 1：5，旅游发展吸纳了大量社会闲散人员、失业人员、下岗人员，为社会经济发展和环境保护提供了稳定的社会秩序。

2. 提高对可持续发展的认识

旅游是在全社会范围内广泛宣传可持续发展战略的一种有效方式，让人们自觉接受可持续发展理念，变被动保护旅游资源和环境为主动积极保护。

3. 提高管理水平和技能

旅游要求较高的管理技能水平，要求充分运用新的技术进行管理，使其管理技能和水平得到迅速提高，旅游是面对面的服务，质量高低关系到一地之形象。

4. 促进民族文化的发展

旅游区的开发促进了民族文化资源的挖掘、整理和保护，实现资源的价值，提高民族文化的知名度，从而增加了民族的自信心。

（二）消极影响

1. 不良的示范效应

旅游者将自己的生活方法带到旅游区，无形之中会渗透和传播，对当地社会产生"示范效应"，尤其是不良的生活方式会使当地一些居民在思想和行为上发生消极变化。

2. 干扰当地居民生活

由于旅游区所在地承载力是有限的，随着外来游客的大量涌入和游客密度的增大，当地居民生活空间相对缩小，因而会干扰其正常生活，侵害当地居民利益，从而造成对立情绪。

三、生态环境影响

（一）积极影响

1. 促进生物保护

随着生态旅游的开展，一方面可以起到对当地人们和游客进行生态环境保护意识的教育；二是为旅游区内珍稀生物的保护寻求经济支持，增加保护和管理的力度；三是通过旅游开发可帮助当地人们通过生产和服务致富。

2. 促进水体保护

洁净的水体，山清水秀的旅游区环境优于周边其他区域的水体环境。工业污染减少，实施清洁生产；农业污染得到控制，减少农药、化肥的使用量等保护措施的实施，可使当地水环境得到很大的改善。

3. 促进大气环境保护

洁净的大气本身对游客就有较强的吸引力，也是旅游区环境质量较高的一种体现。因此，旅游区及当地政府对大气环境应尽力进行保护，对大气污染进行治理。以确保当地大气环境优于周边地区。通过旅游开发，提高了当地居民保护大气环境的意识。

4. 促进地质地貌保护

地质地貌现象不仅是自然生态环境的重要组成部分，还是重要的旅游资源，开发规划建设中，严格控制一些游乐项目，减少对土地大量占用、浪费，并且防治旅游项目对土地资源的环境污染，积极保护地质地貌不受破坏。

总之，旅游开发特别是生态旅游的开发，提高了人们对自然生态环境的认识，建立积极立法，若通过法律手段管理，会更有成就。一方面保护了自然生态环境及其组成要素，使生态环境进入良性循环之中，另一方面通过旅游开发，整治了生态环境，使山更青、水更秀，逐步提高环境质量，从而促进生态环境的保护和改革。

（二）消极影响

1. 对植物的影响

旅游开发对植物的覆盖率、生长率及种群结构等均可能有不同影响，如对植物的采集会引起物种组成成分变化，会导致植被覆盖率下降；大量垃圾会导致土壤营养状态改变；空气和光线堵塞，致使生态系统受到破坏；大量游客进入，践踏草地，使一些地面裸露、荒芜，土地板结，树木生长不良，导致抗病力下降，发生病虫害。基础设施和旅游设施建设必然占据一定的空间，会破坏一些植物，割裂野生生境，各类污染地会影响一些植物的存活。

2. 对水体的污染

旅游开发会造成水体水质变化、景观退化，丧失作为旅游水体的功能，制约旅游业的发展。因此，要在规划的基础上加强管理。应注意的是：未经适当处理的生活污水不能排入水体，过多的营养物质进入水体加剧富营养化的过程；过量的杂草生长降低了水中含氧量；一些有毒的污染化合物进入水体给生物和人体造成伤害；身体接触的水上运动可能将各种水媒介传播的病毒带入水中，导致疾病传播。

3. 对大气质量的影响

主要表现在车船排放的尾气、废气和旅游服务设施排放废气等方面，如生活服务设施对大气的污染源主要是供水、供热的锅炉烟囱、煤灶排气、小吃摊排放的废气等，又如，汽车尾气、垃圾、厕所等排放的异味、封闭环境中的大气污染（餐厅）对大气质量影响很大。

4. 对动物的影响

一些设施对动物生境的破坏，交通噪声、废气等使动物受到惊吓，产生紧急病变，影响其生活、生长。

5. 旅游开发对地质地貌的影响

生态旅游容量超载，致使一些地貌形态侵蚀速度加快；交通工具的使用导致某些地貌形态改变，游客某些活动行为破坏地质地貌的保护；基础设施和旅游设施建设带来危害，旅游开发还会导致水土流失加剧。

参考文献

[1] 张迪妮著 . 张垣 "纹样"，低碳景观冬奥城市古建筑纹样微探 [M]. 长春：吉林美术出版社 .2020.

[2] 樊佳奇著 . 城市景观设计研究 [M]. 长春：吉林大学出版社 .2020.

[3] 王江萍著 . 城市景观规划设计 [M]. 武汉：武汉大学出版社 .2020.

[4] 姚璐著 . 长春城市景观文化研究 [M]. 吉林出版集团股份有限公司 .2020.

[5] 王明俊著 . 环境艺术与城市景观的创新探索 [M]. 长春：吉林美术出版社 .2020.

[6] 史文正著 . 城市景观雕塑设计理论研究 [M]. 北京：九州出版社 .2020.

[7] 方海著 . 城市景观与光环境设计凡撒·洪科宁 [M]. 北京：中国建筑工业出版社 .2020.

[8] 李莉著 . 城市景观设计研究 [M]. 长春：吉林美术出版社 .2019.

[9] 林海著 . 城市景观中的公共艺术设计研究 [M]. 北京：中国大地出版社 .2019.

[10] 郭媛媛 . 吕丹娜著 . 东北地区城市景观色彩解析与策略研究 [M]. 沈阳：辽宁科学技术出版社 .2019.

[11] 张一帆 . 张娜娜著 . 海绵城市景观设计中的南方小城市内涝管理 [M]. 长春：吉林大学出版社 .2019.

[12] 曾筱著 . 城市美学与环境景观设计 [M]. 北京：新华出版社 .2019.

[13] 郭征 . 郭忠磊 . 豆苏含著 . 城市绿地景观规划与设计 [M]. 中国原子能出版社 .2019.

[14] 左小强著 . 城市生态景观设计研究 [M]. 长春：吉林美术出版社 .2019.

[15] 徐澜婷著 . 城市公共环境景观设计 [M]. 长春：吉林美术出版社 .2019.

[16] 李垣著 . 森林与城市：城市林地的文化景观 [M]. 西安：西安电子科技大学出版社 .2019.

[17] 刘谯 . 张菲 . 吴卫光著 . 城市景观设计 [M]. 上海：上海人民美术出版社 .2018.

[18] 宁玲著 . 城市景观系统优化理论与方法 [M]. 武汉：武汉大学出版社 .2018.

[19] 梁尚宇 . 孙福广 . 杨莉译著 . 城市景观更新与改造成功案例解读 [M]. 沈阳：辽宁科学技术出版社 .2018.

[20] 赵鑫著 . 城市生态景观艺术研究 [M]. 长春：吉林美术出版社 .2018.

[21] 路萍 . 万象编著 . 城市公共园林景观设计及精彩案例 [M]. 合肥：安徽科学技术出版社 .2018.

[22] 谷康著 . 城市道路绿地地域性景观规划设计 [M]. 南京：东南大学出版社 .2018.

[23] 郭苏明著. 消费文化与城市景观 [M]. 南京：东南大学出版社 .2018.

[24] 许彬著. 城市景观元素设计 [M]. 沈阳：辽宁科学技术出版社 .2017.

[25] 李娜著. 集体记忆、公众历史与城市景观多伦多市肯辛顿街区的世纪变迁 [M]. 北京：生活·读书·新知三联书店 .2017.

[26] 黄继刚著. 文艺批评新视野丛书空间的现代性想象新时期文学中的城市景观书写 [M]. 武汉：武汉大学出版社 .2017.

[27] 方慧倩著. 城市滨水景观设计 [M]. 沈阳：辽宁科学技术出版社 .2017.

[28] 邵靖著. 城市滨水景观的艺术至境 [M]. 苏州：苏州大学出版社 .2017.

[29] 王贞. 向隽惠. 张何著. 城市湖泊景观亲水性与空间信息数据库研究 [M]. 武汉：华中科技大学出版社 .2017.

[30] 廉毅著. 城市景观系统设计 [M]. 长春：吉林美术出版社 .2017.